钱家店铀矿勘查指导手册

李清春　曹民强　等著

石油工業出版社

内容提要

本书详细描述了钱家店地区开展地浸砂岩型铀矿勘查过程中的主要工作内容，介绍了相关的规范工作程序、工作方法与技术要求。

本书可为相关专业研究人员在含油气盆地开展铀资源潜力评价和勘查工作提供借鉴。

图书在版编目（CIP）数据

钱家店铀矿勘查指导手册 / 李清春等著 . —北京：石油工业出版社，2023.9

ISBN 978-7-5183-5930-1

Ⅰ. ①钱… Ⅱ. ①李… Ⅲ. ①铀矿 – 地质勘探 – 通辽 – 手册 Ⅳ. ① P619.140.8-62

中国国家版本馆 CIP 数据核字（2023）第 043208 号

出版发行：石油工业出版社

（北京安定门外安华里 2 区 1 号　100011）

网　址：www.petropub.com

编辑部：（010）64523757　　图书营销中心：（010）64523633

经　　销：全国新华书店

印　　刷：北京中石油彩色印刷有限责任公司

2023 年 9 月第 1 版　2023 年 9 月第 1 次印刷

787 × 1092 毫米　开本：1/16　印张：13.25

字数：330 千字

定价：78.00 元

（如出现印装质量问题，我社图书营销中心负责调换）

《钱家店铀矿勘查指导手册》

编 写 组

组　长：李清春　曹民强

成　员：肖　程　满安静　庞力源　邵建欣　孙　平

王琦玮　边少之　陈星州　杨松林　熊耀华

李　岩　张　雷　魏　达

Foreword ▸▸

前 言

铀矿是不可或缺的战略性矿产资源。中国铀矿进口依赖程度已经超过80%。随着中国国防建设和核电的发展，国内铀资源供需矛盾日益突出，在国内寻找和开发优质的铀矿资源，是保障铀矿资源供应安全的最关键、最重要一环。

地浸砂岩型铀矿主要赋存于沉积盆地，与油气藏分层叠置发育，因其具有劳动强度小、采矿成本低、安全环保等优势，已成为国内外主攻的铀矿勘查类型。据评价，在中国仅石油公司矿权区内该型铀矿远景资源量就占全国铀资源量的68%以上。

20世纪90年代，中国石油辽河油田在内蒙古自治区开鲁坳陷油气勘探过程中发现多口石油探井中存在放射性异常。1997年，通过钻探查证，证实该异常现象由铀矿化产生。在随后20多年时间里，通过充分发挥石油公司得天独厚的矿权优势、资料优势、技术优势、人才优势和装备优势，在钱家店凹陷查明了四个整装铀矿富集区块，矿床总资源储量规模达到超大型。投入开采区块社会效益和经济效益显著。钱家店已成为中国重要的铀资源矿产地和铀原料生产地。

不同于传统找铀方式，石油公司更多的是利用自身钻井、测井、地球化学及地震资料和油气勘探技术，从盆地分析入手开展油铀兼探，可以精准锁定铀矿化异常区，快速发现并查明规模资源储量。辽河油田广大地质工作者结合地浸砂岩型铀矿勘查的主要工作内容和相关规范要求，通过长期勘查实践，探索出了一套适合油气田企业开展铀矿勘查的技术方法和现场钻探管理措施。通过对钱家店凹陷20多年的油铀兼探勘查活动进行系统总结，整理出版本书，可为中国其他沉积盆地开展地浸砂岩型铀矿勘查提供借鉴和参考。

本书以铀矿勘查方案部署和方案实施工作为主线，共分五章。本书由辽河油田李清春高级工程师、曹民强高级工程师制定结构和体例。第一章主要引用余达淦、吴仁贵、陈培荣编著的《铀资源地质学》，介绍了铀元素物理性质、化学性质、在自然界中的分布和存在形式，由李清春、边少之、肖程编写；第二章介绍了钱家店铀矿区域概况及地质概况，由李清春、曹民强、满安静、陈星州编写；第三章介绍了在钱家店地区开展铀矿勘查工作过程中的综合地质研究及方案部署设计，由曹民强、杨松林、肖程、魏达编写；第四章介绍了铀矿勘查具体工作内容、相关要求及资料录取，由肖程、庞力源、张雷、李岩、王琦玮编写；第五章介绍了铀矿资源储量估算、申报工作的具体要求，由李清春、邵建欣、肖程、魏达编写。

全书最终由李清春、魏达和曹民强完成修改、统稿和定稿工作。中国地质大学（武汉）资源学院副教授荣辉、核工业二〇八大队研究员王佩华、中陕核工业集团教授级高级工程师叶阳、辽河油田教授级高级工程师陈振岩给予了技术指导。

笔者根据石油公司项目运行管理模式，结合铀矿勘查自身业务特点，以工作实际需求出发编撰此书，力求实用、通俗、直观。但鉴于专业知识有限，书中存在的不足之处，祈望读者批评指正。

Contents »

目 录

第一章　铀元素性质基本特征

第一节　铀元素的物理性质

铀（U）的原子序数是92，原子量是238，在自然界中有三种同位素，即U^{238}、U^{235}和U^{234}，其丰度分别为99.2739%，0.7205%和0.0056%。铀的三种同位素都有放射性，能够自发地蜕变成另一种原子核，同时放出射线，它们的半衰期分别是4.5×10^9a、7.3×10^8a和2.6×10^5a。

金属铀可用还原法或电解法制取。纯金属铀外观像钢，呈银白色，具有金属光泽，微带淡蓝色调。粉末状金属铀由于受到氧化呈灰黑色。熔点是1405℃。铀的硬度比铜稍低，其布氏硬度为240～260kg/mm^2。硬度随着温度升高而降低，并且与铀的变体有关。γ铀的硬度最小，以至不能用布氏硬度测量。

铀的密度很大，也与其变体有关，在常温下α铀的密度为19.05g/cm^3。根据此值计算出铀的原子体积为12.5cm^3/mol。铀的其他物理性质见表1−1。

表1−1　金属铀的物理性质

性质	特征值	性质	特征值
熔点（℃）	1132.3	导热率［W/（m·K）］	0.064
熔化热（kJ/mol）	11.30	磁化率（SI）	1.74×10^{-6}
升华热（kJ/mol）	539.7	电阻率（μΩ·m）	0.30
比热容［J/（kg·K）］	117.2	电导（0～20℃）（μS）	0.034
沸点（℃）	3818	汽化热（kJ/mol）	460
密度（g/cm^3）	19.05	原子体积（cm^3/mol）	12.59

在一定的温度和压力下，金属铀发生相变。在1.013×10^5Pa条件下，α铀在667.7℃相变成β铀；当温度升高到774.8℃时，β铀又相变成γ铀。α、β、γ三相铀的平衡点的压力在29.8×10^8Pa，温度是798℃。当压力超过29.8×10^8Pa时，α铀直接转变为γ铀。铀的三种变体的存在条件和特点见表1−2。

表 1-2　铀的三种同素异形体的存在条件及特点

同素异形体	α-U	β-U	γ-U
存在温度（1.013×10^5Pa）（℃）	<667.7	667.7～774.8	774.8～1132.3
晶体结构	斜方 a=2.854×10^{-10}m b=5.869×10^{-10}m c=4.955×10^{-10}m	四方 a=b=10.754×10^{-10}m c=5.6525×10^{-10}m	体心立方 a=3.534×10^{-10}m a=b=c
密度（g/cm^3）	19.05	15.13	17.91
机械性质	延展性	脆性	塑性

第二节　铀元素的化学性质

在元素周期表中，铀位于第Ⅳ族，在铬、钼和钨下面。铀属于锕系元素，该系元素具有密切的化学关系和离子半径能收缩的特殊性能，相似于镧系元素。铀的氧化态是 +6 价、+5 价、+4 价和 +3 价，离子半径的大小与配位数有关（表 1-3）。

表 1-3　铀及其化合价离子半径及配位数

化合价（氧化物）	离子半径（10^{-10}m）	配位数
U	1.43	4
（U^{3+}）	1.12	6
（U^{4+}）	1.16	8
（U^{5+}）	0.97	6
（U^{6+}）	0.80	6

铀的化学性质十分活泼，几乎可以与稀有气体元素以外的所有元素发生化学反应。反应所需要的温度取决于铀的粒度和与其反应的元素的性质。例如，块状金属铀在室温条件下的空气中可以缓慢氧化，形成黑色的 UO_2 薄膜，高度粉碎的金属铀在室温的空气和水中都能自燃。而块状和粉末状的金属铀与氯反应时需要较高的温度，分别在 500～600℃和 150～180℃条件下进行。反应结果生成 UCl_4 和 UCl_6。铀的还原能力很强，金属铀和低价态铀都是强还原剂。U^{3+}—U^0 和 U^{4+}—U^{3+} 两个电对的标准电极电位，在各种酸碱度的水溶液中都低于氢的标准电极电位。因此 U^0 和 U^{3+} 都能与水强烈反应，把氢还原而自身氧化成 U^{4+} 或 UO_2^{2+}。因此，地壳中不存在金属铀和三价铀化合物。铀失去六

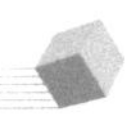

个价电子后形成稀有气体原子型（s^2p^6）结构，与氧有高度亲和性，是一种亲氧元素。因此，自然界中，铀既不形成自然金属也不形成硫化物、砷化物或碲化物。铀是强络合物形成体，能与无机和有机配位体络合形成种类繁多的络合物。五价铀离子 UO_2^+ 仅能在 pH 值为 2～4 的水溶液中存在，超出该范围它歧化成 U^{4+} 和 UO_2^{2+}。因此，至今尚未确定在地壳中是否存在五价铀的络合物。

鉴于铀的上述性质，自然界中铀的氧化态只能是四价（U^{4+}）和六价（U^{6+}），三价（U^{3+}）和五价（U^{5+}）的 U 构成过渡态，只在实验室条件下稳定。

四价铀的离子电位是 3.8，在离子电位图解上，四价铀位于强基性区域内，靠近两性氧化物区域，因而四价铀具有弱碱性，与四价钛性质相似。在水溶液中，四价铀只能存在于强酸性溶液中，当溶液酸度降低时就发生水解，形成 $U(OH)^{3+}$。

六价铀的离子电位是 7.4，位于两性氧化物区域内，因此六价铀具有两性特征，即在酸性和中性介质中呈弱碱性，在碱性介质中呈弱酸性。六价铀的弱碱性表现为能形成酸性盐类（如硫酸铀酰 UO_2SO_4）和某些络离子［如碳酸合铀酰离子 $UO_2(CO_3)_3^{4-}$ 等］，这些盐类和络离子中的六价铀与氧组成络阳离子 UO_2^{2+}。六价铀的弱酸性表现为能形成难溶的碱性盐类，如重铀酸盐 $K_2U_2O_7$ 或 $Na_2U_2O_7$，其中的六价铀与氧组成络阴离子 $U_2O_7^{2-}$。

第三节　铀元素分布

铀在地壳中的平均丰度是 2.7μg/g，尽管铀在地壳中分布广泛且常有少量的聚集，但与其他元素相比，铀不是一种丰富的元素。图 1–1 表明，铀略比其他一些元素如 As、Mo、W 和 Sn 更常见，但其丰度比 Pb、Zn、Cu 和 Ni 要小得多。不同岩性中铀含量变化很大，在岩石中的分布和丰度与岩石的成因和成岩作用有关。

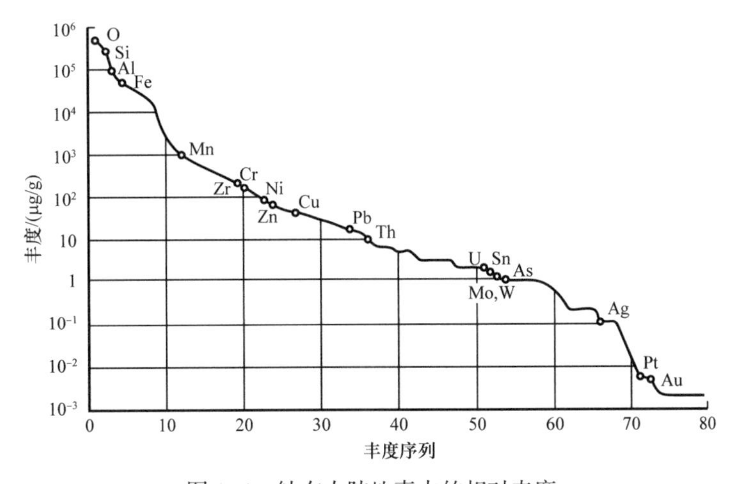

图 1–1　铀在大陆地壳中的相对丰度

一、岩浆岩中铀的分布和丰度

在火成环境中铀的地球化学性能反映了它的亲石性和地球化学不相容性，因此铀同碱性岩系列的淡色岩石的亲缘性强于同镁铁质岩石的亲缘性，淡色过铝质花岗岩、花岗—白岗岩系列、富钠中性岩和碳酸岩，它们的铀含量范围较宽，为正常丰度的2倍到几百倍。

洋壳火成岩中铀含量平均为0.5μg/g，新鲜海底玄武岩铀含量为0.02～0.08μg/g，岛弧安山岩铀含量为0.2～0.5μg/g，而陆壳中铀含量为2～3μg/g，大陆玄武岩和安山玄武岩中铀含量为0.5～1.9μg/g，安山岩为1～4μg/g，花岗岩为2～15μg/g。

不同岩性的铀含量变化较大，一般是在火成岩分异系列中具有较多的长英质、碱质和晚期分异物中的铀含量高于早期形成的较基性的岩石。

表1-4是各种主要火成岩类型中铀的含量，表明从辉长岩到花岗岩，铀含量一般增加了3～4倍，与超基性岩相比增加了100倍。在特例中，受晚期岩浆作用影响的地壳衍生的长英质火成岩（过铝质淡色花岗岩）铀增量特别大，如法国中央地块St.Sylvesttr花岗岩中铀含量为10～25μg/g（在总元素含量为1时所占的份额，以后不再注明），中国贵东岩体产铀花岗岩中的铀含量为11.7～86.6μg/g。

表1-4　火成岩的铀含量

侵入岩			喷出岩		
岩性	铀平均含量（μg/g）	铀含量一般范围（μg/g）	岩性	铀平均含量（μg/g）	铀含量一般范围（μg/g）
超基性岩	0.02	—			
纯橄榄岩	0.02	0.003～0.05			
辉石岩	0.70	—			
基性岩	0.90	0.20～3.40	玄武岩	0.60	0.10～2.30
辉长岩	0.84	0.60～1.07	粗面粒玄岩	1.40	—
中性岩	2.00	1.40～3.03	安山岩	0.90	0.80～3.00
闪长岩	2.00	0.50～11.50	煌斑岩	5.00	2.50～15.00
花岗闪长岩	2.60	1.0～9.00			
长石石英页岩	4.60	2.20～21.00			
花岗岩	3.50	2.20～15.00	英安岩	4.00	0.90～7.50
二长花岗岩	7.50	6.00～18.00	流纹英安岩	5.00	1.00～8.00
淡色花岗岩	8.00	6.00～21.00	统纹岩	8.00	3.00～25.00

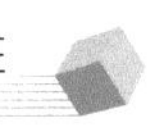

续表

侵入岩			喷出岩		
岩性	铀平均含量（μg/g）	铀含量一般范围（μg/g）	岩性	铀平均含量（μg/g）	铀含量一般范围（μg/g）
白岗岩		10.00～500.00	淡歪细晶岩	11.00	3.00～18.00
伟基岩	—	10.00～1000.00	石英淡歪细晶岩		30.00～65.00
富碱性岩	—	0.04～20			
碱性花岗岩	—	10.00～200.00	碱性粗面岩		10.00～50.00
碱性正长岩	—	2.00～20.00	响岩	4.00	3.00～18.00
霞石正长岩	—	3.00～60.00			
异霞正长岩	—	10.00～1200.00			
钠长岩	3.00	1.00～55.00			
金伯利岩	4.50	—			
碳酸盐岩	—	50.00～500.00			

二、沉积岩中铀的分布和丰度

在沉积物中铀平均含量为1～4μg/g，但在个别相中，其范围可从1μg/g到矿石品位级别的富集（表1-5）。

表1-5　沉积岩中的铀含量

岩石	铀平均含量（μg/g）	铀含量范围（μg/g）
砂屑岩和砾屑岩	1.50	0.45～3.25
砂岩	—	0.45～3.21
杂砂岩	—	0.50～2.10
沉积石英岩（正石英岩）	0.45	0.20～0.60
杂色泥质砂岩	2.20	—
泥屑盐和泥质岩	3.50	2.00～5.90
普通页岩，泥质岩	3.70	1.00～13.00
北美灰色和绿色页岩	3.20	1.20～12.00
Mancos页岩（美国西部）	3.70	0.90～12.00
含铜页岩（德国）	39.00	—

续表

岩石	铀平均含量（μg/g）	铀含量范围（μg/g）
陆相黑色页岩	—	2.00～4.80
海相黑色页岩	—	10.00～1244.00
太平洋底软泥	—	0.20～0.50
印度洋底软泥	3.70	—
黑海底软泥	2.20	0.01～9.00
碳酸盐岩	2.20	0.50～6.00
石灰岩，佛罗里达	2.00	0.50～6.00
石灰岩，加利福尼亚	1.30	0.03～4.90
白云岩，白云质灰岩	—	0.03～2.00
蒸发岩	0.10	—
硬石膏，石膏	0.10	—
石盐，钾石盐	0.10	
骨化石	—	50.00～300.00
铁质红土		10.00～100.00（-1%）
铝土矿	11.40	3.00～27.00
膨润土	5.00	1.00～21.00
海底锰结核	—	3.00～6.50

对沉积物的表生再沉积作用来说，原生的分散铀和固定铀必定受到活化、搬运和再固定的影响。气候、风化类型、地形起伏、水文地质条件及铀源岩提供了基本的物理化学条件和环境，它们通过同生或后生沉积作用控制陆相或海相沉积物中铀的释放、搬运和再沉积。

有利于铀富集的陆相和海相沉积物有：（1）富含有机质的沉积物；（2）含硫化物的沉积物；（3）有磷酸盐组分的沉积物。沉积物中控制溶解铀的沉淀和固定的主要反应包括：（1）铀酰离子变成四价铀离子的还原反应，形成铀矿物（如沥青铀矿等）；（2）不溶的铀酰化合物的沉淀作用（铀酰钒酸盐等）；黏土颗粒，有机质和次生氧化物（褐铁矿等）的吸附作用；具有相似离子半径和电荷的其他元素的置换作用（如置换磷灰石中的钙）。

多数情况下，单靠沉积物类型和其自身的固铀机制对铀的浓集成矿是不够的。在铀的活化和分配过程中，设想应有潜在的铀源存在，以及上述提到的其他因素的不同程

度地卷入。化学风化和含铀岩石的破坏导致铀的氧化和释放，这时铀一般为可溶铀酰离子的形式。在潮湿气候条件下，大部分铀通过河流搬运到海洋（海水中铀的平均含量为 0.3×10^{-3}～4×10^{-3}μg/g，富集在有机质软泥沉积物（腐泥、黑色页岩、煤）和磷酸盐中，在泥质沉积物中较少。纯砂岩和纯钙质岩（石灰岩、白云岩）通常贫铀。

磷质组分和海相成因的沉积物中铀含量变化范围为10～300μg/g，如在安哥拉Cabinda地区局部可达 $n\times10^{-3}$。在大陆架边缘（如美国爱达荷州含磷岩相）形成的层状磷块岩含铀量（平均为100～200μg/g，最高为6500μg/g）一般高于浅海相滨海沉积磷块岩的含铀量（如佛罗里达州Bone Valley组岩石平均含铀量为20～80μg/g）。然而，后者可再获得高达500μg/g铀的次生富集。在两种情况下，推测铀或多或少是同生沉积的，系从海水中萃取的，并通过取代钙而进入磷灰石颗粒中。与海相磷块岩相反，所有陆相磷块岩含铀量均低，很少超过20μg/g。

土壤中铀含量变化不定，平均为1～5μg/g，取决于母岩和土壤成分。高达100μg/g或更高的铀含量通常出现在下伏有富铀岩石的地区。在这种情况下，铀一般在C层富集，然而通常A层是主要的铀聚集区。土壤中部分铀存在于耐侵蚀矿物中，如独居石、磷钇矿和锆石，在有利条件下，它们均能形成重矿物的残积矿床。而另外一部分铀则是与黏土质、铝土质、钛的氢氧化物、锆的氢氧化物、铁和锰含水氧化物及土壤中植物有机质组分紧密结合在一起。

三、变质岩中铀的分布和丰度

在变质环境中，铀的分布可分为两个方面：

（1）呈浸染状分布于封闭系统中，如在变沉积岩中反映了其原岩特征的层状方式，或在变质火成岩中较普遍存在的分布方式。

（2）在开放系统中铀被重新分布和富集，受构造和另外一些局部岩相控制。

同它们的铀源岩相比，在许多情况下，变质岩中的铀含量变化较大（表1–6）。在封闭系统中铀和其他痕量元素对浅带和中带变质作用相对迟钝。在这种条件下，达到高级角闪岩相和区域变质作用其主要影响或多或少地表现为原地再活化（活动范围从毫米级到米级），如果没有其他因素干扰，在低级变质状态下铀重新结晶为沥青铀矿，在中、高级变质状态铀重新结晶为晶质铀矿。除了在一些镁铁质矿物（特别是黑云母、角闪石等），局部在褶皱鼻中的优先富集外，铀没有明显的搬运、带入或带出，这一点也反映在铀几乎与地层相一致的浸染状分布的特点上。

如表1–7所示，相比之下高级麻粒岩相变质状态较它们的未变质火成岩或沉积原岩铀含量减少了。这点可由在非常高的变质作用下，地壳中铀可能会向上迁移来进行解释。然而，这种情况似乎不可作为一条不变的准则。萨斯喀彻温阿萨巴斯卡盆地以南的克拉通麻粒岩，没有发现铀（和钍）有亏损的证据；另外，还发现不论其变质程度如何，两种元素（铀、钍）在改造后的“线性带”内都有增强的情况。

表 1–6　变质岩中的铀含量

岩石	铀平均含量（μg/g）	铀含量范围（μg/g）
石英岩、变质砂岩	1.50	
含碳 / 石墨质石英岩		2.8～5.55
板岩	2.70	
千枚岩、变质厚层泥岩	1.90	
片岩	2.00	0.1～10.00
石墨片岩	3.50	1.00～100.00
墨云片岩	4.70	
角闪岩	0.50	0.30～3.50
片麻岩	3.00	0.10～10.00
变粒岩	1.00	0.2～2.50
榴辉岩	0.20	0.01～0.80

表 1–7　变质作用过程中铀含量变化

区域变质作用		铀（μg/g）
片麻岩		
绿帘石—角闪岩相		3.45
高级角闪岩相		1.22
低级麻粒岩相		0.88
高级麻粒岩相		0.22
片岩和片麻岩（Aldan 地质）	角闪岩相	麻粒岩相（低级）
片岩、片麻岩	2.25	1.72
花岗片麻岩、混合岩	1.29	1.02
接触变质作用	绿片岩相	角岩相
含碳石英岩（中亚）	5.55	2.87
碳质、硅质和碳质、云母片岩（德国，Erzgebirge）	5.48	3.40
钠长石、碳酸盐片岩（德国，Erzgebirge）	2.80	2.23

Pagel 等研究了 Western 克拉通 Carswell 构造带中的麻粒岩相，该区位于萨斯喀彻温省境内 Adamas 研究区的北西面，他们曾记录到比平均铀含量更高的数值。他们将这些增高了的铀含量归因于含碳物质（石墨）的存在，这种物质在麻粒岩相变质作用过程中保持了一种低的氧逸度（fO_2）和低的铀迁移率，因而岩石中原始的铀含量得以保存下来。

与上述观察相反，Belevtsev（1980）指出，随着变质作用的增强，元素迁移能力加大，含铀沉积物失去铀和其他金属元素的程度与变质作用的强度成正比。在动力区域变质作用过程中，在角闪岩—麻粒岩相中铀的迁移能力最大，这时实际上所有的铀均从母岩中迁出。

按照 Trrmulatrv 观点，绿片岩相岩石的接触变质作用产生了铀的亏损。

四、交代岩中铀的分布和丰度

接触交代和自交代成因的两种交代岩都是由内在的或新带入的元素在火成岩和沉积岩中取代原岩组分而造成的。就铀的富集而言，Na 交代岩似乎是最重要的。它们包括钠长岩和其他以含钠矿物为主的岩石，如钠—角闪岩和钠—辉石岩（霓石岩等）。

Fritsche 评述了与钠长岩有关的铀矿化，讨论了一般交代作用和钠长石化，特别是含铀钠长岩的术语和过程。他把各种钠长岩归类成下列成因组：岩浆钠长岩；自交代钠长岩；交代钠长岩；晚期岩浆钠长岩；与岩浆岩无关的钠长岩有变质钠长岩、其他钠长岩。

变质钠长岩被认为是紧接着进化变质作用而形成的，它们主要产于受混合岩化和花岗岩化影响的变质单元内，富钠溶液被认为是变质的活动相。Mehnert 指出，在变质作用和深熔作用过程中可能发生钠的富集。变质钠长岩典型地表现出明显的分带性。但与晚期岩浆钠长岩相反，次生矿物的形成主要取决于原岩成分。该组钠长岩包括一部分自交代成因的细碧岩。其他钠长岩包括可属沉积成因或成岩成因的钠长岩，以及次生成因的细碧岩。

在上述钠长岩类型划分的基础上，区分出下列含铀钠长岩相。

（1）交代钠长岩。特别是当其与碱性侵入体共生时，钠交代作用和矿石矿物的富集与岩浆侵入作用同时或稍后发生，铀含量范围从小于 10μg/g 到 100*n*μg/g 不等，局部达 1000*n*μg/g（表 1-8）。

（2）晚期岩浆钠长岩。与侵入作用不一定有明显的关系。钠长石化和铀的分布在岩体内外或接触带上，受角砾岩化和碎裂断层系统的控制。引起钠长石化的溶液被认为是岩浆分异作用过程中晚期侵入的分异物。铀含量在 10μg/g 左右的范围内，局部富集可达 1000*n*μg/g。

（3）变质钠长岩。形成于深熔作用、变质作用和混合岩化作用地区。它们通常与深断裂体系有关，因此，由深熔或变质作用活化的富钠溶液可同大气降水或幔源流体进行混合。钠和铀的来源可以相同，也可不同。铀平均含量为 10～50μg/g，局部富集达 1000*n*μg/g。

表 1–8　交代岩中铀含量

地区	岩性	铀平均含量（μg/g）	铀含量范围（μg/g）	资料来源
喀麦隆 Kitongo 地区（寒武系）	闪长岩		＜3～7	Fritsche（1986）
	花岗闪长岩		＜3	
	花岗岩	＜5	3～8	
	钠铁闪石钠长岩	＜5	＜3～10	
	淡色钠铁闪石钠闪石钠长岩	14	4～40	
	暗色钠铁闪石钠闪石钠长岩	1924	50～1953	
	淡色钠闪石钠长岩	189	8～372	
	暗色钠闪石钠长岩	390	7～400（–1756）	
	霓石钠长岩	3502	7～260（–4180）	
加拿大西北地区 Moquito Gulch，Nonacho（元古宇）	钠长岩		4～2400	Fritsche（1986）
乌克兰 Krivoj iRog 地区（元古宇）	黑云母片麻岩	9	＜50	Belevtsev（1980）
	花岗岩和混合岩	17	＜100	
	微斜长石岩（正长岩）	31	＜550	
	粗板状钠长岩	35	＜550	

与铀成矿作用相关的碱质交代作用与热流体活动关系密切，热流体源自地幔流体及其衍生，碱质交代过程是清扫矿质过程，伴随的是铀含量减低和铀的活化，含铀交代岩铀的增量是其后含铀热液的叠加。

五、水中铀的分布与丰度

海水中含铀 0.5×10^{-3}～10×10^{-3}μg/g，平均为 1.3×10^{-3}μg/g（表 1–9）。陆源水一般含铀较低，变化范围较宽，从小于 0.1×10^{-3}μg/g 到 1μg/g 以上。地表水通常含少量的铀（0.001μg/g）。地下水中的铀一般比同一地区地表水要高一个数量级。地下水平均含铀 0.5×10^{-3}～10×10^{-3}μg/g，但在下伏有含铀岩性的地区，铀含量可上升到 0.1μg/g 或更高，反映岩性的铀背景值高。富含溶解盐类如碳酸盐、氯化物、硫酸盐、硝酸盐和磷酸盐的水铀含量高。这种含化学载体的地下水主要发育于干旱和半干旱地区。在极端情况下，这种水可浓集成卤水，而有极高含量的铀和其他金属，例如在美国加利福尼亚州 Searles 湖水中，含铀量可高达 $n\times10^{-1}$μg/g。

表 1-9　天然水中的铀含量

水体类型	铀含量（10^{-3}μg/g）
海洋	0.3～3.3（平均为 1.3）
英吉利海峡海水	3.3
比斯开湾海水	3.3
波罗的海海水	0.8～5.9
黑海湖水	2.0
里海湖水	3.0～10.0
墨西哥湾海水	3.15
河流	0.03～5.9
泉水	0.20～40.00
热泉水	0.20～48.0
地下水（平均）	<0.10～40.00
火成硅质岩地体中的地下水	0～32（平均为 4.5）
火成基性—中性岩地体中的地下水	0～9.2（平均为 0.9）
变质岩地体中的地下水	0～37.0（平均为 4.4）
沉积岩地体中的地下水	
沙、砾石中的地下水	0～74.0（平均为 2.5）
砂岩、砾岩中的地下水	0～2100.0（平均为 2.2～26.2）
粉砂岩、页岩中的地下水	0～69.0（平均为 10.6）
石灰岩、白云岩中的地下水	0～33.0（平均为 2.0）
矿化含水层	10.0～400.0

六、水中铀的分布与丰度

表 1-10 给出了动植物及其分解产物中的铀含量。在这里仅作为一般性资料介绍，供参考。

表 1-10　有生命有机物及其分解产物中的铀含量

物质	铀含量（μg/g）	备注
藻类	0.5～50	在烘干物中
水生植物	1～15	在烘干物中
苔藓植物	0.5～5000	在灰分中

续表

物质	铀含量（μg/g）	备注
地衣	0.3～200	在灰分中
陆地植物	0.005～0.1	在烘干物中
陆地植物（含铀矿床附近）	5～5000	在烘干物中
水生动物	0.2～0.5	在烘干物中
陆地动物	0.003～0.05	在烘干物中
陆地动物（含铀矿床附近）	0.01～0.06	在烘干物中
泥炭	0.05～3	在已发现的泥炭中
褐煤	0.05～3	在已发现的褐煤中
煤	0.05～3	在已发现的煤中
石油	0～5×10^{-9}	在已发现的石油中
岩石沥青	平均 1×10^{-9}	在已发现的沥青中
沥青	平均 1000×10^{-9}	
泥炭和腐殖土	5～4000	在烘干物中，含铀矿床附近
褐煤	30～7000	在已发现的褐煤中，含铀矿床附近
次沥青质煤	30～1000	在已发现的煤中，含铀矿床附近
沥青质残余物，腐殖酸盐等	达 5000（灰分中）	在含铀矿床内及其附近
杂碳铀钍矿等	达 20%（灰分中）	在含铀矿床内及其附近

七、陨石中的铀含量

为了完整起见，表 1-11 提供了已发表过的陨石、玻璃陨石和陆地外层玻璃中铀含量的分析数据。

表 1-11　陨石中的铀含量

<table>
<tr><th>陨石类型</th><th>铀含量（10^{-3}μg/g）</th><th>平均</th><th>范围</th><th>玻璃</th></tr>
<tr><td>铁陨石</td><td>0.003～21.9</td><td rowspan="4">1.0×10^3～2.0×10^3</td><td rowspan="4">0.8×10^3～2.7×10^3</td><td rowspan="4">0.8×10^3～18.4×10^3</td></tr>
<tr><td>石铁陨石</td><td>0.005～19.0</td></tr>
<tr><td>球粒陨石</td><td>8.0～240.0</td></tr>
<tr><td>无球粒陨石</td><td>1.5～198.5</td></tr>
</table>

第四节　铀元素的存在形式

铀的存在形式指在一定的物理化学条件下，铀在各种地质体中的赋存状态，也可以说是铀和其他元素结合规律的表现。元素的存在形式主要由元素本身的性质，如原子或离子半径、电价、电负性、离子电位等地球化学参数所决定，其他一些参数，如元素的相对含量、温度、压力、pH 值、Eh 值等外部因素也有一定影响。了解铀在地壳中的存在形式，对于阐明铀在地球化学过程中的分散与富集规律、分析成矿物质的可能来源具有十分重要的意义。

关于铀在地壳中的存在形式，归纳起来大致可分以下三种。

一、铀矿物

自然界中铀以四价和六价两种价态存在。在内生作用和外生作用中，四价铀和六价铀都可形成独立的铀矿物和含铀矿物。内生作用（包括岩浆作用、变质作用与热液作用等）形成的铀矿物有晶质铀矿、沥青铀矿、钛铀矿、斜方钛铀矿、铀钍矿、钇铀矿、烧绿石、绿层硅铈钛矿、铈铀钛铁矿等。

由于内生作用中的温度、氧逸度等物理化学条件变化很大，因而所形成的铀矿物类型及铀在这些矿物中的存在形式有明显的不同。岩浆作用是在温度高、氧逸度低的条件下进行的。所以在岩浆作用形成的矿物中，铀主要以四价形式存在，多数晶质铀矿的含氧系数（指用氧和铀的原子比来表示铀氧化物，如晶质铀矿、沥青铀矿和铀黑，在 UO_2—UO_3 系列中的位置，即该铀氧化物分子式符号 UO_x 中的 x 数值）为 2.17～2.50。介质氧逸度随着温度降低而逐渐升高，因而在中—低温热液条件下形成的铀矿物（主要是沥青铀矿，其次是铀石），即六价铀的含量显著增加，沥青铀矿的含氧系数较高，多数为 2.4～2.7。

外生作用以大量游离氧的参与为特征，因而在外生条件下，铀通常以六价形式（UO_2^{2+}）存在。外生作用中，铀矿物的形成可通过两种方式：（1）UO_2^{2+} 和 PO_4^{3-}、AsO_4^{3-}、VO_4^{3-}、CO_3^{2-} 等络阴离子结合，形成颜色鲜艳的各种次生铀矿物，在这些含铀酰的次生铀矿物中，铀以六价形式存在，但在某些次生铀矿物中，有时见到四价铀以独立矿物混入物的形式存在，如在深绿色钙铀云母中曾发现过超显微状态的晶质铀矿包粒；（2）UO_2^{2+} 和 S^{2-}、Fe^{2+} 及有机质等还原剂作用而形成沥青铀矿、铀黑、铀石等矿物，铀在这些矿物中以四价和六价两种形式存在。

二、类质同象置换

类质同象置换指地球化学性质相近的元素以可变的数量在矿物晶格中相互替代。铀的类质同象置换能力较强，它既可进行等价类质同象置换，如 U^{4+}—Th^{4+}，又可进行异价类质同象置换，如 U^{4+}—REE^{3+}。但是铀和其他元素之间的类质同象置换必须遵循离子半径相近、电负性相似、电价平衡、配位数相同等原则。此外，温度对铀的类质同象置换也产生明显的影响，温度升高有利于类质同象置换的进行。能与铀进行类质同象置换的元素及所形成的矿物见表 1–12。四价铀的类质同象置换广泛地出现在富含钍，稀土等元素的简单氧化物、复杂氧化物、硅酸盐和磷酸盐类矿物中。

在简单氧化物如晶质铀矿、方钍石、铀钍矿等矿物中，铀和钍之间可以形成连续的类质同象系列。特别是在高温条件下，铀、钍之间的类质同象置换十分普遍，因而在花岗岩和伟晶岩中的晶质铀矿常含有相当数量（*n*%）的 ThO_2 和 REE_2O_3，但在温度较低条件下形成的热液铀矿床中，铀与钍、稀土之间的类质同象置换能力急剧降低，甚至可见到无钍的晶质铀矿。

表 1–12　四价铀与钍、稀土等元素的类质同象置换

<table>
<tr><th>元素</th><th>电价</th><th>离子半径</th><th>电负性</th><th>矿物实例</th></tr>
<tr><td>钍</td><td>四</td><td>1.08</td><td>1.4</td><td>铀钍矿、方钍石等</td></tr>
<tr><td>铈</td><td>三</td><td>1.09</td><td>1.2</td><td>独居石、褐帘石、绿层硅铈钛矿等</td></tr>
<tr><td>钇</td><td>三</td><td>0.98</td><td>1.2</td><td>磷钇矿、钇铀矿等</td></tr>
<tr><td>锆</td><td>四</td><td>0.80</td><td>1.5</td><td>锆石等</td></tr>
<tr><td>钙</td><td>二</td><td>1.08</td><td>1.0</td><td>磷灰石</td></tr>
<tr><td>钛</td><td>四</td><td>0.69</td><td>1.6</td><td rowspan="3">富铀烧绿石、铀钽铌矿、钛钽铀矿、钛铀矿
黑稀金矿—复稀金矿等</td></tr>
<tr><td>铌</td><td>五</td><td>0.72</td><td>1.7</td></tr>
<tr><td>钽</td><td>五</td><td>0.72</td><td>1.7</td></tr>
</table>

在复杂氧化物（主要是钛钽铌酸盐）中，铀类质同象置换稀土的现象比较普遍。矿物中只要富含稀土元素，铀的含量就相应增高。铀类质同象置换稀土时经常伴随有钛替换钽和铌，即 $REE_2O_3^{+}(Ta, Nb)^{5+} \longrightarrow U^{4+}+Ti^{4+}$。

在硅酸盐矿物中，铀类质同象置换现象也很普遍。钍石与铀石之间的类质同象系列的存在就是良好的例证。此外，在锆石、硅铍钇矿、钍钇矿、绿帘石、褐帘石、绿层硅铈钛矿等硅酸盐类矿物中也经常含有一定数量的铀。

四价铀也能以类质同象形式进入有限的几种磷酸盐类矿物的晶体结构。目前发现，铀只在磷钇矿（UO_3 达 4%）和独居石（U_3O_8 达 4%）中以类质同象形式存在。磷钇矿与铀石是等结构矿物，这就为形成 YPO_4—$USiO_4$ 类质同象系列创造了前提条件。在三价钇和四价铀含量相当的情况下，铀进入磷钇矿的晶体结构常伴随着 SiO_2 含量升高。这就证实，置换是按照 $Y^{3+}+P^{5+} \longrightarrow U^{4+}+Si^{4+}$ 的方式，即异价类质同象方式进行的。在独居石中也经常发现有一定数量的铀存在。虽然独居石的晶体结构和铀矿物不同，不利于四价铀直接以类质同象方式进入独居石的晶体结构。但由于该矿物中所含的铈族稀土很容易和钍发生类质同象置换，因此，四价铀可以通过置换独居石中钍的方式而进入该矿物的晶体结构中。富含钍的独居石变种中有铀存在也证实了这一点。

三、分散吸附状态

分散吸附状态的铀是一种非常普遍的存在形式。由于铀的亲氧性和化学活泼性，呈吸附状态的铀不是呈原子状态存在，而是呈离子状态（尤其是 UO_2^{2+} 和络离子）被吸附在矿物晶体表面、解理面与晶缝裂隙面上，或被岩石中的有机质（包括碳质、沥青质）所吸附，或溶解在矿物的结晶水、液态包裹体和粒间溶液中。

铀被吸附的原因很多，如带电胶体颗粒表面的静电吸附、层状矿物（黏土等）未饱和的氢键及余键的吸附，毛细管作用，铀与铁、锰等共沉淀作用都能引起铀被吸附。吸附量决定于矿物表面能、电离势、介质的 pH 值等因素。

一般来说，吸附作用仅使岩石、矿物的铀含量升高。但在个别有利的地质构造条件下，吸附作用也可形成具有工业价值的铀矿床。在中国南方某地发现的铀—褐铁矿型矿床就是由褐铁矿、黄铁矿吸附铀酰而形成的。

第二章 矿床简介

辽河油田铀矿探区位于内蒙古自治区东部赤峰市、通辽市和辽宁省北部康平县境内，东南两侧分别与吉林省和辽宁省毗邻，西、北两侧分别为大兴安岭山脉东坡和南坡。地理坐标：东经 120° 00′～123° 00′；北纬 42° 00′～45° 10′。东西长 250km，南北宽 180km，面积 $4.5\times10^4km^2$。其中拥有探矿权区块 4 个，初始探矿权面积 $7378.78km^2$。

第一节 自然地理概况

辽河油田铀矿探区地处松辽盆地西南部、内蒙古高原东南部，属西辽河、新开河冲积平原。探区地势有一定的起伏，土地较贫瘠，以畜牧业为主，农业、矿产业次之。探区气候变化较大，交通较便利，经济欠发达。

一、自然地理

探区内被新近系和第四系覆盖，地形平坦，由西南向东北逐渐倾斜，地面坡度小于 5°，平均海拔 200～400m。其西缘及南缘为低缓的丘陵，有老地层出露。区内由南向北依次为科尔沁沙地和草原，为西辽河流域沙质冲积平原，沿河两岸分布着众多起伏不平的沙丘和沙地。

二、气象与地震

辽河油田铀矿探区气候属内蒙古自治区东部的温带季风区，处于半湿润向半干旱的过渡地带，为温带大陆性半干旱气候。年平均气温 5～6℃，极端最高气温 36℃；极端最低气温 −35℃，1 月最低平均气温 −17～−12℃，7 月最高平均气温 23～24℃。年降雨量变化范围为 320～450mm，年平均降雨量 381mm。降雨量分布为：春季（3—5 月）35～70mm，夏季（6—8 月）250～320mm，秋季（9—11 月）50～70mm，冬季（12 月至次年 2 月）5～10mm。春夏秋冬降雨量分别占年降雨量的 10%、70%、16%、1% 左右。无霜期 130～140 天，相对湿度 50%～65%，平均 60%，5—10 月以南风为主，11 月至次年 4 月以西北风为主。全年平均风速 3.6m/s，最大风速 31m/s。年平均蒸发量 1800～2000mm，蒸发量远大于降雨量。按日降雨量不小于 50mm 计，通辽地区每年平均 4～5 次，出现暴雨时间为 4—10 月，往往因涝成灾造成河流泛滥。矿区所在地干旱发生频率较高，干旱范围广，持续时间长，干旱发生频率为每 10 年发生 5～6 次。

通辽地区历史上地震共发生不小于 2 级地震 70 次，其中最大的地震分别是 1940 年和 1942 年冬发生的 6.0 级地震。

三、交通

区内现已形成以铁路和公路相结合的交通运输网。通辽市为铁路交会的枢纽，有东西向和南北向铁路贯通，东通长春市，南通沈阳市，西通赤峰市，北通霍林郭勒市。魏塔、集通、通让、平齐、京通、大郑、通霍等干线贯穿全区，并与邻省相互连接，通往全国各地。

区内公路交通发达，已建成高速路、国道、省道、县（旗）乡级路，以大中城市和县（旗）城为中心向外辐射，形成四通八达的公路网。城市、县城及乡镇三者之间均有公路相连（图 2-1）。

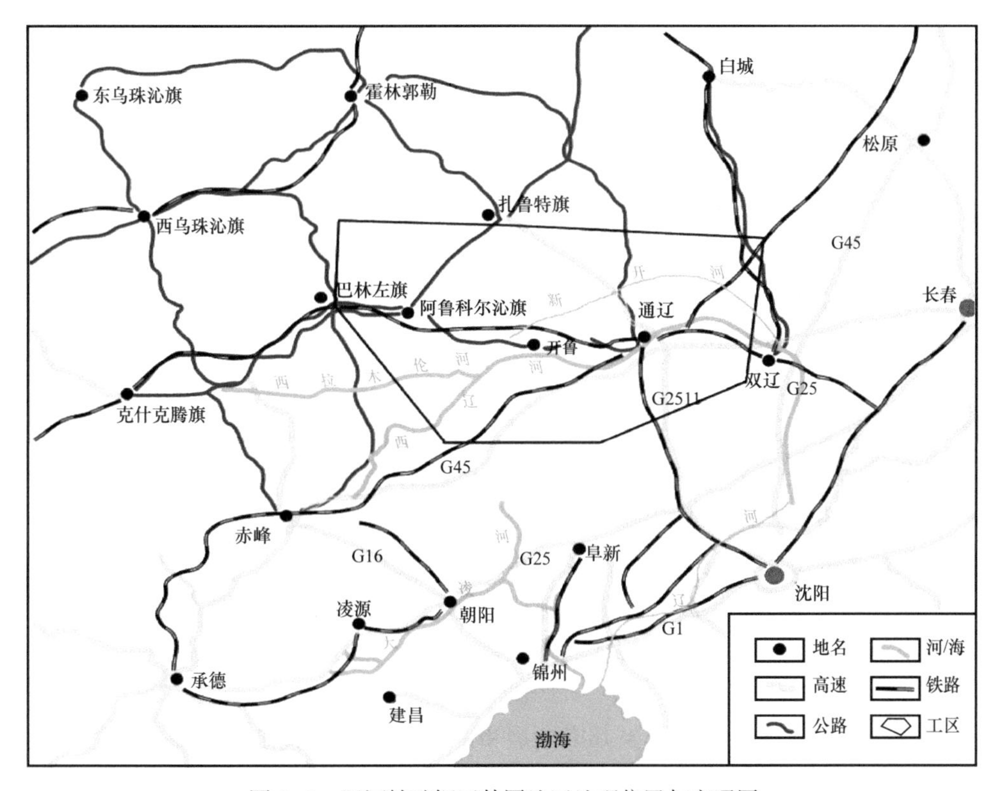

图 2-1　辽河铀矿探区外围地区地理位置与交通图

四、矿产资源与工农业

区内矿产资源十分丰富，已探明多种类型矿藏。其中油气和铀矿资源广布于全区，在奈曼凹陷、陆家堡凹陷、龙湾筒凹陷、钱家店凹陷和张强凹陷都发现了多层系油气及铀矿化显示，已建成的奈曼油田、科尔沁油田、科尔康油田及钱家店特大型可地浸砂岩型铀矿床均已进入开发生产阶段；在陆家堡和张强地区的阜新组都见到了煤层，建有康平县煤矿；通辽市的天然硅砂储量居全国之首，被称为冶炼之宝的石墨储量也很可观。

辽河油田铀矿探区处于中国北方农牧生产交错地区，畜牧业以牛、羊为主，粮食作物以玉米、高粱为主。目前区内所辖的各市、县都建立了相当数量的工业企业，形成了煤炭、电力、冶金、建材、机械、皮革、食品等门类较为齐全又具有地方特色的工业体系。在一定程度上满足了本地区的经济发展和人们生活的需求。

第二节　区域地质概况

辽河油田铀矿探区处于中国东部大陆边缘北东向展布的环（滨）太平洋构造域与近东西向分布的古亚洲构造域交叉复合的构造位置。在地质发展史上，这一地区经历了多阶段不同属性的构造演化，其地质构造具有多变性和复杂性。现今的地质构造属于滨太平洋构造域。前中生代，以赤峰—开原断裂为界，断裂以南为华北陆块的一部分，以北为内蒙古—兴安造山带东段南缘或东北板块南缘。

一、松辽盆地地质背景

松辽盆地是中国东北部的一个大型中—新生界陆相含油气、煤和铀矿等多能源复合盆地，盆地周边以深大断裂为界，西界为嫩江—白城断裂和大兴安岭，东界为依兰—伊通断裂和张广才岭，长 750km，宽 330～370km，总面积约 263104km^2（大庆油田石油地质志编写组，1993）。

松辽盆地处于古亚洲洋构造域与古太平洋构造域的复合交切部位，是一个动力学背景十分复杂的盆地，也是中国东部晚中生代以来裂谷盆地群中发育最早、保存最完好的盆地，是中国东部岩石圈减薄的中心之一。

松辽盆地基底的形成是由西伯利亚板块和华北板块的拼合、中亚造山带生长过程的有机组成。古生代早期华北板块和西伯利亚板块之间的古亚洲洋中分布着松嫩、佳木斯、兴凯、额尔古拉等多个微陆块。松辽盆地主体位于松嫩地块，南部坐落在华北板块北部陆缘增生带。

中—晚侏罗世，盆地基底受到郯庐断裂带北段大规模左旋走滑活动的强烈改造，派生 NNE、NNW 和近 NS 向次级断裂，控制了基底构造格局、断陷盆地分布及其构造。

经历了中—晚侏罗世强烈构造事件之后，在晚侏罗世末期松辽盆地开始了伸展裂陷，构造体制由左旋压扭逐渐向伸展转变，地壳和岩石圈经历了强烈的减薄和拉张，形成了数目众多、大小不一、构造样式多样的彼此分割的断陷盆地（图 2−2）。受构造位置、基底不均一性等因素影响，不同断陷盆地构造特征具有差异性。断陷期以广泛的伸展构造发育为特征。

登娄库组沉积晚期，松辽盆地整体沉降，原先彼此分割的断陷盆地相互连通，形成统一的大型湖盆，沉积了泉头组、青山口组、姚家组、嫩江组等一套巨厚的河湖相碎岩，厚度可达 3.5km，其中具有多套生、储、盖及含铀矿组合，是盆地油气和铀矿勘探的主要层系。

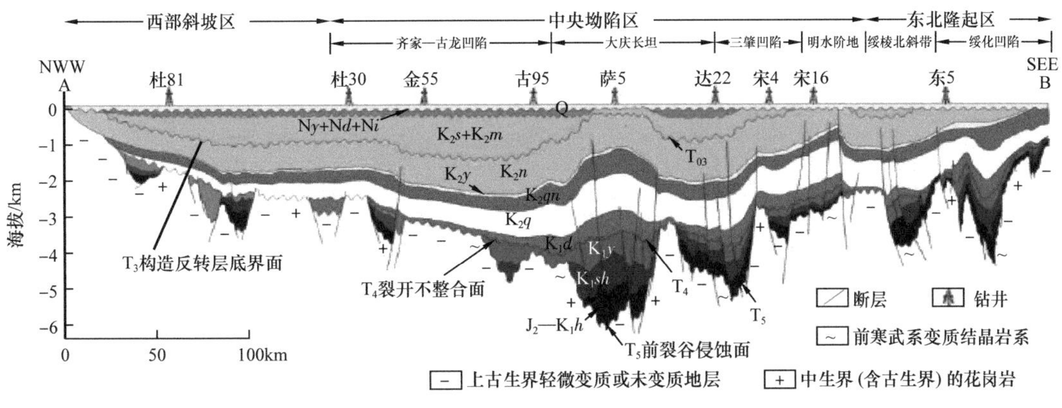

图 2-2　松辽盆地充填特征剖面图

嫩江组沉积之后，松辽盆地开始遭受一系列脉冲式挤压应力作用，使早期同沉积正断层复活逆冲，形成正反转构造，并使坳陷层发生褶皱，形成盆地浅部重要的构造圈闭。嫩江组沉积末期的挤压作用对盆地中、东部影响较大，造成盆地东部坳陷层的褶皱抬升和剥蚀，形成剥蚀"天窗"和区域不整合面，沉积中心西移。明水组沉积末期，盆地又一次遭受强烈的挤压，不但使盆地东南部早期构造最终定型，而且在盆地中、西部形成新的反转构造。新生代盆地经历了数次微弱的挤压与伸展的交替作用，沉积范围萎缩，且长时间的暴露剥蚀。

二、松辽盆地地层特征

松辽盆地基底由石炭系—二叠系浅变质作用的碎屑岩、火山碎屑岩和中酸性侵入岩组成，沉积盖层主要为中—新生界碎屑沉积岩系。盆地盖层岩系自下而上划分为上侏罗统—下白垩统火石岭组（J_3—K_1h），下白垩统沙河子组（K_1sh）、营城组（K_1y）和登娄库组（K_1d），上白垩统泉头组（K_2q）、青山口组（K_2qn）、姚家组（K_2y）、嫩江组（K_2n）、四方台组（K_2s）和明水组（K_2m），古近系依安组（Ey），新近系大安组（Nd）、泰康组（Nt）。松辽盆地总体上具有断、坳双层结构，经历了断陷期、坳陷期和构造反转期三个构造演化阶段，由两个区域性不整合面（营城组顶面——T_4，嫩江组顶面——T_3）将松辽盆地分成三个构造层：断陷层（火石岭组—营城组）、坳陷层（登娄库组—嫩江组）和构造反转层（四方台组—依安组）。断陷层包括火石岭组、沙河子组和营城组，构成厚度达3000多米的火山—沉积序列，火山活动主要集中在火石岭组和营城组。其中营城组火山活动最为活跃，形成的火山岩具有厚度大、分布范围广等特点。该层位是目前松辽盆地深层油气勘探的主要目的层位。沙河子组火山活动较弱，为火石岭组和营城组火山活动之间的相对宁静期，沉积岩发育，主要为一套河湖相的碎屑沉积。

三、铀矿勘查区地质背景

铀矿勘查区位于松辽盆地西南部开鲁坳陷，矿区主体位于松嫩地块西南部和华北板块北部陆缘增生带北部。其三面被控盆断裂控制，西北为嫩江—八里罕断裂，南部为赤峰—开原断裂，东南为郯庐断裂带。中部发育西拉木伦河断裂。这些深大断裂是岩石圈板块运动的结果。

1. 区域断裂

1）赤峰—开原断裂

该断裂位于华北陆块北缘，《辽宁省区域地质志》（1989）称为赤峰—开原断裂超岩石圈断裂。在辽河外围地区，赤峰—开原断裂呈近东西向展布于内蒙古自治区赤峰、平庄马厂、阜新福兴地、法库胡家堡子—铁岭开原一线，长约500km，宽2.0～5.0km。它是构成华北陆块与内蒙古—兴安造山带之间的分界线。断裂北侧古生界为活动型建造；南侧太古宇、古元古界、中—新元古界、古生界广泛发育。沿断裂有华力西期似斑状二长花岗岩、闪长岩及燕山期花岗岩侵入体分布。断裂在地表出露较好的地段，表现为强烈的挤压破碎带和强烈构造变形带及向北逆冲的次级断层。中生代，沿断裂带发育东西向盆地，如敖汉旗二十家子盆地。

2）西拉木伦河断裂

西拉木伦河断裂由林西向东进入开鲁坳陷，向西与温都尔庙断裂相接。本区大部被松辽盆地覆盖，地表仅在西拉木伦河西段有出露，表现为揉皱片理化、破裂岩化及糜棱岩化带，具有韧性剪切带特征，沿断裂带断续分布蛇绿岩套及蓝闪石片岩。磁场表现为低缓升高正磁场与降低负磁场的分界线，重力场呈现出一条不连续的重力梯级带。在沉积建造方面，断裂南侧为奥陶系—志留系火山岩—沉积岩系，北侧为弧后盆地复理石建造。断裂南北两侧生物群亦不同，断裂南侧石炭系—二叠系生物群属暖水型太平洋动物群和华夏植物群；北侧则主要是冷水型北极动物群和安哥拉植物群。目前对西拉木伦河断裂的性质及其在区域构造中的作用有三种不同意见：

（1）西拉木伦河断裂是一个斜切早古生代褶皱带，控制晚古生代沉积，是加里东期形成的一条大断裂。

（2）西拉木伦河断裂与温都尔庙断裂相连，为古生代俯冲带。

（3）西拉木伦河断裂是华北与西伯利亚两大构造域的拼接带，实际上是中小陆块群与华北北缘的拼接带位置。

综上所述，西拉木伦河断裂在本区为早古生代活动的俯冲带，形成于Pz_1。

3）嫩江—八里罕断裂

嫩江—八里罕断裂是辽河（探区）外围盆地隆起区与沉降区的分界断裂，由八里罕向北经平庄、奈曼旗、扎鲁特旗以东的白音诺尔与嫩江断裂相连，向南延入河北省，与平场—桑园断裂相接，再向南与太行山东麓断裂相连，控制了中国东部第二沉降带的分布，形成于Pt_3，主活动期Pz、Mz。

断裂带在航磁负异常背景上表现出的串珠状正异常，总体走向北东30°，异常带宽

10～25km，两侧为密集梯度带。地表大部分被新近系覆盖，仅在平庄—八里罕一线出露地表，表现为强烈的挤压破碎带，沿断裂分布大量酸性岩脉。晚古生代，控制东西两侧石炭系—二叠系沉积；中生代，控制晚侏罗世—早白垩世盆地的生成与发展；新生代，控制新近系玄武岩和第四系沉积的分布。

2. 中生界构造区划及其基本特征

根据中生界沉积以来的地质特征、主要断裂、基底类型以及沉积特征，将辽河油田铀矿探区外围地区中生界构造区划为辽吉东部隆起带、大兴安岭隆起带、中央沉降带和山海关隆起带四个一级构造单元（图 2-3）。

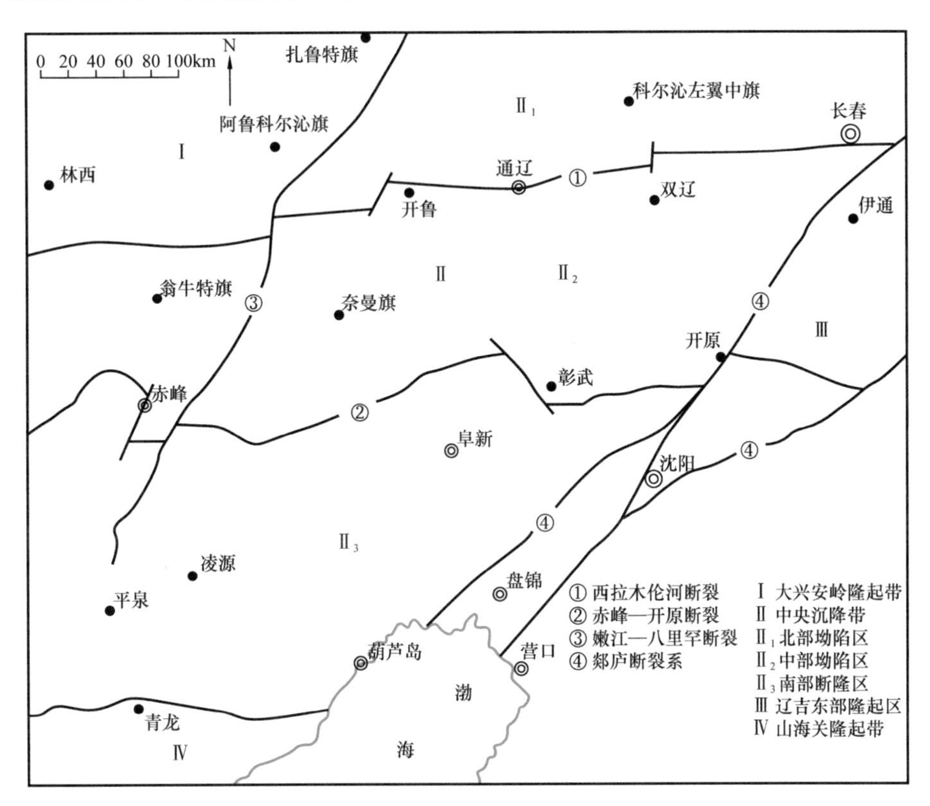

图 2-3 辽河外围中生界大地构造单元划分图

1）大兴安岭隆起带（Ⅰ）

该隆起带位于嫩江—八里罕断裂以西地区。带内发育众多的中、小型中生代盆地，多数属于中生代早—中期的火山岩盆地。仅在隆起带南部发育受北北东向断裂控制的晚中生代盆地——赤峰盆地，具备油气形成的地质条件。

2）中央沉降带（Ⅱ）

该沉降带位于辽河（探区）外围中部地区，东、西、南三面被隆起带所围限，北面与松辽盆地主体相连。带内发育的盆地面积大、埋藏深、油气资源丰富。根据中生代盆地发育特征，以赤峰—开原断裂和西拉木伦河断裂为界，将中央沉降带划分为北部坳陷区、中部坳陷区及南部断隆区。

（1）北部坳陷区（$Ⅱ_1$）。

该坳陷区位于西拉木伦河断裂以北，是松辽中生代裂谷盆地的一部分，由五个断陷组成陷区经历了断、坳两个阶段的构造演化。断陷阶段形成了沿北北东向分布的早白垩世断陷盆地，如陆家堡凹陷、钱家店凹陷，构造样式为不对称地堑和箕状断陷。断陷规模较大，面积1300～2600km^2，沉降幅度大，沉积厚度3000～5000m。沉积物为湖相细粒碎屑岩建造和火山喷发相的火山熔岩类。坳陷阶段为晚白垩世的广覆式沉积，沉积了河湖相细粒碎屑岩、油页岩、鲕粒灰岩，沉积厚度500～800m。坳陷期沉积的地层相对平缓，形成的构造以平缓的褶皱构造为主，如小幅度背斜和鼻状构造。

（2）中部坳陷区（$Ⅱ_2$）。

该坳陷区位于赤峰—开原断裂与西拉木伦河断裂之间，是在海西期褶皱变质基底上发育起来，以晚中生代为主的断—坳型盆地群。早白垩世断陷期，发育了开鲁、彰武、昌图三个盆地24个断陷，总面积$1.9\times10^4km^2$。断陷特点是：规模小，面积一般200～1300km^2，埋藏浅，沉积厚度小，一般厚2000～4000m，断陷间不连通，没有形成统一的大型断陷盆地。沉积物为含煤、泥页岩及火山岩建造。在盆地结构上，多具有北北东向和近南北向隆坳相间的构造格局，构造样式为不对称地堑断陷和箕状断陷。晚白垩世坳陷期，各盆地普遍充填了一套浅水动荡环境下的河流相细粒碎屑岩和滨—浅湖环境下的泥岩、灰质细砂岩，沉积厚度450～1200m。

（3）南部断隆区（$Ⅱ_3$）。

该断隆区位于赤峰—开原断裂以南，由黑山、阜新、金羊、建昌、北票、平庄六个盆地组成，面积$2.03\times10^4km^2$。

中生代由三套构造层组成，各构造层的变形特征明显不同。下构造层由下侏罗统兴隆沟组，北票组和中侏罗统海房沟组，髫髻山组及上侏罗统土城子组及其相当层位组成，构造线方向为近东西和北东向。逆冲断层和推覆构造发育，沿盆地边缘分布，且伴有较强的褶皱。盆地类型属于陆内挤压挠曲盆地，规模较小，充填物为火山岩—火山碎屑岩建造、碎屑岩建造、含煤建造，沉积厚度3000～5000m。分布在凌源—叨尔噔隆起和大柳河—新台门隆起之间。

中构造层由下白垩统义县组、九佛堂组、沙海组、阜新组及其相当层位组成，构造线方向为北东—北北东向，构造层褶皱微弱。构造活动强度大，特别是盆缘伸展断裂控制着盆地的形成与演化，盆内断裂发育，构造面貌复杂。盆地类型为伸展断陷盆地，构造样式为地堑和箕状断陷。盆地规模较大，充填物为火山岩建造、火山碎屑岩建造和半深湖相细粒碎屑岩建造及含煤建造，沉积厚度2300～6000m。除金羊盆地外，其他各盆地均有分布。

上构造层由上白垩统孙家湾组及其相当层位组成，不整合于侏罗系、下白垩统和中生界以下地层及岩体之上。构造线呈北北东向，构造层褶皱微弱，断裂不发育。孙家湾组的沉积与分布受控于盆地边界断层，岩性为冲积扇—冲积平原相红色砂砾岩夹薄层泥页岩，沉积厚度 600～1300m。孙家湾组沉积晚期，断隆区再次发生的挤压逆冲，较老地层覆于孙家湾组之上。

3）辽吉东部隆起带（Ⅲ）

该隆起带位于郯庐断裂带辽宁段和伊通段以东地区。基底由太古宇深变质岩系、古元古界变质岩系、新元古界和古生界碳酸盐岩、碎屑岩组成。带内局部地区发育浅而小的中生界盆地。

4）山海关隆起带（Ⅳ）

该隆起带位于锦西—要路沟断裂以南，是一个古老的隆起带，基底为太古宇深变质岩系。带内发育的早白垩世裂陷盆地，被义县组火山岩覆盖，属火山岩裂陷盆地。

铀矿探区主要位于中央沉降带（Ⅱ）北部坳陷区（$Ⅱ_1$）和中部坳陷区（$Ⅱ_2$）的开鲁坳陷和彰武盆地中（图 2-4）。

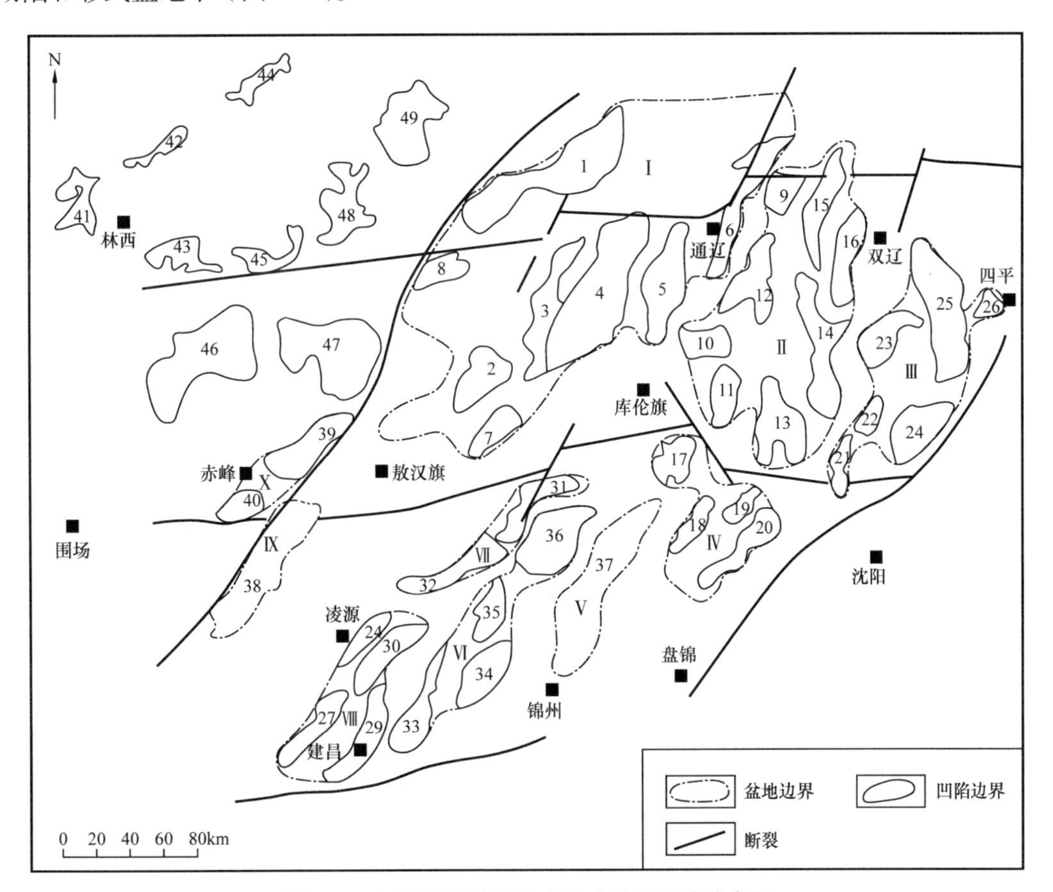

图 2-4 辽河外围地区中生界盆地及凹陷分布图

第三节　岩浆活动

辽河铀矿探区周边蚀源区在中生代火山活动频繁，由岩浆作用形成的花岗闪长岩、正长花岗岩、二长花岗岩和花岗斑岩等铀含量高，是区内成矿的主要铀源岩。

一、西部大兴安岭地区

大兴安岭中南段中生代花岗岩浆作用可划分为中—晚三叠世、晚侏罗世和早白垩世三个期次。

1. 中—晚三叠世

中三叠世花岗岩锆石 U—Pb 年龄主要集中在 246—237Ma，区内代表性岩体为孟恩陶勒盖岩体，张海华等测得孟恩陶勒盖岩体的黑云母斜长花岗岩的形成时代为 243Ma ± 2Ma。晚三叠世花岗岩锆石 U—Pb 年龄主要集中在 234—213Ma，突泉县宝格吐嘎查地区测得的花岗闪长岩样品年龄为 226Ma ± 1.1Ma，陈丽丽等测得杜尔基正长花岗岩的侵位年龄为 213Ma ± 1Ma，这两个年龄明显晚于邻近的孟恩陶勒盖岩体的侵位年龄，而且与大兴安岭中部乌兰浩特地区的查干岩体花岗岩体以及小兴安岭清水 A 型花岗岩体所测得的时代较为接近。

2. 晚侏罗世

花岗岩锆石 U—Pb 年龄主要集中在 154—148Ma，杜尔基镇南部采集的样品年龄为 148.2Ma ± 1.0Ma，这与杨奇获等报道的大兴安岭中—南段晚侏罗世花岗岩年龄较为接近。

3. 早白垩世

本区花岗岩锆石 U—Pb 年龄主要集中在 141—121Ma，马家屯岩体测得花岗斑岩锆石 U—Pb 年龄为 124.6Ma ± 1.1Ma，此年龄与大兴安岭中南段早白垩世花岗岩侵位年龄一致。

二、南部燕山造山带地区

南部燕山造山带中—晚中生代岩浆活动序列大致可分为五期，即早侏罗世、中侏罗世、晚侏罗世和早白垩世早期及晚期；其中火山活动以前四期表现明显，最后一期大致可与第四期衔接，侵入活动则以后四期表现明显。

燕山期的第一幕岩浆活动的火山岩以下侏罗统英安岩和玄武岩为代表，时代早于 175Ma；兴隆沟组火山岩厚度 180～600m，考虑到辽西地区髫髻山组和义县组中的火山岩层（包括火山碎屑岩，但不包括火山碎屑沉积岩）的总厚度 2000～3000m，兴隆沟组火山岩约占燕山地区侏罗纪—早白垩世火山岩总厚度的 5%～10%。

第二幕以髫髻山组下部中性火山活动为特征，岩性以安粗岩为主（随不同火山盆地而有差异），侵入岩则为闪长岩 + 花岗闪长岩（或石英二长岩）+ 花岗岩组合，活动时代是中侏罗世（175—160Ma）。

第三幕以晚侏罗世髫髻山组上部酸性和中性火山活动为特征，岩性组合主要为流纹岩、粗面岩 + 安粗岩，侵入岩组合为闪长岩 + 石英二长岩 + 正长岩 + 花岗岩，活动时代150—135Ma。

第四幕以义县组下部火山岩为代表，岩性主要为安粗岩和酸性岩，侵入岩组合为闪长岩 + 石英二长岩 + 正长岩 + 碱性正长岩 + 花岗岩，活动时代为早白垩世早期135—120Ma。

第五幕是早白垩世晚期，火山活动趋于尾声，岩性为义县组上部的中酸性火山岩，而侵入岩组合为花岗岩 + 碱性花岗岩，以出现碱性花岗岩为特征，活动时代为120—110Ma。

第四节　区域地区物理场特征

一、区域岩石物性特征

1. 岩石放射性特征

1）盖层岩石放射性特征

第四系沉积物铀含量一般为0.39～3.31μg/g，平均1.78μg/g；钍含量一般为1.55～16.3μg/g，平均1.78μg/g；钾含量一般为0.13～4.53μg/g，平均2.36μg/g。

新近系玄武岩铀含量平均1.16μg/g；钍含量平均5.35μg/g；钾含量平均1.36μg/g，钍、钾平均含量接近地壳玄武岩丰度值，铀含量平均值高于地壳玄武岩丰度值。

上白垩统姚家组铀含量一般为1.21～2.73μg/g，平均1.93μg/g；钍含量一般为10.11～12.46μg/g，平均11.63μg/g；钾含量一般为1.65～3.74μg/g，平均2.91μg/g。铀含量略高于地壳丰度，但变化较大。

上白垩统青山口组铀含量一般为1.43～3.98μg/g，平均2.70μg/g；钍含量一般为11.04～15.34μg/g，平均13.11μg/g；钾含量一般为1.18～2.93μg/g，平均2.29μg/g。铀、钍含量远高于地壳丰度值，且铀含量变化较大。

上白垩统泉头组铀含量一般为0.93～3.33μg/g，平均1.97μg/g；钍含量一般为6.04～16.32μg/g，平均11.03μg/g；钾含量一般为2.23～4.17μg/g，平均3.14μg/g。铀、钍、钾含量均较高，且铀、钍含量变化较大。

侵入岩中铀、钍、钾含量从超基性至酸性，从早到晚表现为逐渐增高，铀含量一般为2.00～4.00μg/g，钍含量一般为10.00～20.00μg/g，钾含量一般为3.00～4.00μg/g。

2）基底及蚀源区岩石放射性特征

基底主要为石炭系—二叠系变质岩，铀含量一般为2.38～4.97μg/g，钍含量一般为1.91～23.87μg/g，钾含量一般为0.42～5.13μg/g；其次为前中生界火山岩、岩浆岩，岩性为石灰岩、板岩、片岩、千枚岩、变质砂岩及花岗岩，其铀含量一般为1.84～9.03μg/g，钍含量一般为1.50～27.55μg/g，钾含量一般为0.08～4.39μg/g。

蚀源区为开鲁坳陷南部库伦—法库的丘陵地带出露海西期酸性、中酸性侵入岩（γ4）、燕山早期中酸性侵入岩（γ52）、前寒武系（An€）、少量发育燕山晚期酸性中酸性侵入岩（γ53）、加里东期酸性中酸性侵入岩（γ3）。燕山期花岗岩铀含量较高，可达4.90μg/g，海西期花岗岩铀含量为0.98～1.40μg/g，钍铀比值均达到10以上，最高可达46.93，铀迁出明显。

2. 岩石磁性特征

第四系到白垩系均属无磁性—微磁性—弱磁性岩石，磁化率一般为12×10^{-5}SI，侵入岩磁化率较高，一般为200×10^{-5}～2000×10^{-5}SI。

晚侏罗世，火山活动频繁，大范围地形成了火山岩地层，磁化率较高，一般为$n\times10^{-3}$SI，局部可达1000×10^{-5}～2000×10^{-5}SI，在区域上形成较强磁性层。

早—中侏罗世以内陆河湖沉积为主，地层磁性相对较弱，一般为$n\times10^{-5}$～$n\times10^{-4}$SI。

上古生界以火山碎屑岩—碳酸盐建造为主，磁率一般为$n\times10^{-5}$～$n\times10^{-4}$SI；二叠系中夹厚度较大的中性火山岩，磁化率偏高，一般为$n\times10^{-4}$SI。下古生界原岩以中基性火山碎屑建造为主的变质岩，磁化率一般为1000×10^{-5}～3000×10^{-5}SI，个别可达5766.9×10^{-5}SI。

3. 岩石电性特征

沉积盖层岩石视电阻率均比较低，一般变化范围为9.60～68.03Ω·m，平均30.70Ω·m；其中嫩江组最低，第四系最高，姚家组视电阻率21.40Ω·m；基岩电阻率均较高，一般达到500Ω·m以上。

沉积盖层中，同种岩石视电阻率相差不大，不同岩石略有差。泥岩视电阻率最低，一般为7～12Ω·m，粉砂岩一般为10～13Ω·m，砂岩一般为15～33Ω·m，砾岩一般为33～58Ω·m。

4. 岩石密度特征

中—新生界盖层密度为2.23～2.46g/cm³，平均2.35g/cm³；古生界的密度为2.54～2.67g/cm³，平均2.61g/cm³；前寒武系的密度为2.42～2.60g/cm³，平均2.51g/cm³；酸性侵入体密度平均为2.62g/cm³。中生界盖层、古生界、前寒武系及中酸性侵入体之间存在0.16～0.26g/cm³的密度差。

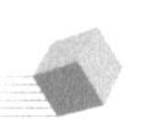

二、区域航放、航磁特征

1. 航放特征

航放异常区主要分布于坳陷周边的隆起区，尤以坳陷南东部四平—怀德一带出露的泉头组最为显著；钱家店凹陷铀、铀钍混合异常也相对较多，与凹陷展布方向基本一致，且与钾归一低值区吻合较好。

2. 磁场特征

开鲁坳陷航磁 ΔT 平均磁场总体可分成近北东向展布的三条狭长带（图 2−5），中部狭长带自奈曼—八仙筒—通辽—宝龙山一线展布，与上白垩统姚家组沉积方向基本一致，在八仙筒一带，即哲中凹陷附近 ΔT 等值线相对密集，在钱家店凹陷内部等值线稀疏，显示出该地区基底相对平缓且为一整体；北西部狭长带 ΔT 等值线相对零散，呈岛状近北东向分布，与陆家堡断陷相吻合；南东部或南部狭长带较零乱，ΔT 零值线与坳陷边界吻合，甘旗卡—章古台附近有一低值区，该区域也是姚家组沉积时蚀源区的一部分（图 2−6）。

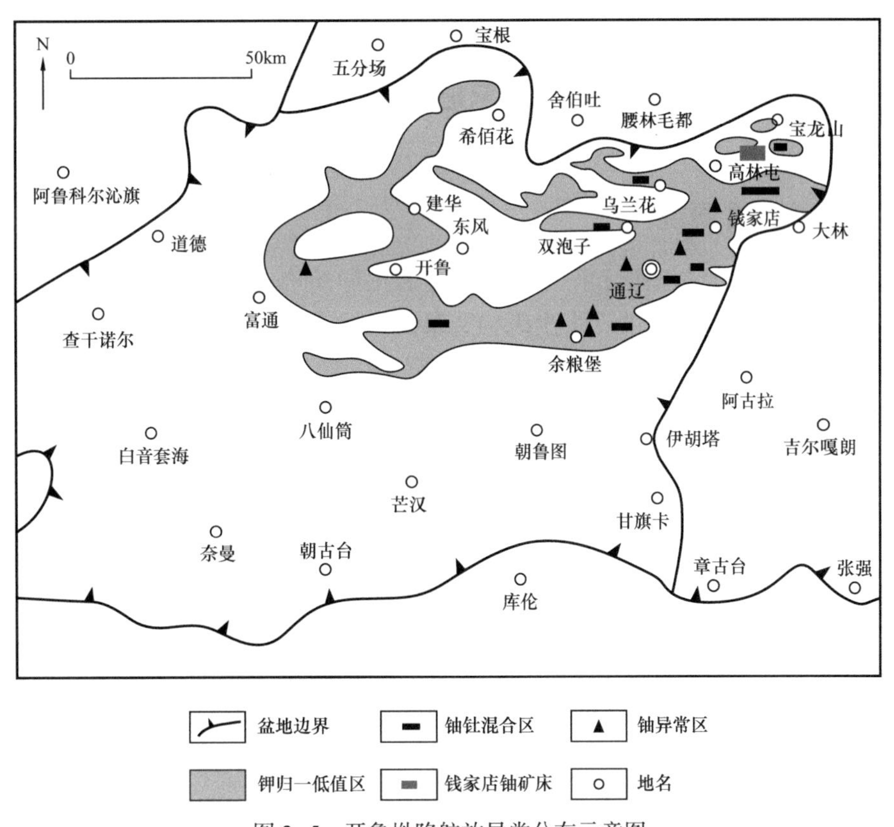

图 2−5 开鲁坳陷航放异常分布示意图

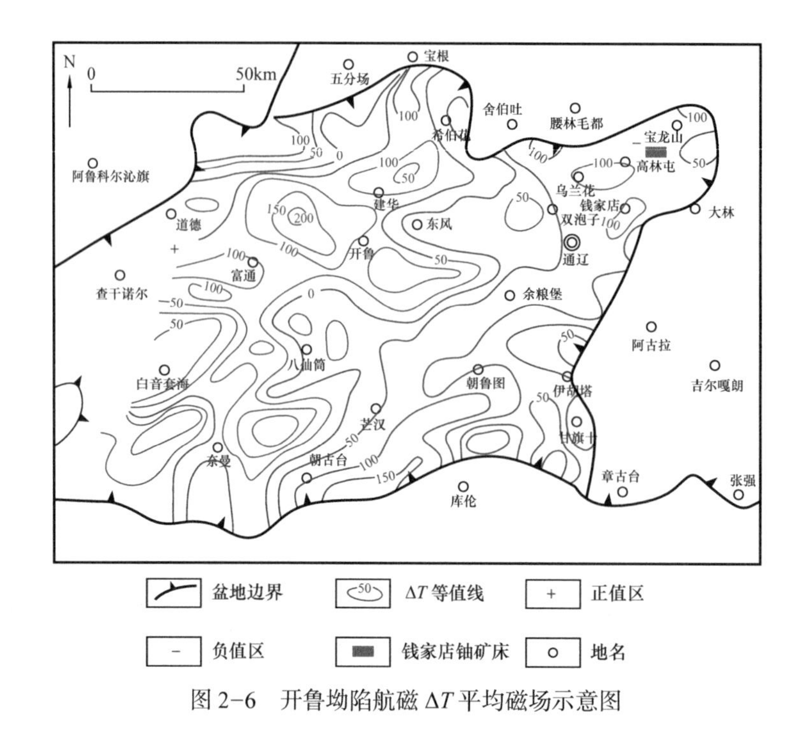

图 2-6　开鲁坳陷航磁 ΔT 平均磁场示意图

第五节　钱家店铀矿勘查概况

一、矿床地质概况

钱家店铀矿床在上白垩统和下白垩沉统分属不同的构造单元，其下白垩统为一个不对称双断凹陷，属开鲁盆地的一个次级构造单元。钱家店凹陷整体呈狭长的条带状沿北北东、北东方向展布，面积 1280km^2。由喜伯营子、胡立海、宝龙山三个次级洼陷组成，其中胡立海洼陷下白垩统最厚、面积最大。钱家店铀矿床发育在胡立海洼陷北部断阶带的上方。上白垩沉积期开鲁坳陷与松辽盆地连为一体，成为松辽盆地西南的一个次级构造单元，即开鲁坳陷。钱家店铀矿床位于开鲁坳陷东北部，紧邻西南隆起（图 2-7）。

钱家店凹陷具有古生代变质岩基底，从下至上依次为下白垩统义县组、九佛堂组、沙海组和阜新组的断陷湖盆沉积，以及上白垩统泉头组、青山口组、姚家组、嫩江组、四方台组、明水组的河流湖相沉积，顶部为新近系大安组、泰康组及第四系松散堆积物。坳陷的蚀源区为中生界火山岩，C—P、J—K_1 时期的花岗岩及古生代变质岩。松辽盆地经历了早白垩世断陷、早白垩世末抬升剥蚀、晚白垩世坳陷及末期的构造反转、抬升剥蚀四个阶段。其中，晚白垩世末期强烈的抬升使盆地南部和东南部发生抬升和剥蚀，为地下水的大规模渗入活动创造了条件，后期的构造反转使钱家店凹陷东北部出现三处呈品字形分布的剥蚀天窗（图 2-8）。

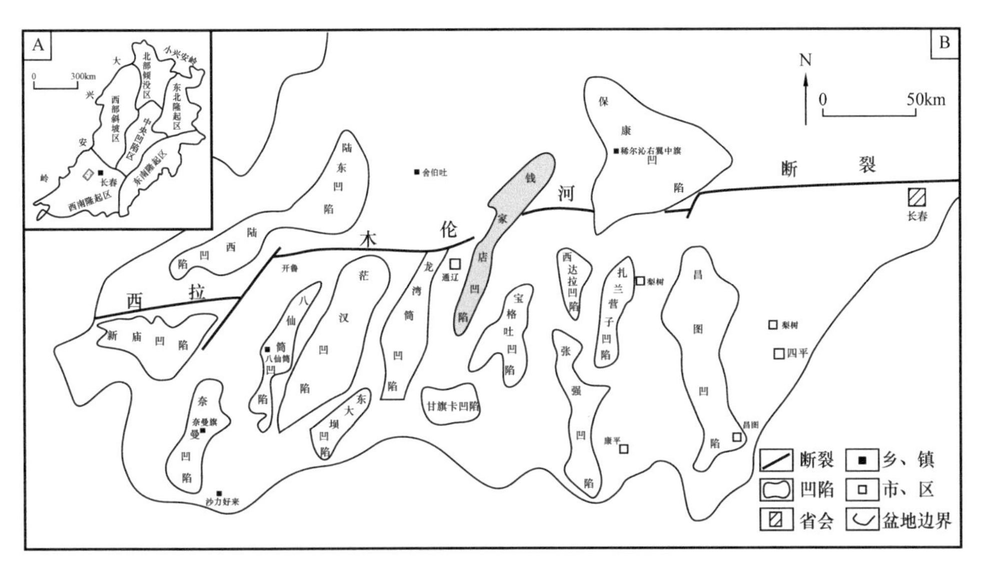

图 2-7　松南地区内部构造单元与断裂分布
A—松辽盆地简图；B—松南地区构造简图

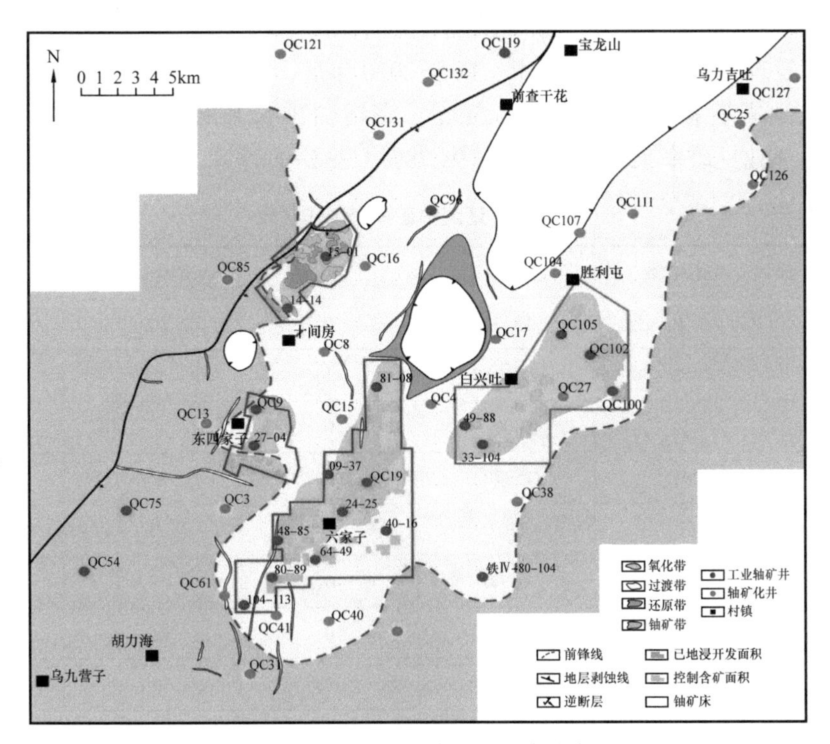

图 2-8　松辽盆地钱家店铀矿床分布图

钱家店铀矿床含矿层位主要为上白垩统姚家组（K_2y），共分为上、下两段，各段厚度 60～80m，岩性主要为灰色、灰白色、红褐色、黄褐色细砂岩夹紫红色、灰色泥岩、碳质泥岩及粉砂质泥岩。砂岩中还可见油浸和还原作用的发生，见褐色油浸条带和油斑，局部紫红色泥砾带灰色环边，局部紫红色泥岩中含灰色斑点或条带。钻探结果显示，姚家组中辉绿岩岩墙（脉）侵入。其碎屑成分以岩屑和石英为主，岩屑占总量的40%～50%，石英35%～40%，长石碎屑较少，为15%～20%。岩屑成分以火山岩为主，其中主要为流纹岩，少量为粗安岩，也含少量花岗岩、花岗斑岩及变质岩。砂岩中铀含量为10～30μg/g，部分泥岩铀含量可以达到100μg/g以上，工业铀矿层中铼平均品位0.48μg/g，钪平均品位6.5μg/g。

二、勘查工作量

辽河铀矿勘查是在综合研究前期石油勘查地质资料过程中，发现放射性异常基础上展开的。石油地质资料和勘查技术为后期钱家店铀矿床的勘探、开发提供了重要技术保障。

1997年10月，辽河油田委托核工业地质局在钱家店地区钱12井附近施工铀矿探井QC1井，在井深271.36～291.99m发现工业铀矿层，由此拉开辽河油田外围中生代盆地铀矿勘查的帷幕。

辽河油田从复查石油探井资料入手确定有利勘查区，通过钻探、录井、测井等技术逐步展开，先后在奈曼凹陷、陆家堡凹陷、龙湾筒凹陷和张强凹陷发现铀矿化异常，在钱家店凹陷发现地浸砂岩型铀矿床。截至2020年底，共复查石油井资料1150口，完成浅层三维地震资料处理解释3715.5km^2，完钻铀矿探井和参数井2131口，总进尺861900.4m。工业见矿率45.3%，见矿率94.78%（表2-1）。

表2-1 辽河铀矿勘查工作量表

地区名	完钻井数	进尺（m）	工业井数	矿化井数	异常井数
奈曼	4	1346.0	0	2	1
陆家堡	52	24849.8	1	24	6
龙湾筒	9	5800.7	0	3	1
钱家店	2011	815070.2	954	946	45
新庙	1	350.0	0	1	0
张强	1	613.0	0	0	1
其他	29	13870.7	0	5	7
总计	2107	861900.4	955	981	61

三、主要勘查成果

1997年以来，辽河油田在辽河铀矿探区及周边地区开展了大量的铀矿地质工作，基本掌握了探区内地层构造发育特征以及铀源岩、铀储层、铀矿资源规模和分布特征等基本情况。先后在奈曼、陆家堡、龙湾筒、张强等地区开展了铀矿预查，在钱家店凹陷北部通过普查和详查发现特大地浸砂岩铀矿床。目前在该矿床的钱Ⅱ和钱Ⅳ块中段转入工业开采，已成为中国重要的产铀基地之一。

四、勘查认识

通过持续开展钱家店地区地质矿床综合研究，通过地层、沉积、构造、储层、地球化学等成矿地质条件及其与铀矿化富集之间的联系研究，逐步明确了成矿主控因素，探讨建立了铀成矿模式。

1. 钱家店铀矿成矿主控因素分析

铀、铼如何在砂岩地层中富集成矿，应重点围绕“氧化—还原”这一最核心的科学问题展开讨论和研究。在漫长的地质历史时期，由于不同时间地质体所处环境的差异，铀、铼元素往往会以不同方式的氧化—还原作用发生迁移和汇聚。只有将不同时间和空间所发生的成矿作用进行对应分析，才能更好地揭示出当今矿床所呈现的各种地质特征的成因。钱家店超大型铀矿床的形成，除区域上具有优越的成矿条件外，也与其所处的构造位置、沉积储层条件、地层自身含铀丰度及砂体还原能力密切相关。钱家店超大型地浸砂岩型铀矿成矿主控因素，可以归纳为气候、构造、沉积储层和热液四个方面。

1）干热古气候条件下发生的同沉积氧化作用，促使储层中的铀、铼元素发生了初始迁移和洼谷汇聚

充足的铀源供给是砂岩型铀矿床形成的基础。传统观点认为，铀矿床的形成是蚀源区和铀储层本身双重铀源联合叠加作用的结果。但在干热气候条件下，补给水从开鲁坳陷周边地区向钱家店凹陷发生地下径流，虽然也会溶解携带古老地层风化析出的铀元素，但这部分铀源相对于沉积地层本身的铀元素进一步推聚，其贡献值非常有限，沉积期灰色储层中赋存的铀元素才是重要的铀源。

钻探结果证实，钱家店铀矿床外围钻孔姚家组岩心普遍以砖红色为主，接近矿床，砖红色地层逐渐减少，并呈现由砖红色—浅红色—灰黄色—灰白色—灰色逐渐过渡的特征，通过进一步仔细观察，这一颜色变化具有以下特点。

一是由洼陷周边到洼陷中心，远离洼陷的砖红色地层通常表现与岩性、岩相无关，砂岩、泥岩几乎全为砖红色且颜色较为均匀、单一，往往切割岩石层理；而接近洼陷的浅红色、灰黄色和灰白色地层，其颜色却具有顺层理发育的特征，明显受岩相、岩性和物性控制。二是本该在灰色地层岩中出现的炭屑，在砖红色地层中亦有存留。三是镜下可以观察到砖红色岩心中有草莓状黄铁矿被赤铁矿化的现象。四是灰色矿化带中的泥岩矿化层均以板状、透镜状形态分布；五是存在大量泥砾岩矿化。以上五个事实，表明赋矿层位的姚家组在沉积期以灰色为主，现今所现出的砖红色地层，应是沉积期受干旱气候影响，潜水面以上地层被快速氧化的结果；而浅红色、灰黄色、灰白色地层应为后期在构造运动下，地层中发生了层间氧化作用的结果。据此，可以推断出一个重要结论：钱家店铀成矿作用完全受控于氧化—还原机制，但可分为同沉积氧化成矿和层间氧化成矿两个阶段。

上白垩统青山口组—姚家组沉积时期，干热的气候条件使钱家店凹陷周边同期沉积的地层发生了大面积的同沉积区域氧化作用，这种同沉积区域氧化作用使原始地层中沉积的铀铼元素被氧化迁出，并被处于较洼地势内的其他还原能力较强的地层还原沉淀。这种作用周而复始，不断循环，会形成铀铼元素的初始富集，甚至成矿。

通过对钱家店地区姚家组岩心钻孔选取典型岩心样品进行测试分析（表 2–2），测试结果表明，原生灰色砂岩铀含量平均为 9.23μg/g；黄色砂岩铀含量平均为 4.37μg/g；红色砂岩铀含量平均为 2.73μg/g。如果以还原带原生灰色砂岩作为标准，则红色砂岩和黄色砂岩分别有 4.86μg/g 和 6.50μg/g 的铀迁出，迁出率分别达到 70.4% 和 52.7%。

据统计（表 2–3），目前世界上已发现矿床，中生界储量占比达到 90% 以上，从另一个侧面说明，中生界在全球性极端干热气候条件下所发生的同沉积氧化成矿作用，是砂岩型铀矿富集成矿的主要因素之一。

表 2–2　钱家店铀矿床不同地球化学类型砂岩 U、Fe、S 和 TOC 分析结果

岩性	U（μg/g）		S（%）		TOC（%）		Fe^{3+}/Fe^{2+}	
	样品数	平均含量	样品数	平均含量	样品数	平均含量	样品数	平均含量
红色砂岩	6	2.73	29	0.01	28	0.11	27	3.43
黄色砂岩	10	4.37	34	0.01	34	0.13	25	3.81
灰色砂岩	8	9.23	8	0.03	8	0.18	8	1.37
含矿灰色砂岩	4	264.78	4	0.14	4	0.16	4	1.09

表 2–3　全球主要砂岩型铀矿床地层年代及储量统计表

矿床名	所属国家	铀矿类型	地层	钻探工作量（10^4m）	铀储量（10^4t）	勘查效果（m/t）
门库杜克	哈萨克斯坦	层间氧化带型	白垩系	250.0	12.7	19.7
英凯	哈萨克斯坦	层间氧化带型	白垩系	300.0	35.0	8.6
扎尔巴克	哈萨克斯坦	层间氧化带型	白垩系—古近系	36.5	1.4	26.3
乌瓦纳斯	哈萨克斯坦	层间氧化带型	古近系	36.5	2.0	18.3
克孜尔科立	哈萨克斯坦	层间氧化带型	古近系	10.0	3.7	2.7
戈立贾特	哈萨克斯坦	层间氧化带型	中—上侏罗统	101.2	3.5	28.9
下伊犁	哈萨克斯坦	层间氧化带型	侏罗系	161.5	6.0	26.9
奥索托	美国	层间氧化的古河道	下白垩统—新近系	91.2	1.5	60.8
派纳玛利亚	美国	层间氧化带型	上始新统	6.7	0.4	16.8

续表

矿床名	所属国家	铀矿类型	地层	钻探工作量（10^4m）	铀储量（10^4t）	勘查效果（m/t）
达尔马托夫	俄罗斯	古河道型	下侏罗统—上白垩统	250.0	1.3	190.8
人形山	日本	古河道型	上中新统—下上新统	16.0	0.2	82.1
总计				1259.6	67.7	18.6

2）后生构造作用形成的“天窗”和断层在具有泥—砂—泥结构的储层引发了大规模表生流体循环，导致层间氧化作用的发生，促使铀铼元素发生再次推移和沟槽富集

泉头组—嫩江组沉积时期，由于太平洋板块向北西俯冲和上地幔热隆起的减弱，松辽地区岩石圈逐渐冷却，断裂活动也随之减弱，产生冷收缩，在重力均衡和冷却沉降作用下，地壳呈不均一的整体下沉，使得原本相互分割的若干断陷形成统一的盆地，构造演化转入热沉降阶段，开鲁坳陷成为松辽盆地的一个次级构造单元。

（1）地层剥蚀可为上覆地层贡献物源，接受沉积的地层铀铼元素会更为富集。

钱家店凹陷早期断拗转化时期形成的起伏地貌，在经历青山口组地层填平补齐过程中，曾发生局部剥蚀作用（图 2-9）。横跨钱家店凹陷的地震剖面所示，青山口组在剖面东部削截现象明显，在剖面西部姚家组低位体系域和湖泊扩展体系域依次上超于青山口组及下白垩统之上，在剖面中部表现为假整合接触。钱家店铀矿床姚家组共发育了六个铀矿层，依据目前勘查发现成果统计，姚家组最下部的 1 号矿层资源量可占全部矿床资源量的 43% 左右，研究认为，正是由于后天发生的构造运动（活动），使青山口组遭受剥蚀的地层，重新沉积到上覆姚家组，其底部地层中的铀、铼元素会比其他层位更为富集。

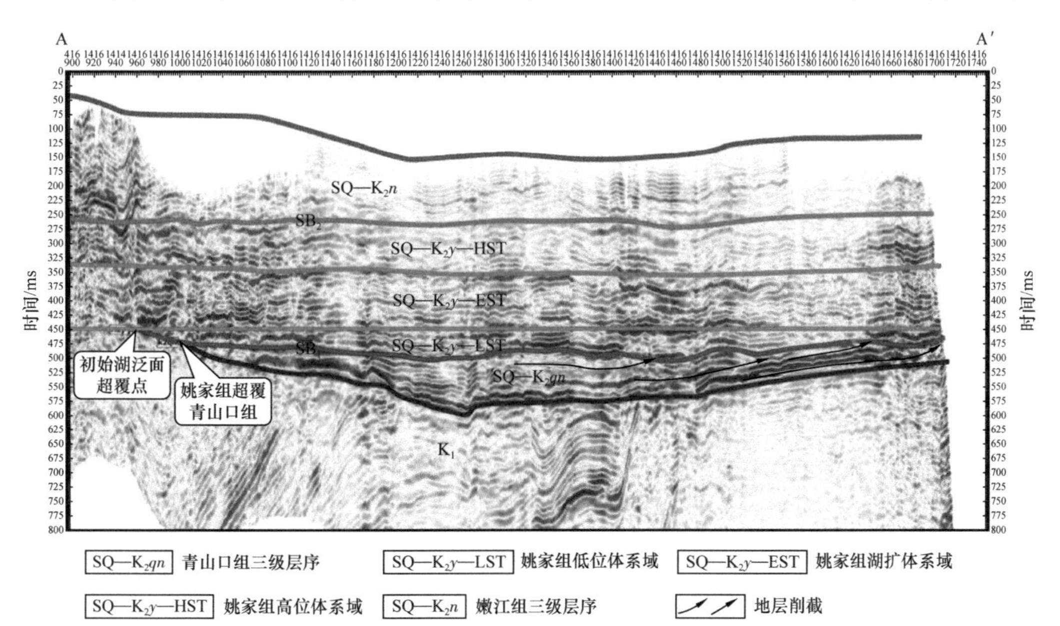

图 2-9　钱家店地区姚家组层序地层划分地震剖面

（2）嫩江组沉积末期构造运动使含铀岩系姚家组内部形成良好的补径排系统，为发生层间氧化作用铀铼推聚成矿创造了条件。

嫩江组沉积末期，受太平洋板块的俯冲作用，松辽盆地接受北西向应力的挤压，由于挤压不均一，在钱家店地区形成多个剥蚀“天窗”，含氧水从剥蚀“天窗”进入到具有泥—砂—泥结构的姚家组后，持续发生层间氧化作用，不断携带被氧化的铀铼元素向氧化带前端推聚。由于构造沟槽部位滞水性强，含氧含矿水从多个方向多次间断性重复补给，为铀铼离子还原沉淀和吸附提供了充足的反应时间，更易形成铀铼富集。

① 源自西南斜坡带“天窗”的层间氧化作用。

姚家组沉积时期，形成宽缓了斜坡背景，坡度长达200～300km，宽度较窄，仅20～40km，坡度较缓，约5°。在大斜坡背景下，沿构造斜坡从西南向东北发育大型冲积扇—辫状河—辫状河三角洲沉积体系。其辫状河沉积体规模大，长达180km，宽20～40km，面积约5400km^2。辫状河三角洲规模也较大，单位面积2000km^2。甘旗卡凹陷旗参1井青山口组以上地层全部剥蚀，其钻探结果证实在钱家店凹陷的西南部，必然存在一个剥蚀面积较大的“天窗”，含氧水从这一“天窗”进入具有泥—砂—泥结构的姚家组发生层间氧化作用，可以将同沉积氧化时期形成的初始富集铀、铼元素源源不断地向氧化带前端氧化、迁移、再次聚集，从而形成一个具有较大规模资源储量的钱Ⅳ块矿床。

② 源自矿床内部“天窗”的层间氧化作用。

依据三维地震资料，钱家店地区还同时发育了三个呈品字形分布的剥蚀“天窗”，姚家组出露面积达到200km^2。从氧化的颜色和规模看，氧化发生的时间较晚，氧化规模较小，对姚上段铀铼进一步富集成矿贡献较大，成矿区域主要为钱Ⅱ块、钱Ⅲ块和钱Ⅳ块北部（图2-8）。

3）具有顶底板泥岩结构的泛连通巨大辫状河和辫状河三角洲平原砂体，为含氧含矿水提供了迁移通道，富含有机质的辫状河三角洲平原越岸湖或沼泽沉积物，为铀成矿提供了丰富的外部还原介质

（1）大规模砂体形成背景。

层间氧化砂岩型铀矿床的形成，不但需要充足的铀源，有利的构造条件，还需要发育一定规模的砂体。钱家店铀矿床位于相对稳定的特大型沉积盆地松辽盆地的西南斜坡上。主要含矿层姚家组沉积期，开鲁坳陷与松辽盆地连通，与松辽湖盆成了统一的汇水盆地，大型盆地的宽缓构造斜坡为大规模沉积体发育提供了较稳定的构造背景。

姚家组沉积时期，松辽盆地沉降速度减小，湖面缩小退至开鲁坳陷东北部，开鲁坳陷斜坡整体处于陆上环境，发育了规律较大的通辽水系，形成从西南向东北发育的冲积扇—辫状河—辫状河三角洲沉积体系。钱家店地区西南部主要发育规模较大的辫状河体系，辫状河发育规模大，物性好，为铀的迁移提供了良好的运移通道。而含矿区主要位于辫状河三角洲平原上，具有明显的辫状河道及越岸湖泊和沼泽的沉积特征，其砂体单层厚度大，累计厚度达200m，分布稳定，产状平缓，分选性好，泥质胶结且含量较低（小于15%），其形成的规模辫状河道砂体，为沉积期预富集和后期成矿提供了良好的储集空间。

（2）大规模砂体对铀成矿的作用。

① 规模砂体为铀的迁移提供良好通道。

辫状河的河床的河道和心滩的砂体具有规模大，连通性及成层性好的特点，其单砂体厚度10～45m，累计厚度100～300m，延伸稳定，地层产状平缓。砂体岩性以粗—中粒长石石英砂岩为主，岩石分选性较好，胶结物较少，泥质含量较低（小于10%），孔隙度较高（25%～35%），透水性能较好，为含铀含氧层间水的迁移提供了良好流动空间。

辫状河三角洲平原辫状河道砂体规模也较大，连通性和成层性也较好，但由于越岸湖和沼泽的发育，砂体规模较辫状河河道和心滩砂体规模小，单层厚度5～20m，累计厚度50～150m，延伸相对稳定，产状更加平缓，岩性以细粒长石石英砂岩为主，岩石分选性较好，胶结物较少，泥质含量较低（小于15%），孔隙度较高（15%～35%），透水性能较好，也可为含铀含氧层间水的迁移提供了良好流动空间，但由于其比辫状河砂体具有砂体规模小、地层产状平缓及岩性相变快的特点，因此其层间水的流动较辫状河的河床和心滩砂体要慢，并在构造沟槽或辫状水道与越岸湖和沼泽相变区形成相应的蓄水区，增加了水岩反应时间，有利于铀的富集成矿。

② 规模砂体为铀提供良好的储集空间。

对于层间氧化带成因的砂岩型铀矿，铀矿化赋存于具有一定储集空间的砂体中，砂体为铀成矿提了储集空间。铀成矿不但受层间氧化带制约，同时也受沉积砂体规模及储集物性控制。首先，钱家店铀矿床矿体规模与砂体规模密切相关，砂体规模越大，铀矿化异常越多，矿体规模越大。因为砂体是铀矿富集的载体，其规模越大，连通性及成层性越好，越利于含铀含氧水流动、沉淀、富集；反之，砂体规模小，连通性及成层性差，不利于水的沿层流动，没有充足的含铀水流经，富集程度变差。该区已发现的规模较大铀矿体大多位于厚度20～30m的砂体中，10m左右的砂体中见到小规模的铀矿体，而厚度小于5m的砂体中，只见到了矿化异常，未发现工业铀矿体；其次，铀成矿与储集砂体物性有密切关系，铀矿化主要集中在15%～35%之间，而工业矿床主要集中在20%～30%之间。可见铀矿体主要富集在具有一定砂体规模和适宜的储集物性的储层中。而辫状河三角洲平原辫状河道砂与越岸湖和沼泽的有机配置，使得砂体即有一定规模，也由于越岸湖和沼泽的存在而发生相变，使储集物性发生变化而更适应于铀的富集。

4）辫状河三角洲平原越岸湖或沼泽沉积物为铀成矿提供了丰富的还原介质

（1）越岸湖及沼泽形成的构造背景及特征。

钱家店位于开鲁坳陷与西南隆起结合部位，西南隆起在泉头组和青山口组早期隆起较高，将开鲁坳陷和松辽盆地主体分开，开鲁坳陷为一封闭坳陷。到姚家组沉积期，经过泉头组和青山口组沉积的填平补齐之后的西南隆起已基本变平，同时松辽盆地沉降速度减小，湖面缩小退至西南隆起东北部，开鲁坳陷内以河流相沉积为主。当自西向东的辫状河流到钱家店地区，由于地形坡度变缓，同时加上源于盆地边缘的多条水系在处汇合，辫状河就很快发散开形成辫状河三角洲平原。辫状河三角洲平原中由于水体丰富，越岸湖和沼泽沉积微相发育，从而形成局部的潮湿环境。

钱家店铀矿区辫状河三角洲平原越岸湖和沼泽发育，从暗色泥岩分布图上可以看出，辫状河三角洲平原的越岸湖虽然发育，但面积较小（图 2−10），一般为 2～3km²，暗色泥岩单层厚度仅 1～2m，累计厚度 2～7m，可见其深度也应较浅；位于三角洲平原分支河道间的低洼地区的沼泽，虽然分布面积大但由于气候干旱，多数在干旱期被氧化，仅在较大的低洼处，残留深色有机黏土、泥炭、褐煤。越岸湖和沼泽中的暗色沉积物中有机质及硫化物含量较高，利于层间氧化水中铀的还原、沉淀富集。通过对比发现，较大的矿体主要位于单层砂岩厚度逐渐变薄，暗色泥岩厚度变大、层数变多的部位，即由均质向非均质过渡的部位。可见暗色泥岩控制了矿体的发育，也就是说，矿体与沉积微相关联密切。即辫状河道砂体物性较好，均质性较强，水体流速较快，主要为氧化带，越岸湖、沼泽沉积暗色泥岩发育，非均质性较强，水体流速减小且含有较多的还原物质，辫状河道与越岸沉积的过渡部位容易富集成矿。由此可见，辫状河三角洲平原上的越岸湖、沼泽对铀矿聚集具有较大的控制作用。

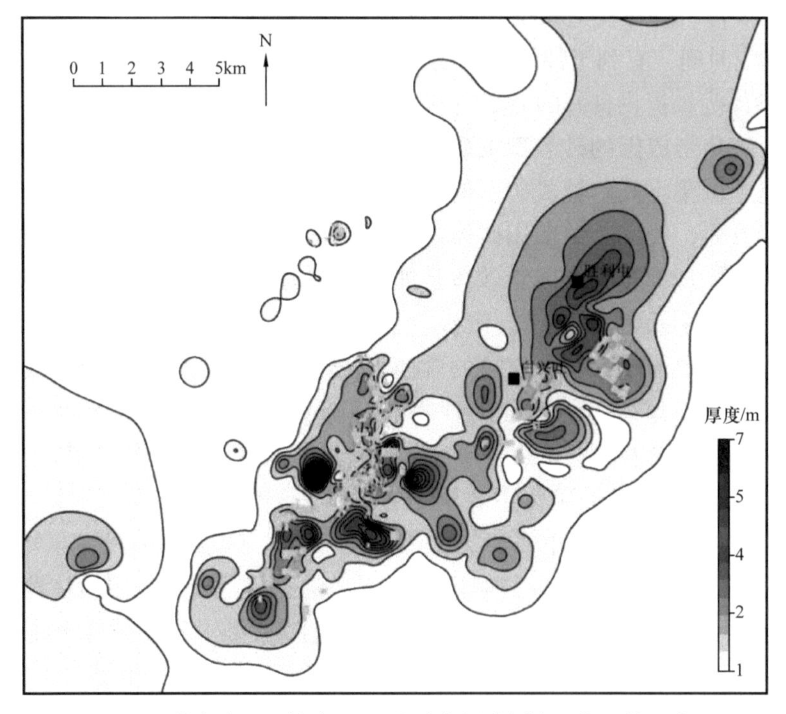

图 2−10　钱家店地区姚家组 Y_1 段暗色泥岩厚度及与矿体叠合图

（2）沉积期越岸湖及沼泽对成矿的作用。

沉积期，辫状河三角洲平原越岸湖和沼泽发育区由于暗色泥岩、炭屑和有机质发育，有利于铀的富集。同沉积氧化主要发生在姚家组沉积期及其沉积后的成岩阶段。通过岩心样品镜下鉴定，发现有利的含矿性好的微斜条纹长石、石英砂屑、炭屑等，花岗岩及蚀变花岗岩岩屑、正长细晶岩—粗面岩、碳质硅板岩—硅板岩屑、硅化岩屑、安山岩屑，诸多组分属于沉积阶段聚集形成含矿性好的或具有铀异常的砂体。同时，岩屑中有机碳质、黄铁矿、钛铁矿等还原性组分附近可局部形成还原环境，或作为还原剂直接吸附或还原可溶性六价铀。

在沉积成岩阶段排出的原生孔隙溶液与区域氧化形成的下渗表生氧化水化学接触界面附近，会有部分组分发生还原反应，使得被溶解在表生氧化水体中的六价铀引发成矿。在镜下发现的绝大部分莓球状黄铁矿聚集体或莓球群即是这一阶段的产物。富含有机质或炭屑的砂岩中，有些地段还可见成岩阶段胶状黄铁矿化，对铀有一定的吸附作用。

（3）层间氧化期对成矿的作用。

① 提供还原介质。

辫状河三角洲平原越岸湖及沼泽暗色细粒沉积物（暗色泥岩，暗色粉砂质泥岩，暗色泥质粉砂岩和暗色粉砂岩）中含有有机质、黄铁矿等还原剂，这些还原剂参与了对铀的吸附以及还原沉淀。同时这些暗色细粒沉积物作为还原介质为铀储层提供了一个外部的还原环境。

中国发现的砂岩型铀矿床多数发育于陆相灰色含煤岩系中，而钱家店铀矿床发育于白垩系姚家组陆相红层中，具有明显的特殊性，其特点在于大部分红层是在沉积期被氧化，层间氧化时，含氧含铀水在红色砂岩中长驱直入，只有到了钱家店辫状河三角洲平原灰色砂岩、暗色泥岩发育区，层间氧化才受到阻止。其辫状河道砂体是砂岩型铀矿的储层，而与其毗邻的稳定持续发育的越岸湖、沼泽暗色泥岩则构成了铀储层外部强大的还原介质。而越岸湖、沼泽的相变区域正好是铀储层岩性（粒度）和物性迅速改变的部位，加之外部强大还原介质的存在，抑制了区域层间氧化作用的继续发生，从而为铀的沉淀富集提供了充分条件。

从剖面可以看出，后生氧化蚀变砂体厚度在暗色泥岩增多的部位变薄甚至尖灭，可见暗色泥岩的存在阻止了层间氧化带的进一步发育，暗色泥岩的分布对层间氧化作用有着重要的影响。

从暗色泥岩与砂岩型铀矿矿化空间分布的配置关系可以看出，砂岩型铀矿矿化主要集中在暗色细粒沉积物的一定厚度区间，其厚度介于 0～6m。当暗色细粒沉积物厚度大于 10m 时，几乎没有砂岩矿化发生。通过暗色细粒沉积物厚度与铀的矿化概率关系分析也发现随着暗色细粒沉积物的增厚，矿化概率总体呈波动性下降的趋势，绝大部分矿化相对应的暗色细粒沉积物厚度区间依然为 0～4m，只有个别区块的少部分矿化分布在厚度大于 6m 的地区。综上所述，铀储层外部的暗色细粒沉积物厚度与铀矿化分布有较好的对应关系，可以通过暗色细粒沉积物的分布来指导找矿。

② 保留大量相对富矿的灰色砂岩。

姚家组沉积期，原生灰色砂岩主要分布在辫状河三角洲平原越岸湖和沼泽发育区，而现存的具有灰色砂岩的辫状河三角洲平原越岸湖和沼泽发育区，仅仅是氧化后的残留部分。因此，氧化前辫状河三角洲平原越岸湖和沼泽灰色砂岩的发育区远大于目前。灰色砂岩的作用：一是制约层间氧化带的形成发育，即通过对层间氧化带的制约而达到对铀成矿的控制；二是在被氧化的过程中，将其微量铀带出，向前锋线运移，同时也为层间水流动提供通道。

钱家店铀矿床大多矿体呈板状、透镜状，且层多，很少直接揭露“卷头”，很多所谓的“卷状”矿体是极不规则的。造成钱家店铀矿床矿体特殊性的主要原因有三：① 含铀含铼岩系在沉积期受当时干热古气候影响，广泛发生了区域性的同沉积氧化作用，铀铼元素由洼陷周边向洼陷中心，由上部氧化地层向下部灰色地层不断发生初始迁移汇聚，初始还原吸附形成的矿体即为板状或透镜状。② 由含矿含水层的非均值性造成，主含矿层姚家组为辫状河沉积，但泥岩夹层较发育，较多的非渗透层阻隔了含氧含铀水的迁移路径，从而导致铀矿体连续较差，在垂向上，铀矿体被非渗透层隔开，呈多层状；在倾向上，矿体连续性差；含矿含水层中有机质、黄铁矿等还原介质含量较低，吸附铀的能力较差，造成铀矿体品位总体较低，平均为 0.0250%，达到工业品位的矿体占比低，只有将低品位（0.0050%）铀矿体及工业铀矿体（0.0100%）都圈定出来，才能看出来“卷状”矿体特征。③ 热液活动又对矿体进行了局部改造。

（4）钱家店超大型铀矿床层间氧化带主要特征。

① 砂体颜色及表征意义。

钱家店地区的氧化砂岩为红色（包括褐红色、紫红色和浅红色）和黄色砂岩，也有学者认为灰白砂岩也是氧化砂岩。黄色砂岩已被公认为氧化砂岩，但红色砂岩和灰白色砂岩是否为氧化砂岩争论较大。红色砂岩的分歧主要是沉积期氧化还是后期层间氧化形成，灰白砂岩的分歧主要是弱氧化还是油气还原所致。

在岩心观察、显微和扫描电镜观察、岩石地球化学分析和钻孔连井剖面综合分析的基础上，通过矿区层间氧化特征及区域层间氧化特征的对比研究，进一步明确了钱家店铀矿床红色砂岩和灰白色砂岩的归属。

红色砂岩可以细分为褐红色、紫红色砂岩（本书统称为砖红色）和浅红色或粉红色砂岩（本书统称为浅红色）。红色砂岩在氧化带的不同位置具有不同的分布特征，砖红色砂岩主要分布在冲积扇和辫状河中上游及下游的泛滥平原，主要为同沉积氧化作用形成；浅红色砂岩在钱家店含矿区主要为层间氧化作用形成，对于灰白色砂岩，只有少部分为后期油气还原形成（岩心可见明显的褪色痕迹），但绝大部分实为弱氧化砂岩，在层间氧化作用发育方向上，其主要发育在黄色砂岩与灰色矿化砂岩之间，可以作为一种找矿标志。

② 氧化带发育规模大。

氧化带的规模制约着铀矿床的规模。特大型的砂岩型铀矿床都伴随着特大型的氧化带（包括同沉积氧化带和层间氧化带）。钱家店砂岩型铀矿床主要目的层姚家组下段氧化带规模大，其长度为 180km，宽度为 10～20km，面积约 $2000km^2$，体积 $60000km^3$。氧化带前锋线及过渡带控制有特大铀矿床一个、大型铀矿床两个，中型铀矿床一个，铀矿点若干个，资源储量规模已达超大型。

③ 层间氧化作用发育时间较长。

大规模层间氧化开始于嫩江组沉积末期构造反转后，结束于明水组沉积末期，层间氧化经历较长时间。在古近纪抬升后，还有小规模的层间氧化发生。由于氧化带发育时间长，成熟度高、分带明显、地球化学标志清晰。

④ 氧化还原过渡带面积相对较大。

钱家店超大型铀矿具有反差度大的氧化与还原，氧化还原过渡带呈条带状沿“天窗”展布，仅姚家组下段的过渡带面积就达 2000km^2。钱家店超大型铀矿床主要目的层姚家组自下而上分布六个矿层，各矿层受各自的层间氧带控制，从下而上氧化规模逐渐减少，过渡带不断向氧化带方向推进。

5）油气活动对铀成矿的影响

（1）钱家店铀矿床与油气藏的空间关系。

钱家店铀矿床位于胡力海洼陷北部，洼陷内白垩系下统发育的九佛堂组、沙海组、阜新组的暗色泥岩均可作为烃源岩，最大厚度可达 800m。其中，阜新组烃源岩为断陷发育晚期产物，岩性以深灰色、灰绿色泥岩为主局部夹煤层，为河湖、沼泽相沉积；沙海组和九佛堂组烃源岩为盆地断陷期产物，是盆地主要生烃岩系，岩性以深灰色泥岩、油页岩为主，为半深湖相—深湖相沉积。

从有机质丰度看，除阜新组较低外，沙海组和九佛堂组都较高，尤以九佛堂组各项丰度指标最高，属好—最好烃源岩。九佛堂组烃源岩有机质类型最好，以属腐殖腐泥型（II_1）为主；沙海组烃源岩有机质类型为腐泥腐殖型（II_2）；阜新组烃源岩有机质类型以腐殖型（Ⅲ）为主。从有机质成熟度和热氧化特征看，洼陷有机质演化可划分为未成熟（1400m 以浅）、低成熟（1400～1700m）、成熟（1700～2200m）、高成熟（1690～2200m）四个阶段。

钱家店凹陷发育不同期次、规模大小不等的正、逆断层，沟通深层油藏成藏系统与浅层的砂岩型铀矿成矿系统。洼陷断裂走向以北东、北北东向为主，次为北西向和近东西向。主干断裂发育于凹陷西部边界，特点是北北东向展布，延伸长、断层落差大、多期发育，早期正、晚期逆。其在控制凹陷沉积和构造演化的同时沟通深层油藏成藏系统与浅层的砂岩型铀矿成矿系统；次级断裂多为主干的派生断层，呈北北东向、北东向、南北向展布，具断距相对较小、延伸短、发育较晚的特点。这组断裂既控制了多种类型圈闭的形成，同时也切割早期形成的大型正向构造，使之构造复杂化，破坏圈闭的完整性，形成小断块和小断鼻构造。特别是同主干断裂沟通的次级断裂，在进一步沟通深层与浅层的成藏和成矿系统的同时增大了油气散失范围。

（2）油气与铀成矿表征。

钱家店地区具有沟通深层油藏成藏系统与浅层砂岩型铀矿成矿系统的地质构造条件，而近年大量的微观研究也表明，油气参与了钱家店地浸砂岩型铀矿的成矿，且在不同成矿阶段起不同作用。主要有以下依据。

① 油气微观特征。

在钱家店铀矿床的多口井中见到油斑或油渍等油气逸散现象（图 2–11、图 2–12）。油渍、油斑、油气晕斑多分布于岩石构造微裂隙之中（图 2–13、图 2–14）及碎屑岩和泥岩两种岩性接触界面上。油气逸散形成的油渍、油斑、晕圈、火焰等形态的污染地段（图 2–15、图 2–16），往往形成微细粒黄铁矿聚集体或显微细脉状黄铁矿聚合体，有时形

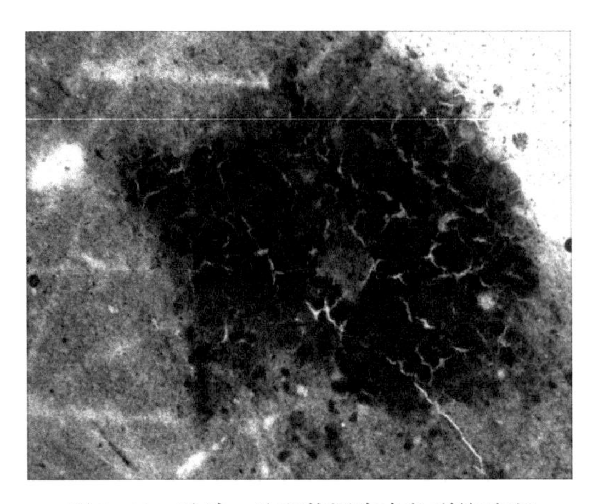

图 2-11　油渍—油斑状泥岩中龟裂纹油斑

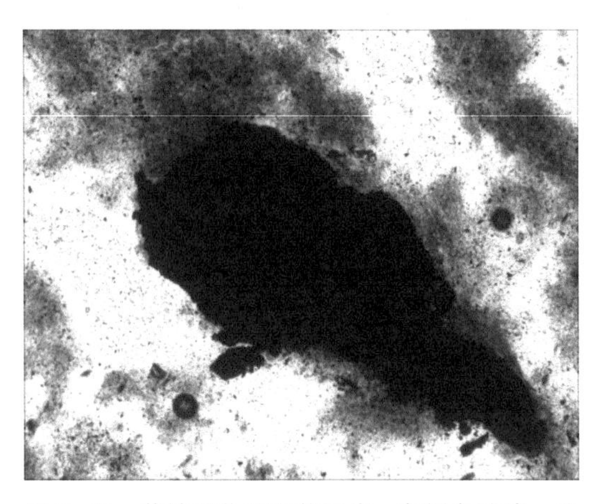

图 2-12　黄铁矿化油斑状泥岩，灰褐色油渍—油斑，黑色黄铁矿化色

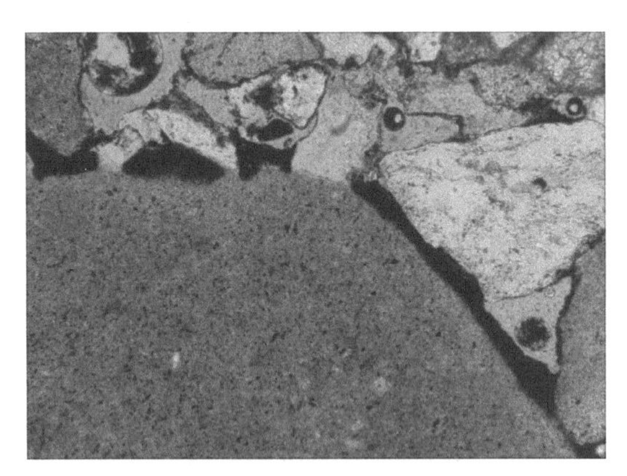

图 2-13　泥灰—泥砾岩中油气沿碎屑集中地段的通道逸散，同时晶出黄铁矿微晶

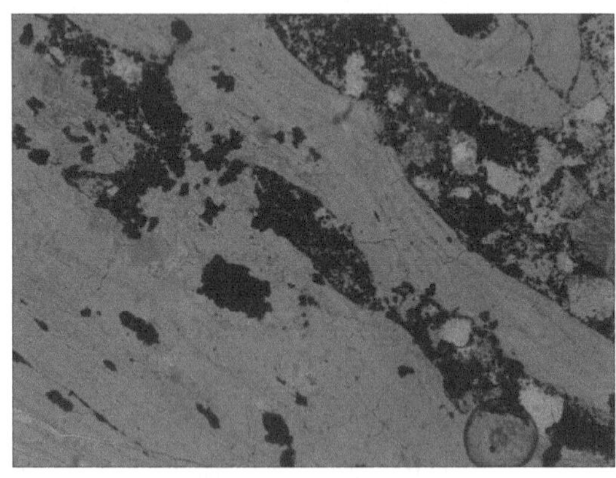

图 2-14　泥灰—泥砾岩中油气沿碎屑集中地段的通道逸散，同时晶出黄铁矿微晶

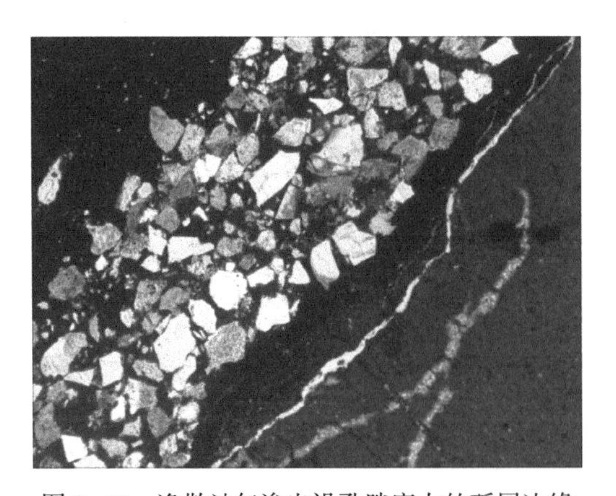

图 2-15　逸散油气渗出沿孔隙度大的砾屑边缘

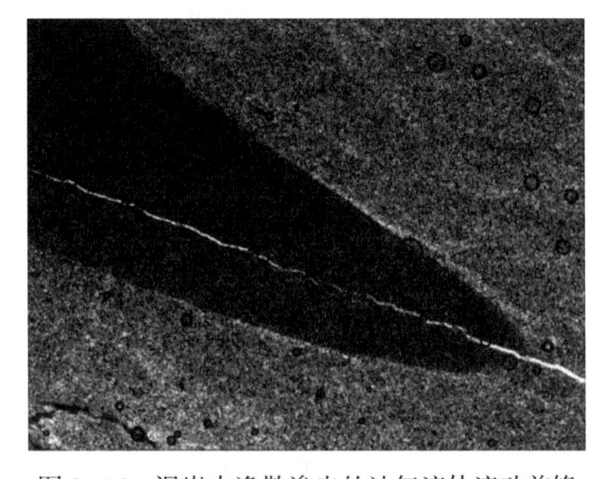

图 2-16　泥岩中逸散渗出的油气流体流动前锋污染沉淀

成与油气有关的后生莓球状黄铁矿。这些油浸斑痕作为含铀大气水的还原介质或形成还原性物理化学环境，致使下渗的氧化铀被还原沉淀。已在发育油渍、油斑的泥岩中发现铀石独立矿物，微细粒状沥青铀矿和铀石集中分布在莓球群黄铁矿莓子粒间间隙，三者密切共生现象。

② 油气后生蚀变。

a. 褪色蚀变。

褪色蚀变主要包括沉积成岩期还原性压榨水所导致的弱灰色化褪色作用和深层及后生改造期盆地深部富含油气、H_2S 等还原性有机流体在渗出过程中对上覆氧化岩石造成强烈的次生褪色蚀变作用。其中后生改造期的褪色化蚀变较为强烈，除部分泥质、钙质含量高的低渗透性岩石仍呈紫红色的原生色外，大部分岩石均有不同程度的褪色现象，且有机质与硫化物的含量有不同程度的增高，局部出现密集的地沥青脉。前文已述，钱家店矿区的后生蚀变主要表现为砂岩的漂白现象。

b. 黄铁矿化。

地浸砂岩型铀矿床矿石中黄铁矿化经常或普遍出现，钱家店凹陷姚家组砂岩中莓球状黄铁矿有两种成因，沉积成岩成因和与油气逸散有关的后生成因。对于黄铁矿化的形成及其与铀成矿的研究和分析素材较为丰富，多见铀的独立矿物与黄铁矿密切共生，或为共边半包含、或在黄铁矿粒间填隙，见有不少报道黄铁矿含有类质同象的铀。对于不均匀星点—稀疏浸染状、斑杂状微细粒黄铁矿聚晶和断续微细脉状黄铁矿聚合体多认为属于后期低温热液矿化蚀变产物。在层间氧化成矿作用和与油气逸散还原成矿作用中均会出现。

钱家店铀矿已查明成岩黄铁矿莓球群莓子粒间充填有铀石独立矿物，这不仅显示出铀矿化与硫、铁的地球化学密切关系，还表明铀矿化与油气的间接关系，甚至铀矿化与成岩过程中微生物活动的密切关系。

然而，与油气相关的黄铁矿莓球群的形成阶段和成因值得探讨，由于油气的成分主要为 H_2S、CO_2、烃类及 H_2，油气还原蚀变既有硫化物还原蚀变，又有潜育化还原蚀变。硫化物蚀变广泛于油气区或油气运移通道，呈浸染状、团块状、断续脉状或条痕状。潜育化还原蚀变发育一般在隆起边缘或断裂构造之中，砂体中多见油渍、油斑或油浸斑痕。

c. 碳酸盐化蚀变。

碳酸盐化是热液蚀变常见类型，特别是在砂岩型铀矿中 CO_3^{2-}、HCO_3^- 是热液中主要组分，可以从逸散的油气中带来，也可能溶解来自地表氧化水。由于 CO_2、CO 在溶液的溶解度是随着温度的降低而增高，随着压力的降低而降低，因此，碳酸盐化蚀变属于中—低温热液作用类型，是重要的矿化剂，与铀矿的成因有密切的成因联系。而形成碳酸盐化蚀变组分中的 Ca^{2+}、Mg^{2+} 质可以是多种来源，主要从地表溶解钙的氧化水的带入，或对流径岩层岩石中钙、镁质的萃取，其中包括对 U^{6+} 的溶解，一同向层间下渗。

碳酸盐化蚀变作用在姚家组赋矿层矿化地段较为发育，尤其在姚家组含矿层灰绿色砂岩中常见，但是分布很不均匀，常常在局部地段十分发育，完全交代泥质杂基

（图 2-17），部分地段仅微弱不均匀交代泥质杂基（图 2-18）。又是在亮晶方解石化粒晶内可见泥质杂基残留，或在碎屑粒间孔隙充填交代杂基而碎屑边缘有杂基残留。碳酸盐化往往需要深部油气带来的 CO_3^{2-}、HCO_3^-、CO、CO_2 密不可分，又与地表、近地表下渗带入的 Ca^{2+}、Mg^{2+} 及地表水下渗发生的水岩交换萃取有关。两者结合形成碳酸盐化，该蚀变产出集中，分布较为广泛。在层间氧化带氧化还原作用中和油气还原蚀变作用中均可见。

图 2-17　亮晶方解石化强烈交代雏晶状绢云母杂基

图 2-18　半自形白云石化聚晶充填碎屑粒间并母杂基，可见碎屑边缘残留雏晶状薄片（+）10×10

从矿化蚀变带的分布及其蚀变特征看，碳酸盐化中的钙质、镁质等大部分应来自地表及近地表的风化剥蚀的岩石，在地表含氧水淋滤作用而被解离出来的钙质、镁质及铁质与 U^{6+} 一起被部分溶解进入地表氧化水流体之中，并不断地下渗进入氧化还原过渡带位置。而碳酸盐化中的碳酸根阴离子团，HCO_3^-、CO_3^{2-} 更多的来自深部沿构造通道逸散的油气，二者在过渡带汇聚结合即在局部地段产生碳酸盐化，形成交代泥质杂基的亮晶方解石化、白云石化及少量菱铁矿化，偶见有碳酸盐细脉交切杂砂岩中。砂岩中的碳酸盐化蚀变是钱家店地浸砂岩型铀矿的主要矿化蚀变类型，从后生热液中解离出的铀在还原过渡带上还原为 U^{4+} 而沉淀，同时碳酸盐亦发生沉淀。其原因可解释为地表氧化流体中的 HCO_3^-、CO_3^{2-} 具有较强烈溶解 U^{6+} 的能力，特别在弱酸性介质中形成与铀化合可溶性的络阴离子团。该络阴子团一旦与逸散油气中的 H_2S、有机碳还原组分结合即发生 U^{4+} 的沉淀。

③ 流体包裹体地球化学特征。

a. 气液包裹体特征。

钱家店地区砂岩中石英、方解石矿物可见到气、液包裹体。荧光观察发现，石英中的油气包裹体通常小于 5μm，主要赋存在石英颗粒愈合的次生裂缝中，呈条带状分布，或是在次生加大边中分布，发黄绿色荧光（图 2−19a）；而方解石中包裹体呈星散状无规律分布，则显然是被捕获的晚期残余流体。包裹体以液相为主，部分为气液两相，其大小一般小于 2μm，多数为 0.5～1μm，少数可达 5μm。从形态上看，包裹体有圆形、椭圆形、长条形及不规则状，发黄绿色荧光（图 2−19b）。

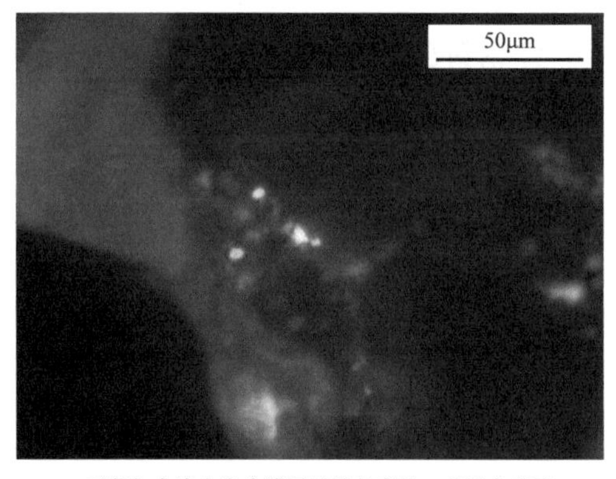

a. 石英加大边中发生泄漏的油包裹体，黄绿色荧光（放大倍率630）

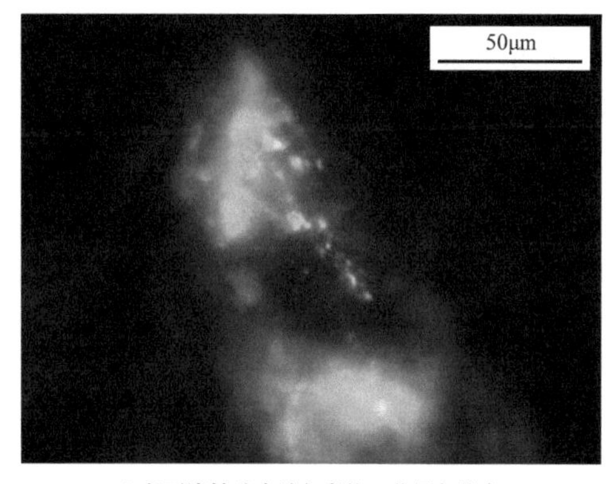

b.长石溶蚀孔中油包裹体，黄绿色荧光（放大倍率630）

图 2−19 钱家店地区包裹体显微照片

b. 包裹体成分。

对包裹体进行激光拉曼光谱探针成分分析（表 2−4）。从表中看出流体成分有两点明显特征，一期古流体以 CH_4、CH 及 C═C 等有机烃类占绝对优势，另一期为 CO_2 等无机气体；这些气相组分与开鲁坳陷的石油天然气的组分很相似，如果考虑钱家店地区钱Ⅱ块下白垩统石油发育实际情况，可以初步认为古流体所含的气体主要来自下白垩统逸散的石油天然气。这种石油天然气提供了部分后生蚀变砂岩中生成的方解石所需的 CO_2，也为黄铁矿化蚀变提供了必需的 H_2S。

表 2-4 钱家店地区包裹体激光拉曼光谱探针成分表

井号	井深（m）	包裹体类型	宿主矿物	成分
钱Ⅳ-120-57	456.2	气包裹体、次生	长石	CH_4
钱Ⅳ-120-57	483.3	CO_2 包裹体、原生	石英	CO_2 低频
				CO_2 高频
QC95	424.5	盐水包裹体气相、原生	石英	CO_2 低频
				CO_2 高频
QC95	447.6	油气包裹体、次生	方解石	CH
				C=C
QC95	447.6	盐水包裹体气相、原生	方解石	CO_2 低频
				CO_2 高频

c. 包裹体形成温度。

对碎屑矿物石英次生加大边中流体包裹体及方解石内原生流体包裹体进行了均一法测温。由表 2-5 可见，一期流体温度为 87～128℃，另一期温度为 146～160℃。温度较低流体对应高盐度（18.7%～21.22%），温度较高流体对应低盐度（14.9%～15.96%），总体属低温、低压、高盐度环境。流体的温度及盐度的显著差异暗示矿区砂岩在成岩期后又遭受两期次的流体作用，这恰与包裹体两类成分相对应，反映了流体作用的多期性、复杂性。

④ 油气对铀矿化成矿作用。

油气的作用主要表现为油气后生还原漂白作用、油气吸附作用和油气还原护矿作用。但也有认为其具有提供铀源的作用。随着勘查的不断深入和构造的精细解释，与油气有关的构造及构造运动对成矿的作用更加明显。

钱家店地区主要有三次大的构造活动，即早白垩世末期的构造运动，形成上—下白垩统的区域不整合面；嫩江组沉积末期的构造反转，早期的断裂重新开始活动，构造天窗逐步形成，油气沿不整合面和断层向上逸散；古近纪的进一步的抬升剥蚀，断裂再一次较大规模活动，油气再一次向上逸散。三次构造活动伴随三期规模不同的油气活动，对应发现一期原生油气包裹体和二期次生油气包裹体。

钱家店白垩系姚家组砂岩中共发现三期油气包裹体，其中早期油气包裹体属早期胶结方解石矿物的原生包裹体，均为黑褐色的液烃包裹体，并在部分砂岩孔隙充填中见早期黑褐色沥青；中期次生油气包裹体发育程度极高，液烃包裹体约占 10%，气液烃包裹体约占 85%，气烃包裹体约占 5%，砂岩中普遍可见同期呈灰黄色的油浸沥青、或呈黑褐黄色的孔隙充填沥青；晚期次生油气包裹体发育程度中等，为灰色、浅黄色或蓝绿色荧光的气态烃包裹体。

表 2–5　钱家店地区包裹体形成温度、盐度数据一览表

井号	井深（m）	赋存矿物产状	原生 / 次生	测温类型	共生类型	形状	大小（μm）	气液比（%）	均一相态	均一温度（℃）	盐度（%）（体积分数）
钱Ⅳ –120–57	456.2	石英加大边	次生	含烃盐水包裹体	气	规则		≤5	液相	87	
		石英加大边	次生	含烃盐水包裹体		规则		≤5	液相	88	21.22
		石英加大边	次生	含烃盐水包裹体		规则		≤5	液相	90	
		石英加大边	次生	含烃盐水包裹体		规则		≤5	液相	92	
		石英加大边	次生	含烃盐水包裹体		规则		≤5	液相	94	
		方解石胶结物	次生	含烃盐水包裹体		规则		≤5	液相	100	
		方解石胶结物	次生	含烃盐水包裹体		规则		≤5	液相	102	
钱Ⅳ –120–57	483.3	方解石胶结物	次生	含烃盐水包裹体		规则		≤5	液相	87	19.5
		方解石胶结物	次生	含烃盐水包裹体		规则		≤5	液相	94	
		方解石胶结物	次生	含烃盐水包裹体		规则		≤5	液相	112	
		方解石胶结物	次生	含烃盐水包裹体		规则		≤5	液相	110	
		方解石胶结物	次生	含烃盐水包裹体		规则		≤5	液相	128	18.7
		方解石胶结物	次生	含烃盐水包裹体		规则		≤5	液相	120	

续表

井号	井深（m）	赋存矿物产状	原生/次生	测温类型	共生类型	形状	大小（μm）	气液比（%）	均一相态	均一温度（℃）	盐度（%）（体积分数）
QC95	424.5	石英加大边	次生	含烃盐水包裹体	气	规则		≤5	液相	156	
		石英加大边	次生	含烃盐水包裹体		规则		≤5	液相	150	
		石英加大边	次生	含烃盐水包裹体		规则		≤5	液相	152	14.9
		石英加大边	次生	含烃盐水包裹体		规则		≤5	液相	155	
		石英加大边	次生	含烃盐水包裹体		规则		≤5	液相	158	
QC95	447.6	石英加大边	次生	含烃盐水包裹体	气	规则		≤5	液相	150	
		石英加大边	次生	含烃盐水包裹体		规则		≤5	液相	158	
		石英加大边	次生	含烃盐水包裹体		规则		≤5	液相	160	15.96
		石英加大边	次生	含烃盐水包裹体		规则		≤5	液相	157	
		石英加大边	次生	含烃盐水包裹体		规则		≤5	液相	146	
		石英加大边	次生	含烃盐水包裹体		规则		≤5	液相	148	
		石英加大边	次生	含烃盐水包裹体		规则		≤5	液相	150	

从区域构造运动、油气包裹体类型看，油气渗出与铀矿在形成时间上存在三种可能，从而起作三种不同的作用。

第一种是在嫩江组沉积末期，构造反转的初期，早期发育的控凹断层开始活动，同时油气开始向目的层运移，在剥蚀天窗形成之前，在矿含矿目的层中形成较大面积的还原性环境，增加了含矿层内的还原容量，从而有利于铀的沉淀富集。

第二种是从四方台组沉积开始到明水组沉积时期，构造天窗发育完整，形成完整的补—经—排系统，层间氧化成矿作用与断层油气向上运移基本同时。该期向上运移的油气，是通过增加了含矿层中的还原容量，来阻挡层间氧化的进一步发育，让其携带含氧含铀水在某一平衡界面不断吸附或沉淀下来，形成富铀矿体。深部油气逸散至姚家组砂体中，并向构造天窗减压处运移，将途经的原生红色砂岩、灰色砂岩产生还原褪色。

第三种是油气向上运移在砂岩型铀矿主成矿期之后，其作用是将早期形成的矿体保护起来，同时也将早期黄色氧化带二次还原成白色砂岩，阻止氧化的进行，确保形成的矿体不被进一步氧化。

从钱家店铀矿体与油气还原褪色带之间分布关系上判断，油气对铀矿化的成矿作用应为第三种。

a. 油气的吸附作用。

石油本身是否具有吸附性，还存在一定的争论。有人认为油气大的比表面积，强的化学活性，表面常有—OH、—COOH、—CO、NH_2、—OCH_3 等活性官能团，官能团能与铀离子发生交换、化合、络合、螯合等作用（张建军，2013）。也有人认为石油一般对铀的吸附性较小，石油中铀的含量远低于沉积岩中铀的含量（石油中铀含量一般为 $n\times10^{-3}$～$n\times10^{-1}$μg/g，沉积岩中铀含量一般为 nμg/g）。

钱家店姚家组灰色砂岩有机质含量为 0.023%～0.366%，平均为 0.065%，地层本身吸附能力明显不足。室内分析表明铀矿化砂岩中烃类含量明显高于非矿化岩石，构造精细解释后发现，铀矿富集受断裂控制的现象，表明其可能与油气有关；在钱家店铀矿床中铀矿石分布与长石高岭石化相关，黏土矿物的转变与油气演化一致，黏土矿物的吸附和解吸相互转化，有利于流体中烃类浓度增加及流体运移。在正六价铀发生还原作用变成正四价铀之前，有机质的吸附作用可以加速铀的富集。油气作为有机质类型的一种，对铀离子具有明显的吸附作用。一方面，油气本身具有很强吸附性，其表面常有—OH、—COOH、—CO、NH_2、—OCH_3 等活性官能团，官能团能与铀离子发生交换、化合、络合等作用，有利于铀离子被吸附沉淀。另一方面，富含油气的流体与砂岩相互作用，使砂岩中长石、岩屑等溶蚀，发生黏土化后生蚀变作用（高岭石化、伊利石化、蒙皂石化和绿泥石化等），生成新的黏土矿物，黏土矿物也具有一定的吸附性，含铀含氧水中的铀离子可以被黏土矿物吸附，使铀矿物在黏土矿物周围富集成矿（图 2-20）。

油气的主要成分（烃类）在一定条件下能与砂体中的硫酸根离子相互作用，生成具有很强吸附性的沥青、有机酸。

沥青的吸附作用，沥青是复杂的碳氢化合物与其非金属衍生物组成的混合物，具有

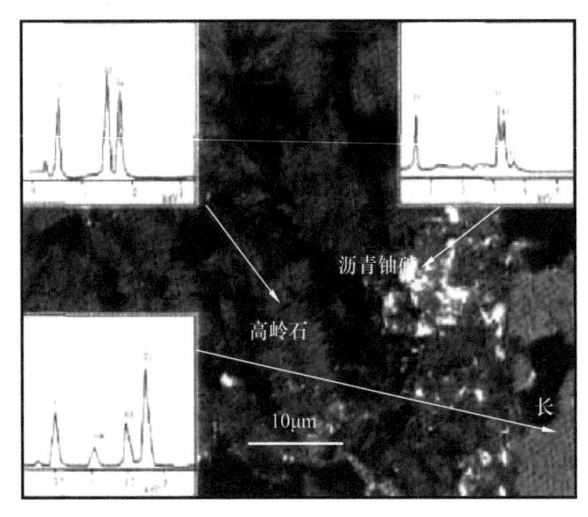

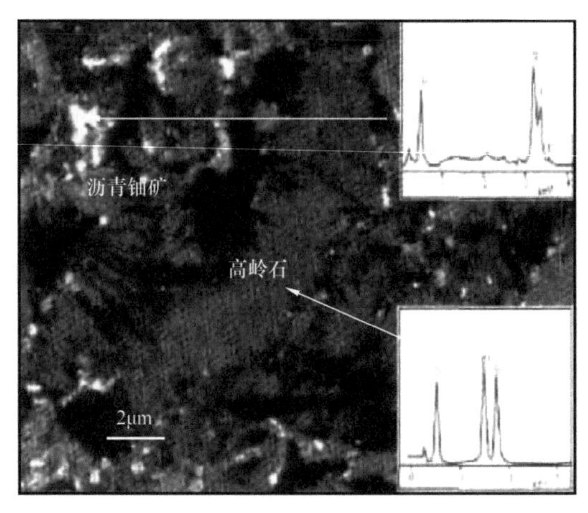

图 2-20　沥青铀矿产出在黏土矿物周围

很大的比表面积，能够与吸附质以分子间的作用力相互吸引。

有机酸的吸附作用，有机酸是指一些具有酸性的有机化合物，最常见的有机酸是羧酸。有机酸常呈离子状态，能够与吸附质以离子键相互作用，生成物沥青和有机酸都是强的吸附剂，能参与砂岩型铀矿的成矿过程，参与砂岩型铀矿成矿作用。

b. 油气的还原作用。

还原容量是评价某一砂体是否有利于铀成矿的一个很重要的指标。当断裂沟通深部储油构造时，强还原气体（H_2、CH_4、CO、H_2S 等）可沿断裂向上迁移，在其与层间含氧含铀地下水相遇时，能直接将高价、活化的铀离子还原成四价、稳定的铀矿物（陈宏斌等，2007）。

前文已述，钱家店地区的油气还原蚀变既有硫化物还原蚀变，又有潜育化还原蚀变。它们均作为含铀大气水的还原介质，形成还原性物理化学环境。钱家店砂岩型铀矿已在发育油渍、油斑的泥岩中发现铀石独立矿物（图 2-21，表 2-6），微细粒状沥青铀矿和铀石集中分布在莓球群黄铁矿莓子粒间间隙，三者密切共生。

表 2-6　钱家店砂岩型铀矿Ⅳ块段钱Ⅳ-135 号样电子探针波谱测定数据

样品编号	矿物	侧点位	UO_2	SiO_2	P_2O_5	CaO	FeO	F	Cr	总量
1	铀石	U2-01	60.528	6.978	7.042	3.807	1.640	0.810	0.350	81.155
2	铀石	U2-02	57.092	7.905	7.727	4.260	1.562	1.069	0.068	79.683
3	铀石	U2-03	58.257	7.451	7.138	3.368	1.760	1.202	0	79.176
4	铀石	U2-04	53.805	7.296	7.767	3.589	0.705	0.608	0.705	74.475
5	铀石	U3-01	60.934	9.079	9.330	4.965	0.351	0.768	0.334	86.391
6	铀石	U3-02	61.644	9.303	9.821	5.107	0.249	0.750	0.274	87.148

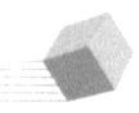

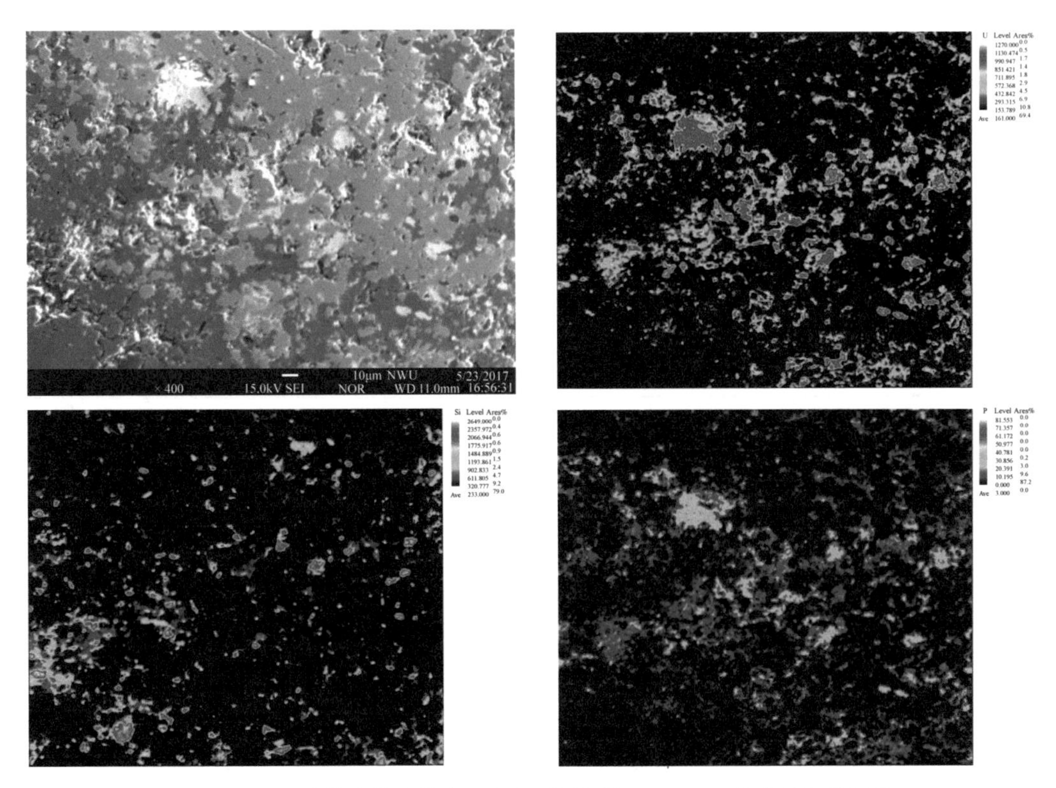

图 2-21　光片莓球状黄铁矿二次电子图像及 U、P、Si 元素的扫描图像

c. 油气后生还原漂白保矿作用。

油气的保矿作用主要表现在早期形成的铀矿体受后期油气渗出还原影响而使氧化还原障与渗水氧化相反的方向迁移，矿体处于还原环境中，避免了再次活化迁移遭受破坏的可能，对铀矿体具有保矿作用。

钱家店地区新近纪本区表现为强烈的断裂构造活动，沿断裂产生大范围的油气逸散渗漏，在矿区及外围均可见到油浸砂、黄褐色油渍—油斑，原生红色泥岩褪色为灰绿色现象，灰色砂岩、黄色砂岩、灰绿色泥岩及砂岩型铀矿石的 CH_4 含量均较高，表明油气渗漏还原作用发生在成矿期后，对铀矿石具有免遭氧化的保护作用。

经统计六个钻孔铀含量大于 0.01% 的岩心样品，CH_4 含量一般为 42.59～392.80μL/kg，平均为 145.26μL/kg（表 2-7）；铀含量小于 0.01% 的岩心样品，CH_4 平均含量为 120.97μL/kg。说明姚家组 CH_4 含量高，对铀矿床起到了还原保矿的作用。

表 2-7　姚家组高品位铀矿石酸解烃中 CH_4 含量统计表

钻孔编号	CH_4 含量（μL/kg）			样品数
	最小值	最大值	平均值	
0317	0.25	200.18	42.59	27
0517	18.85	444.05	168.76	10

续表

钻孔编号	CH_4 含量（μL/kg）			样品数
	最小值	最大值	平均值	
1109	0.83	874.76	392.80	8
1306	45.18	175.59	110.39	2
1309	0.73	168.85	71.91	6
1501	0.29	1039.66	170.82	28

其保矿的明显表现是沿主干断裂呈条带状分布的漂白带。该带的形成，阻止氧化带的进一步氧化，从而保障了先期形成的矿体不被氧化，因此，漂白带就是后期的一个保矿带。显微镜鉴定结果表明，钱家店铀矿床的漂白砂岩主要为长石岩屑砂岩或含长石岩屑砂岩，与原生灰色砂岩相比，漂白砂岩高岭石化比较强。

2. 钱家店铀矿成矿模式

中国已发现了多个特大、超大型砂岩型铀矿床，将中国北方发现和探明的大型、特大型或超大型砂岩型铀矿归纳成六种成矿模式，即伊犁式、吐哈式、东胜式、乌兰察布式、马尼特式、通辽式。由于伊犁式、吐哈式都是经典层间氧化型，实质只有五种类型，各种模式的铀矿产于不同构造背景的沉积盆地，矿床地质、矿体地质和控矿因素也有明显的差异性特征。其中，伊犁式、吐哈式都是典型的层间氧化—还原作用成矿，但前者以单斜整体抬升和差异升降构造活动背景下的不断叠加富集为重要特征，后者则以斜坡带隆升加断层及小型背斜构造活动的背景下在断裂南北两侧分带成矿为特征；东胜式主要受古层间氧化带控制并接受后期还原改造再富集；乌兰察布式最新研究认为是重要的沉积成岩型铀矿，与湖泛事件演变密切相关；马尼特式是潜水氧化—还原作用与层间氧化—还原作用交替转化形成的古河谷型铀矿床；钱家店式是“构造剥蚀天窗 + 断裂活动 + 深部还原物质”控矿，也可能还与基性岩脉（热源）有关。

前人对于钱家店铀矿床曾建立了多种成矿模式，可归纳为成岩期预富集成矿、层间氧化成矿、油气还原叠加成矿。只是强调铀成矿的主控因素不同，有学者认为铀的还原沉淀可能主要依靠油气的还原作用，即油气还原作用是该类型铀矿形成的重要控制因素；也有学者认为该矿床主要为层间氧化成因，其他因素对铀成矿并不起主导作用；还有学者认为该矿以沉积—成岩成因为主，后生因素为次。

无论盆地内部来源还是盆地外部来源的流体，均含有成矿物质的异常，对铀成矿提供矿化蚀变组分和良好的物理化学条件，在有利的赋矿部位各自做出近同或不同的成矿贡献。钱家店铀矿成矿特征与国内外典型的层间氧化带砂岩型铀矿床具有明显的差异，是综合的、叠加的、多期多阶段成矿作用的结果。通对钱家店超大型铀矿床成矿主控因素的分析，结合矿体分布特征、含矿岩系、矿石组成和矿化蚀变特征等方面的研究，建

立了有别于中国北方鄂尔多斯盆地、吐哈盆地、伊犁盆地等砂岩型铀矿床的多成因—多阶段成矿模式，即“母岩风化析出盆内泛沉积—同沉积氧化洼谷汇聚成矿—层间氧化沟槽推聚至富集成矿—热液侵入局部改造叠加及油气护矿”多阶汇聚成矿模式（图2–22至图2–25）。

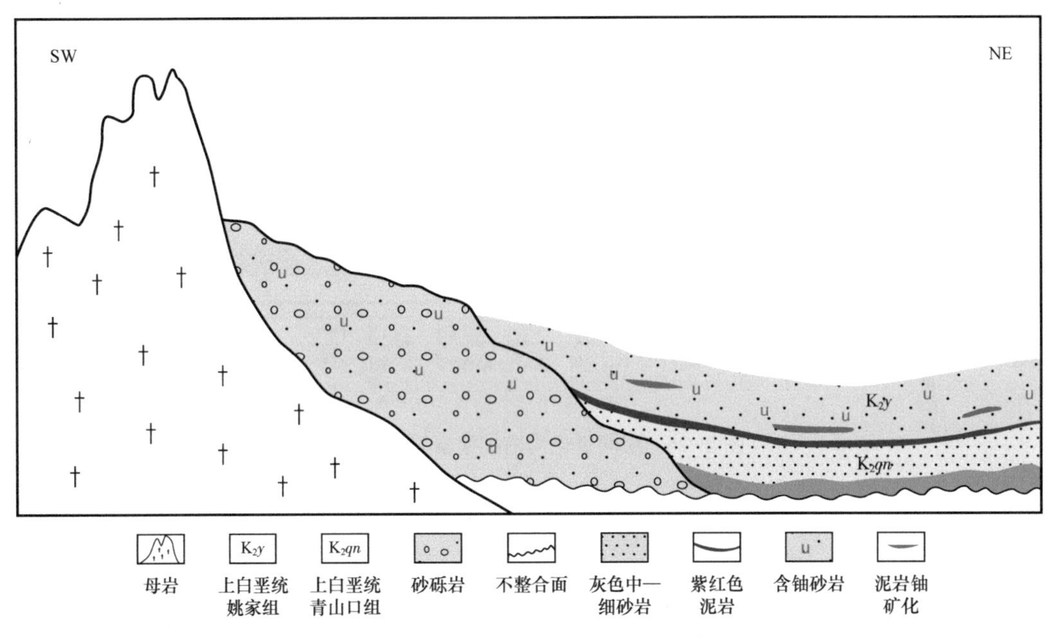

图2–22　母岩风化析出盆内泛沉积阶段

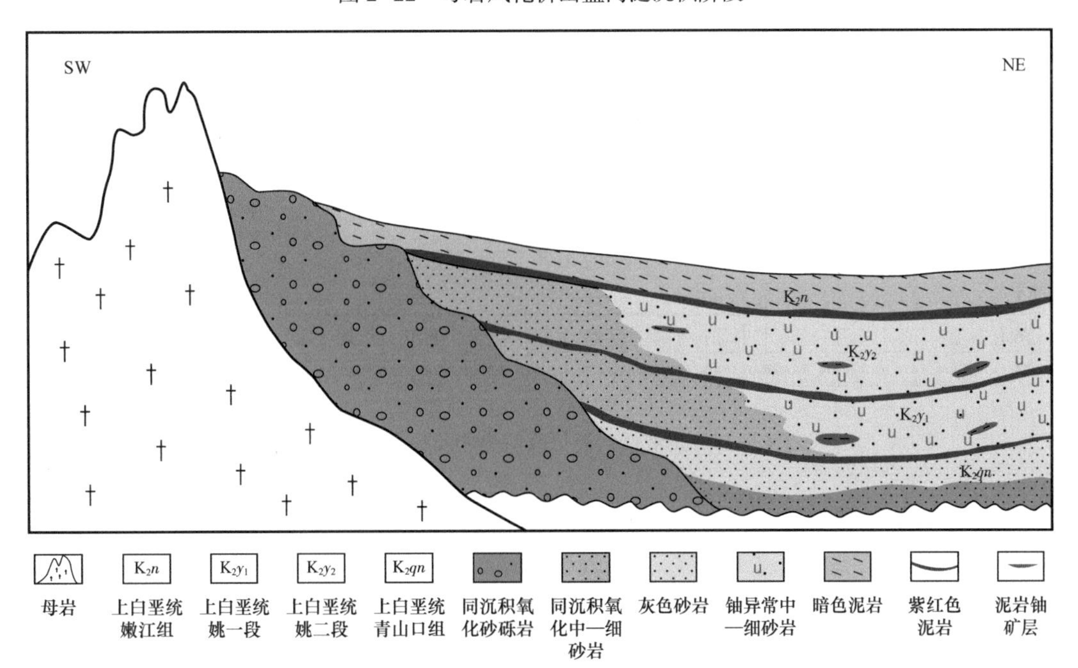

图2–23　同沉积氧化洼谷汇聚成矿阶段

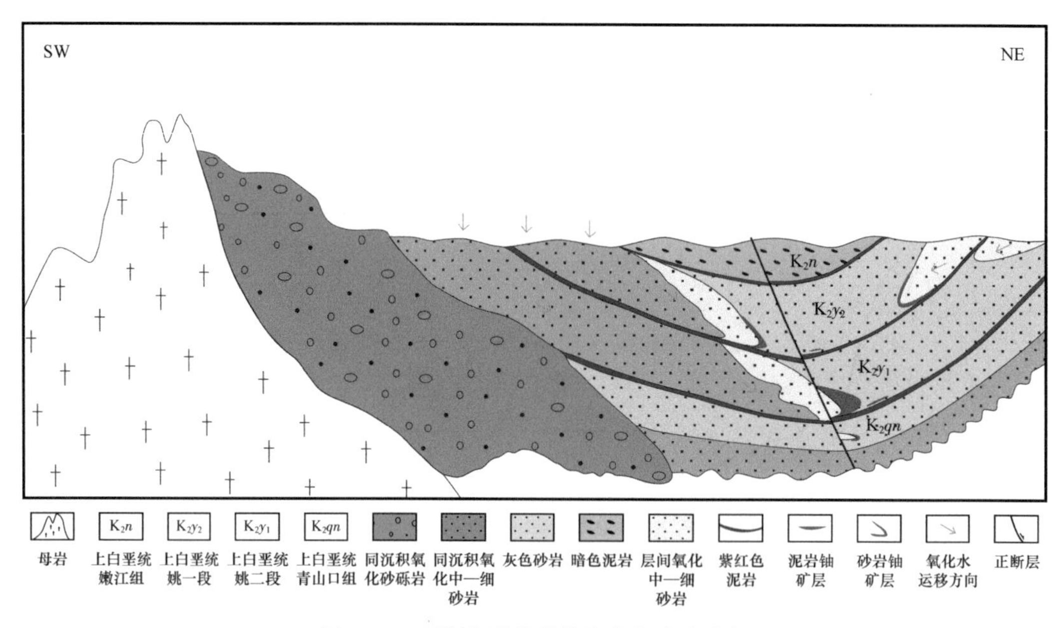

图 2-24　层间氧化沟槽推聚富集成矿阶段

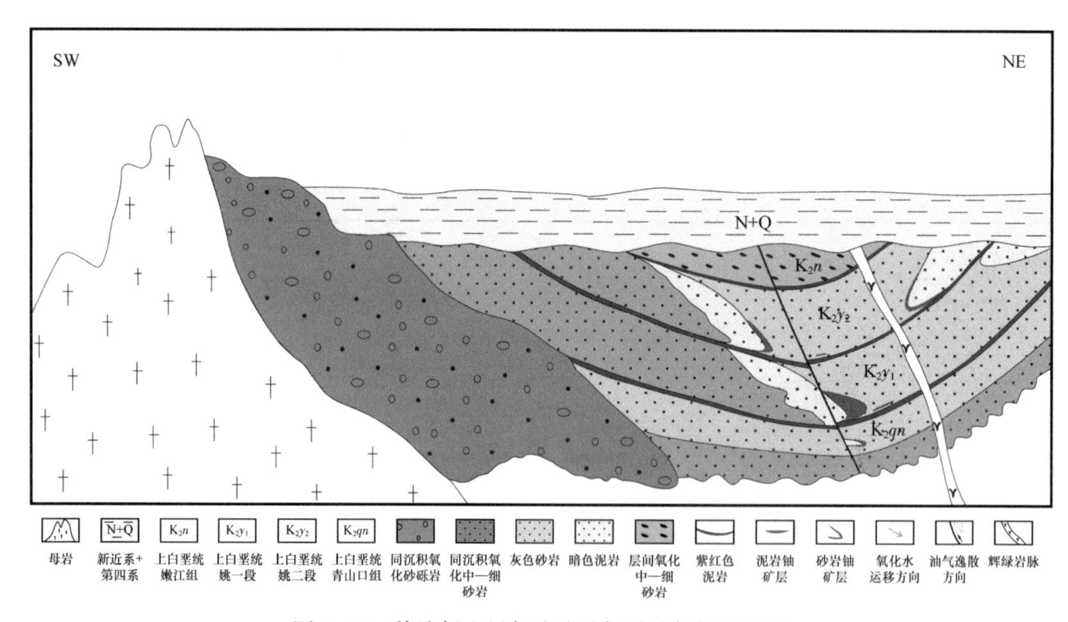

图 2-25　热液侵入局部改造叠加及油气护矿阶段

第三章　方案部署

第一节　综合地质研究

砂岩型铀矿是由富含 U^{6+} 的含氧地下水在地层中运移，至氧化还原过渡带以还原作用或吸附作用等方式沉淀富集形成的矿体。因此，控制其成矿的主要因素是铀源以及铀的运移和富集，也就是砂岩型铀成矿的“源—运—储”系统，其控矿要素包括铀源（物源）、骨架砂体（储层）、构造，成矿过程受成矿流场控制，层间氧化带展布是其重要的找矿标志，其成矿作用是物理作用和化学作用的结合（图 3–1）。

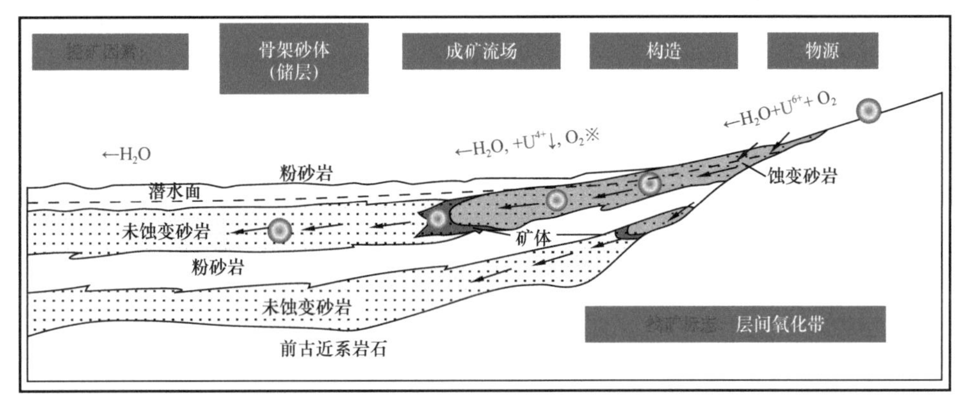

图 3–1　砂岩型铀矿成矿机理和控矿因素示意图

一、研究总体思路和内容

利用在油气勘探过程中积累的大量钻孔资料和地震资料，分析区域铀成矿“源—运—储”系统，开展矿床精细解剖的条件。采用“油铀兼探”的思路，利用油气钻孔放射性测井资料筛查，实现铀异常的快速定位和找矿靶区优选，通过铀矿钻孔查证和地震解释开展靶区成矿预测，实现了铀矿勘查的快速突破发现。

含油气盆地铀矿勘查研究工作主要包括以下四方面。

1. 放射性异常筛查

目的是通过研究区已有油气等钻孔放射性测井资料筛查，建立铀矿化异常评价标准，圈定铀异常分布区域，指导勘查部署。

2. 区域“源—运—储”成矿条件研究

目的是通过研究区铀源、层序地层格架、层间氧化带展布、沉积相以及储层物性等方面研究，建立砂岩型铀矿的成矿系统格架，分析铀成矿潜力并预测成矿远景区。

3. 富集区精细解剖

研究内容主要是利用地震地质结合的方法，针对铀矿床开展构造精细解释、并通过储层反演和伽马反演等手段，综合开展富集区预测。

4. 勘查孔位部署原则

通过系统研究，在矿勘查过程中建立“氧化还原定靶区、缓坡凹槽定条带、优势砂体定层段，综合研究定目标”的勘探优化部署原则。

二、放射性异常筛查

油气钻孔放射性测井资料对筛查评价放射性异常，圈定潜在铀矿化富集区具有直接意义，也是油气田企业开展铀矿勘查的优势。由于石油测井并未针对铀含量进行定量测井，且其已有的放射性测井单位也不统一，所以，在利用石油井放射性测井资料进行异常排查时，有必要就放射性异常的评价标准建立统一的认识。通过放射性测井资料筛查，建立铀矿化异常数据库，合理确定评价标准，综合圈定铀异常分布区域，对指导勘查部署具有重要作用。

1. 建立放射性异常数据库

对含油气盆地油气钻孔进行了放射性异常逐一排查。由于不同时期的测井采用了不同的放射性测井系列，因此放射性异常的单位不一致，给异常统计及分析对比带来较大困难。必须对放射性资料的异常单位统一标准，使放射性资料的异常单位相同，才能开展异常特征方面的研究工作。

石油企业在油气勘探过程中，放射性测井主要有定性的强度测井和定量的能谱测井两种，其中放射性强度测井的强度单位主要有 API 和 Q 单位为 kg · s，能谱测井（U）单位为 μg/g。实际测井中，有些井同时测了两种放射性强度测井系列和能谱测井。因此，把具有多种放射性测井资料的井的放射性数据进行拟合（图 3−2、图 3−3），得出常见放射性单位 API 和 Q 的关系式：y=16.482x−79.942；API 和 U 的关系式：y=7.3482x−2.802。根据以上公式对不同放射性单位进行计算，最后做到了放射性异常单位的统一，给研究工作带来较大方便。

为最大限度地获取放射性异常的全面数据，油气井放射性测井资料异常标准统一按测井基值的倍数来划分而非直接按异常数值来统计，这样也避免了按数值统计时不同测井仪器之间、不同测量单位之间可能存在的系统差别。测井数值大于基值三倍以上的井段，即可认定为放射性异常井段，该井即为放射性异常井。反之，异常值则非常微弱，其对进一步研究其分布规律，预测有利远景区的影响有限，因此不纳入统计范围。统计

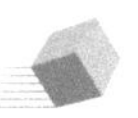

内容主要有：井名、井别、井位坐标、放射性异常深度、厚度、基值、异常峰值与异常层位等，通过系统筛查建立了研究区放射性异常数据库（表 3-1），为分层针对性评价提供了系统数据。

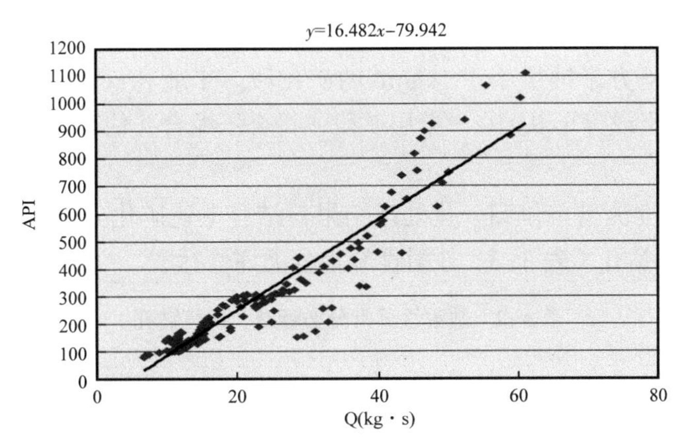

图 3-2　辽河外围地区 API 和 Q 的关系图

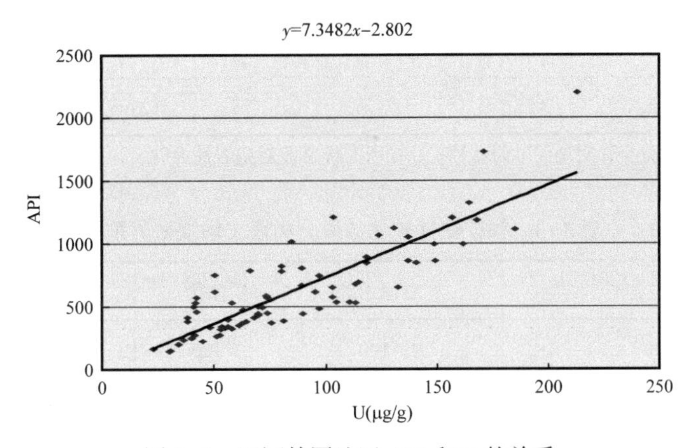

图 3-3　辽河外围地区 API 和 U 的关系

表 3-1　油田钻孔放射性异常统计表

井号	井位坐标		终孔深度（m）	起止深度（m）	放射性异常						层位	岩性
	横坐标	纵坐标			异常井段（m）	异常厚度（m）	单位	基值	异常值	异常倍数		
**	**	**	**	**	194～199.5	5.5	API	45	205	5	嫩江组	细砂岩
**	**	**	**	**	451～456	5	γ	20	106	5	姚家组	细砂岩
**	**	**	**	**	515～517	6	PC	9	28	3	青山口组	细砂岩
**	**	**	**	**	302～306	4	PA	2	8	4	姚家组	细砂岩
……	……	……	……	……	……	……	……	……	……	……	……	……

2. 放射性异常评价标准

依据《铀矿地质勘查成果分类分级》(EJ/J 1213—2006),钻孔共分为三种,即异常孔、矿化孔和工业孔。异常孔:在疏松透水的砂岩层中,钻孔中见铀品位大于或等于0.005%、但小于0.01%的矿化段。矿化孔:在疏松透水的砂岩层中,钻孔中见铀品位大于或等于0.01%、平方米铀量小于1kg/m^{2}的矿化段。工业孔:在疏松透水的砂岩层中,钻孔中见铀品位大于或等于0.01%、单层矿段或符合压缩合并估算要求、平方米铀量不小于1.0kg/m^{2}的矿段。

根据不同放射性测量单位归一化处理结果,结合上述矿化分类标准,建立了油气钻孔(表3-2)、铀矿钻孔(表3-3)放射性异常分类评价标准。

表3-2 放射性异常分类标准(油气钻孔)

计量单位	潜在工业孔		潜在矿化孔	无矿孔
API	≥500	累计厚度≥5.0m	300~500	<150
γ	≥100		50~100	<50
PA(kg)	≥7.0		3.5~7.0	<3.5
纳库(n·C)/(kg·h)	≥25.2		12.6~25.2	<12.6

注:以上放射性异常分类针对地浸砂岩型铀矿,即所有异常段对应岩性为砂岩。

表3-3 铀矿钻孔矿化结果分类表(地浸砂岩型)

单位		工业孔	矿化孔	异常孔	无矿孔
品位(%)		≥100	≥100	50~100	<50
平方米铀量(kg/m^2)	埋深500m以上	≥1.0	<1.0	—	—
	埋深500m以下	≥2.0	<2.0	—	—

3. 放射性异常评价

在上述放射性异常筛查统计的基础上,需要分类开展放射性异常评价。由于砂岩型铀成矿评价往往以地层单元进行,因此在进行放射性异常平面分布特征分析时需要以地层单元为编图单元进行分层编图,实例见图3-4,由于砂岩型铀矿的找矿深度一般为500~700m及以浅,特殊情况下可以到达1000m,一般根据目的层埋深情况需要优选合适深度的地层单元进行评价。

分别按照放射性异常厚度、放射性异常强度(峰值)进行分类统计、编图。考虑到油气探井往往平面间距较大,分布范围较广,而开发井往往相对集中分布于一定的开发范围,因此在实际编图中为了合理的确定编图范围和比例尺,建议将探井和开发井分别统计编图。

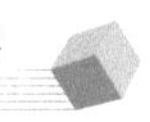

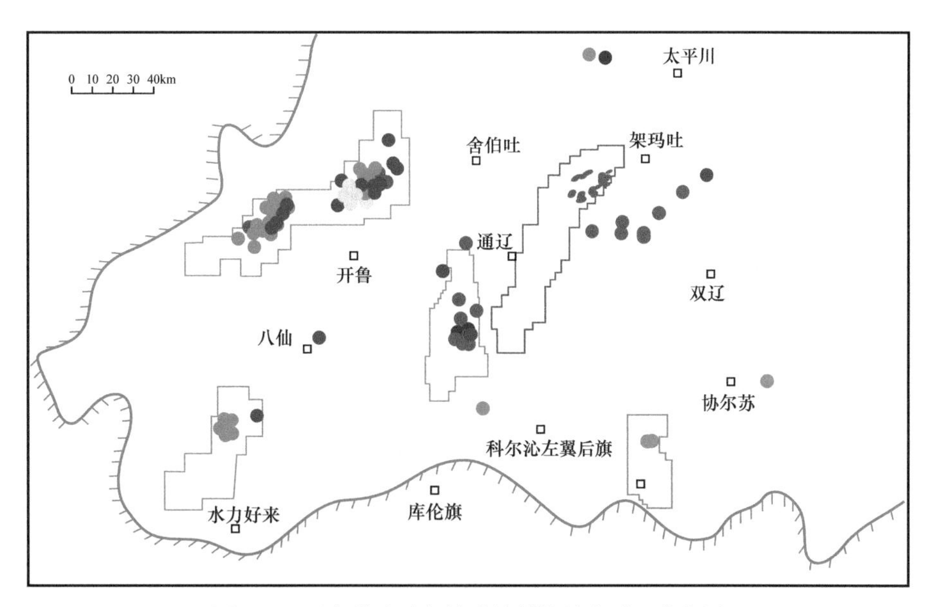

图 3-4　开鲁坳陷油气钻孔放射性异常平面分布图

三、区域"源—运—储"成矿条件研究

针对地浸砂岩型铀成矿的水成铀矿机理，通过铀源、层序地层格架、层间氧化带展布、沉积相以及储层物性等控矿因素研究，可以讨论建立砂岩型铀成矿的宏观格架，分析铀成矿潜力并预测成矿远景区。

1. 铀源评价

铀源是制约铀成矿的物质基础，开展铀源分析对评价铀成矿潜力具有重要作用。在钱家店铀成矿铀源评价过程中，笔者注意到盆地造山带蚀源区和盆地内基地及盖层都能为铀成矿提供铀源，因此须要注意从造山带和盆地内两方面开展铀源评价。

1）蚀源区铀源评价

造山带蚀源区铀源评价主要通过露头地质调查与系统取样，经室内镜下观察，开展铀源岩类型鉴别，铀、钍含量等数据分析，分析不同类型岩石为盆地内提供铀源能力的优劣，根据岩石分布情况综合评价铀源潜力。

（1）蚀源区取样分析。

蚀源区取样需要系统调查露头各类岩石分布，并分别采取露头样品和新鲜岩石样品。

具体实例：开鲁盆地西南部蚀源区采样分布如图 3-5 所示，样品涉及岩浆岩、变质岩、火山碎屑岩和沉积岩四大类，野外取样共计 201 块（表 3-4）。

（2）铀源品质与潜力评价。

通过室内的微量铀、钍测试，定量统计分析不同类型岩石为盆地内提供铀源能力的优劣（钍铀比和铀析出率）。根据物源区的分布，分带估算盆地南部蚀源区能释放的铀的总量，可以粗略估算可能输入盆地的铀的总量。

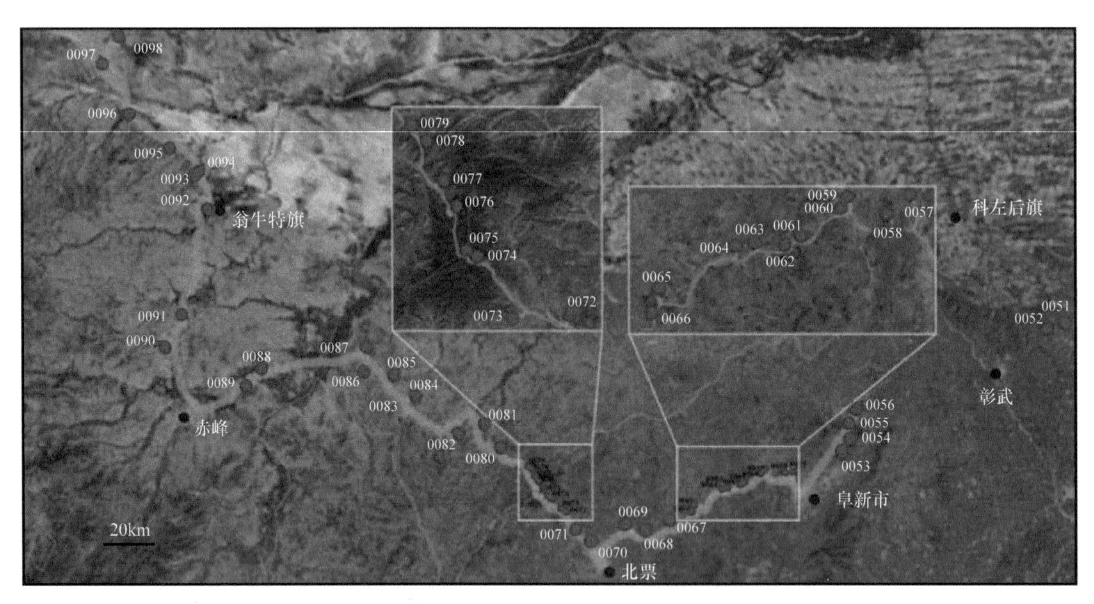

图 3-5　松辽盆地南部蚀源区野外露头调查路线简介

表 3-4　松辽盆地南部蚀源区各类岩石样品数量统计表

岩性		新鲜样品数量	风化样品数量
岩浆岩	安山岩	20	15
	英安岩	4	2
	粗安岩	6	6
	玄武岩	7	6
	流纹岩	6	6
	花岗岩	9	9
	二长岩	3	2
	石英脉	1	1
	斑岩	6	5
	玢岩	2	1
	闪长岩	2	2
	粗面岩	1	1
变质岩	板岩	3	2
	片岩	2	2
	糜棱岩	1	1
	矽卡岩	1	1
	石英岩	2	1
	斜长角闪岩	1	1

续表

岩性		新鲜样品数量	风化样品数量
变质岩	绿帘石化岩	1	1
	片麻岩	2	2
	构造角砾岩	2	1
	娟英岩	2	2
	大理岩	1	1
火山碎屑岩	凝灰岩	10	9
	凝灰熔岩	3	3
	凝灰质砂岩	4	2
	火山角砾岩	1	—
沉积岩	石灰岩	3	3
	砂岩	1	1
	泥岩	2	1
	硅质岩	1	1

（3）蚀源区铀源潜力估算。

综合考虑到地形因素的影响，以现今的地貌最高值连线（山脊）为界，取盆地的一侧作为面积计算的范围，粗略估计造山带富铀地质体在剥蚀过程中析出的铀的总量，并在此基础上估算各个造山带对盆地的铀的供应量：

析出铀的总量 = 剥蚀量 × 新鲜岩石样品平均铀含量 × 析出率

其中：剥蚀量 =1/3× 岩石分布面积 × 剥蚀厚度 × 岩石密度。

2）盆地内铀源评价

盆地内铀源有两个方面，既有盆地基底及侵入岩的输入，也有沉积砂体本身微量铀的贡献。因此，主要从以上两个方面开展评价，通过岩心样品分析测试，评价不同岩石类型提供铀源的能力，并依据简要几何模型，粗略估算研究区铀源的成矿能力。

（1）盆地基底铀源取样分析。

盆地基底铀源条件特征分析主要是通过系统取样、测试、分析和综合评价来完成的。

（2）盆地沉积盖层铀源取样分析。

采集盆地沉积盖层岩矿心样品，对比各个层位的分析检测统计数据，并综合考虑到层间氧化带面积和氧化砂体厚度等因素的影响，可判断储层优劣条件。

2. 含铀地下水运移条件评价

含氧含铀（U^{6+}）水沿地层运移，在合适的还原环境储层中沉淀富集是砂岩型铀成矿的基本原理，因此评价沉积地层单元的地下水运移条件，是评价铀成矿条件和方向的重要内容。地层结构决定了地下水系统的垂向分层，沉积相展布和储层分布特征决定了地下水运移路径和速度，进而控制了铀成矿部位，因此主要从层序地层格架、沉积相和储层分布特征等方面开展评价。

1）含矿地层层序地层分析

层序地层学（Sequence Stratigraphy）是“研究由不整合面或其对应的整合面所限定的一套相对整一的、成因上具有成生联系的等时地层单元”。其优势在于其确定了层序内部与层序之间的成因联系，建立了地层分布模式，提高了预测性，因而在油气地质研究中取得了重要的应用效果，具有很强的生命力，并引起地质学不同领域许多学者的广泛重视。近年来，不同学者尝试将层序地层学应用在砂岩型铀矿研究中，建立了层序地层格架下的铀成矿规律。

（1）层序地层结构识别。

采用经典层序地层学思路和方法，利用地震反射界面（上超、下超、削截、顶超）识别和钻孔岩电组合相结合的方法，识别层序地层界面，建立的层序地层格架，确立层序组合方式，可以为开展砂岩型铀矿成矿规律研究提供总体格架。

实例：姚家组底界层序界面识别。

对研究区地震剖面进行了详细的界面追踪、闭合及构造解释，显示姚家组底界面表现为中—低振幅、中连续特征的反射同相轴。该界面之上反射波组连续、振幅大或较大，界面之下反射波组连续性差、振幅小或中等，为弱反射特征。界面上下地层产状差异明显，上覆姚家组超覆于界面之上，显示出上超下削的特征。如图 3-6 所示，青山口组在剖面东部削截现象明显，在剖面西部姚家组低位体系域和湖泊扩展体系域依次上超于青山口组及下白垩统之上，在剖面中部表现为假整合接触。

该界面在岩心上表现为暴露剥蚀面与上覆河道冲刷面，一般姚家组底部河道冲刷面比较发育的地区，下伏古风化壳往往保存不完整或消失，显示古风化壳被冲刷进入上覆姚家组的特征，岩心观察显示姚家组底部泥砾岩广泛发育，对应的电测曲线在该不整合界面上下出现突变接触关系，界面之上一般为箱形高阻，界面之下一般为平直型低阻（图 3-7）。

（2）层序地层结构划分。

根据地震、钻井及测井资料的综合分析，在研究区识别地层接触关系、地层组合特征，划分地层结构。

实例：姚家组层序地层结构划分。

结合钱家店铀矿床地震、钻井及测井资料，识别出了姚家组与下伏青山口组之间的不整合面，地震剖面显示局部发育角度不整合，钻孔岩心表现为不整合界面之下古土壤和风化壳发育，之上河流冲刷面发育，研究区姚家组砂体发育，总体表现为“砂包泥”的特征，显示姚家组为盆地抬升剥蚀之后重新沉降背景下形成的一套河流相沉积产物。研究区姚家组与上覆嫩江组界面表现为平行不整合，但界面上下古气候和沉积体系发生了明显的变化，界面之下姚家组泥岩主要为紫红色夹灰色，界面之上嫩江组泥岩为灰色、深灰色。同时界面上下地层叠加方式也发生了改变，界面之下姚家组顶部主要表现为加积或进积，界面之上嫩江组以退积为主。上述结构表明研究区姚家组为一个完整的三级

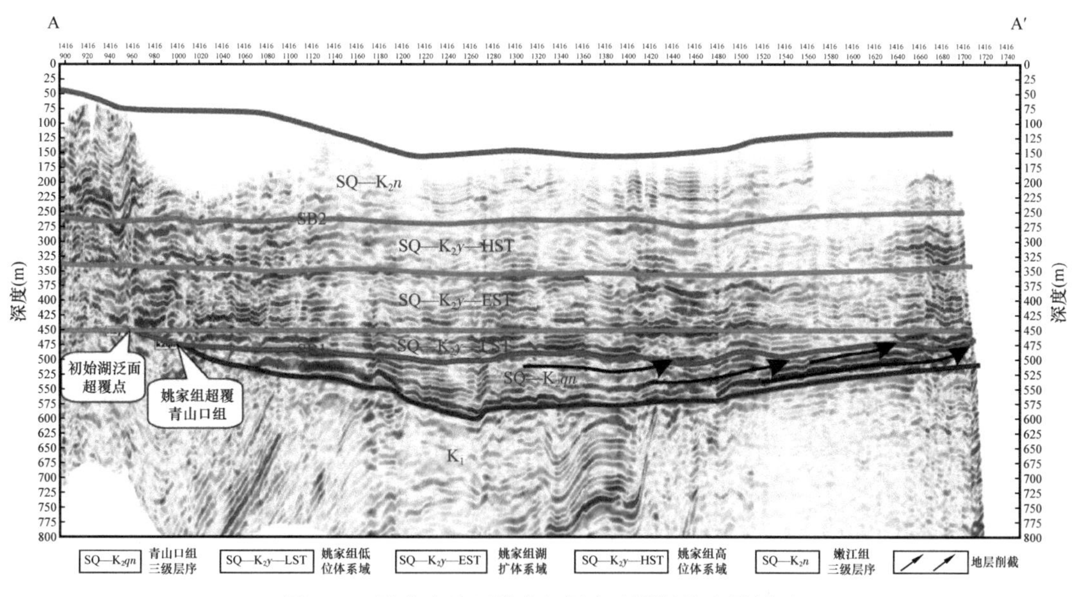

图 3-6 钱家店地区姚家组层序地层划分地震剖面

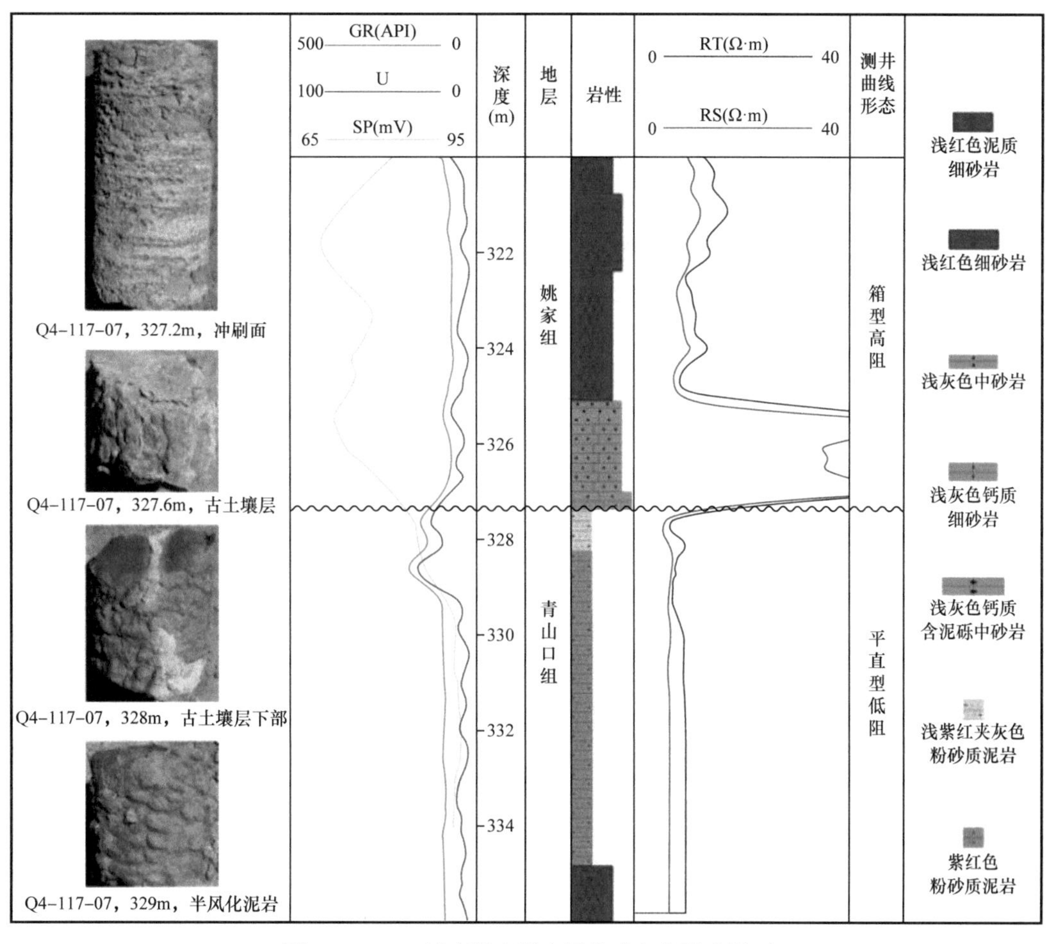

图 3-7 ZK1 姚家组底界古风化壳和上覆冲刷面

层序，在姚家组层序内部，利用地震剖面及联井剖面地层对比，在研究区识别出了初始湖泛面和最大湖泛面，初始湖泛面在钱家店凹陷边部表现为超覆点，最大湖泛面表现为地层叠加方式转换面，由退积向上转换为进积。因此进一步将姚家组三级层序划分为低位体系域（LST）、湖侵体系域（EST）和高位体系域（HST）（图 3-8）。

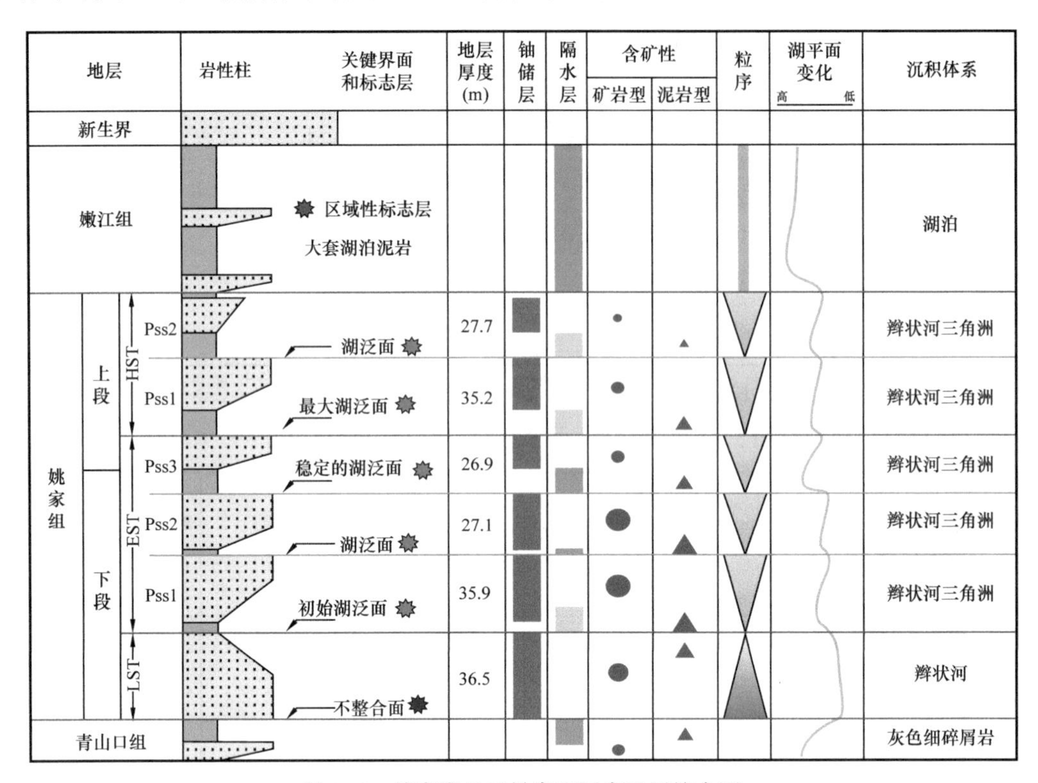

图 3-8　钱家店地区姚家组层序地层综合图

上述层序划分与岩石地层具有较好的对应关系。低位体系域对应姚家组下段下亚段，湖扩体系域对应姚家组下段上亚段，二者之间一般发育一套 4m 左右的灰色夹红色泥岩，对应初始湖泛面。高位体系域对应姚家组上段，姚家组下段与姚家组上段之间发育的 8m 左右红色夹灰色稳定泥岩对应最大湖泛面。层序地层格架的建立，明确了含矿地层的地层组合，确立了“泥—砂—泥”组合的地层单元，奠定了研究层间氧化带的地层格架。

2）含矿地层沉积储层特征

储层非均质性对地下水运移具有直接控制作用，因而是铀成矿研究的重要内容。在层序地层格架内，优选研究目的层，开展沉积相分析和储层特征研究，对了解地下水运移路径和规律具有指导作用。

（1）含矿地层沉积相分析。

含矿地层沉积相分析采用沉积相识别、砂分散体系编图、泥岩分布编图等手段进行。

① 沉积相识别。

沉积相识别手段主要包括钻孔岩心特征观察、岩电组合特征分析、沉积旋回垂向序列分析、粒度分析等。

实例：钱家店地区姚家组沉积相识别。

该地层主要发育辫状河，又可进一步划分为辫状河河床沉积和越岸沉积两个亚相，进一步划分为河道滞留沉积、心滩、河道充填和泛滥平原四个微相（图 3-9）。

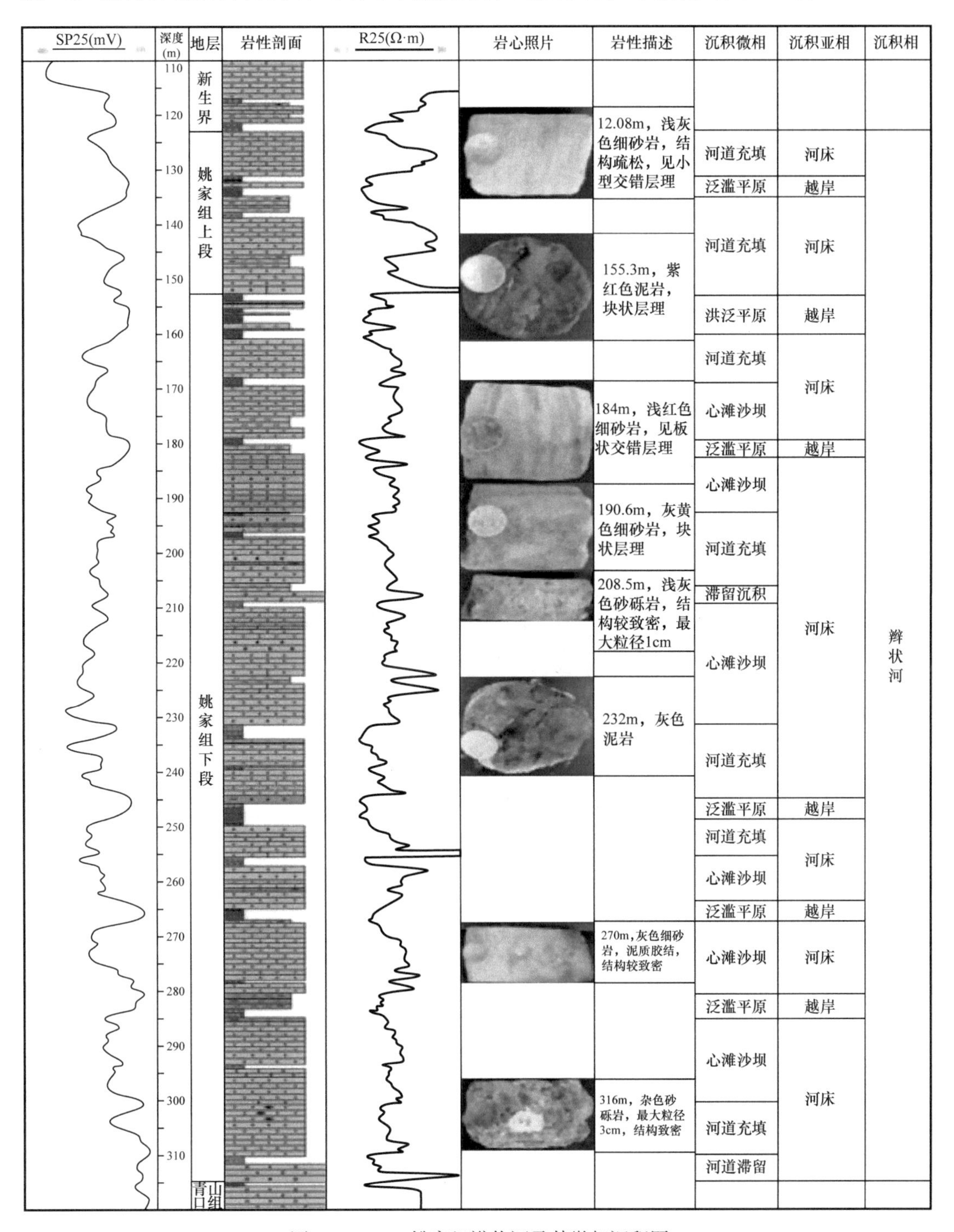

图 3-9　ZK2 姚家组辫状河及其微相沉积图

② 砂分散体系编图。

砂分散体系编图可以按地层单元进行砂体分布特征刻画，通过矿化分布叠合能够直观分析储层对铀成矿的控制作用。

实例：姚家组低位体系域（LST）编图（图 3-10、图 3-11）。

③ 泥岩分布编图。

岩心编录过程中重视了岩石颜色的描述，原因是颜色反映了沉积期或成岩期的岩石地球化学环境，同时也反映了其所处的沉积环境背景。

实例：姚家组暗色泥岩和红色泥岩的厚度（图 3-12、图 3-13）。

（2）含矿地层沉积相编图。

精细分析含矿地层沉积相特征，并绘制相关图件。

实例：姚家组沉积相剖面特征（图 3-14）。

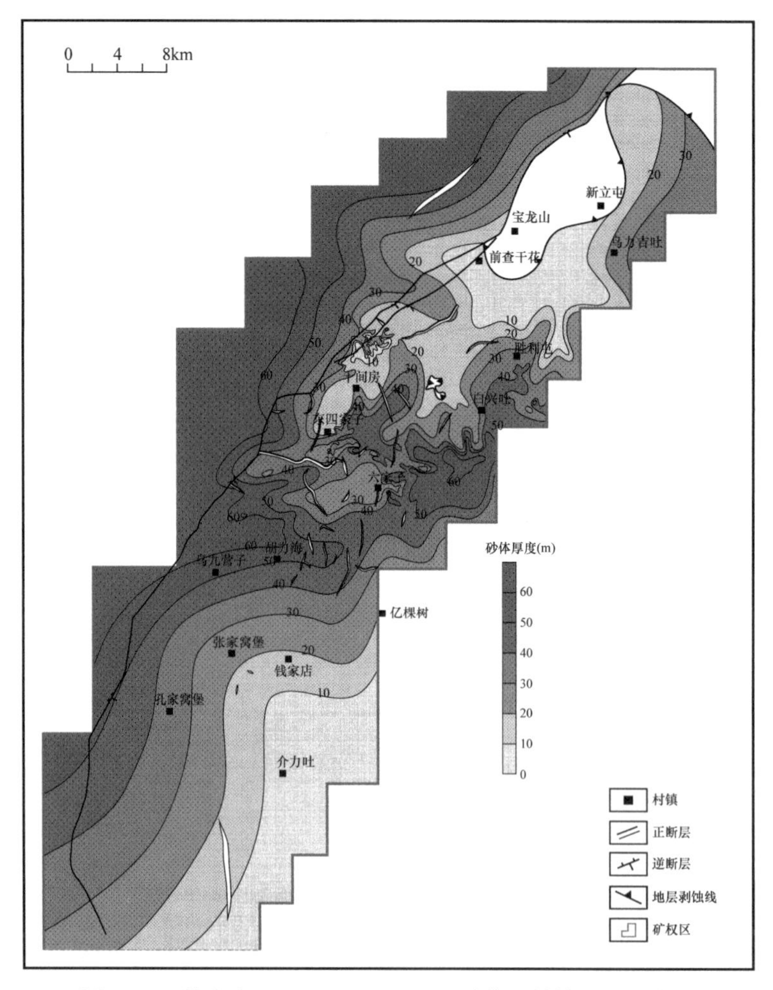

图 3-10 钱家店地区 SQ—K_2y—LST 砂体（铀储层）厚度图

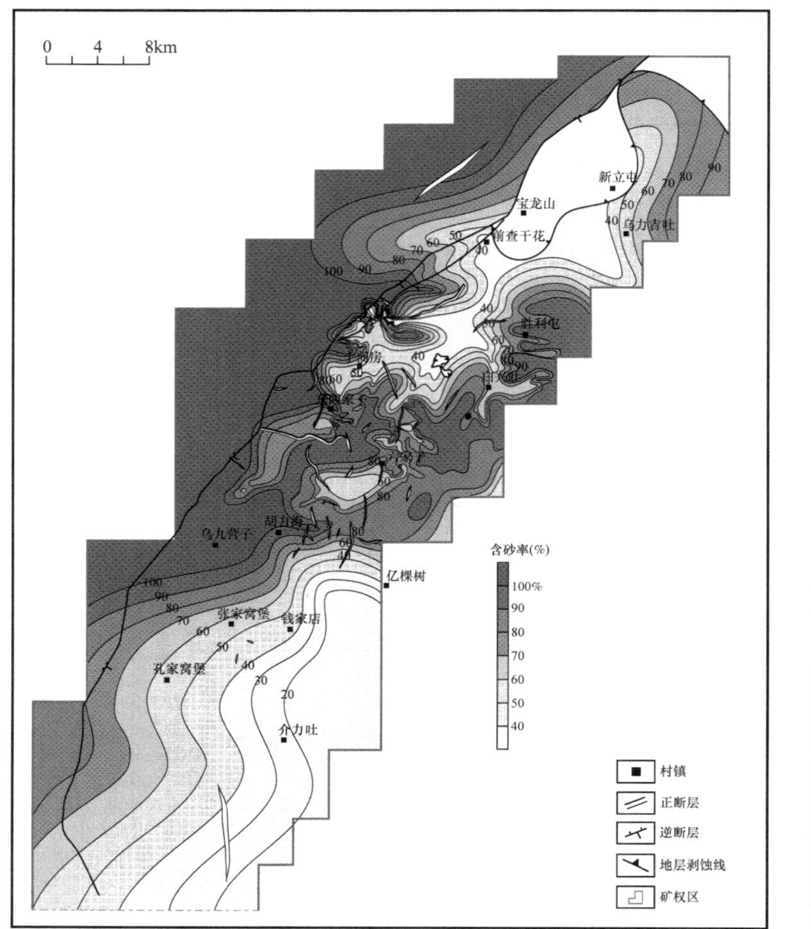

图 3-11　钱家店地区 SQ—K_2y—LST 含砂率图

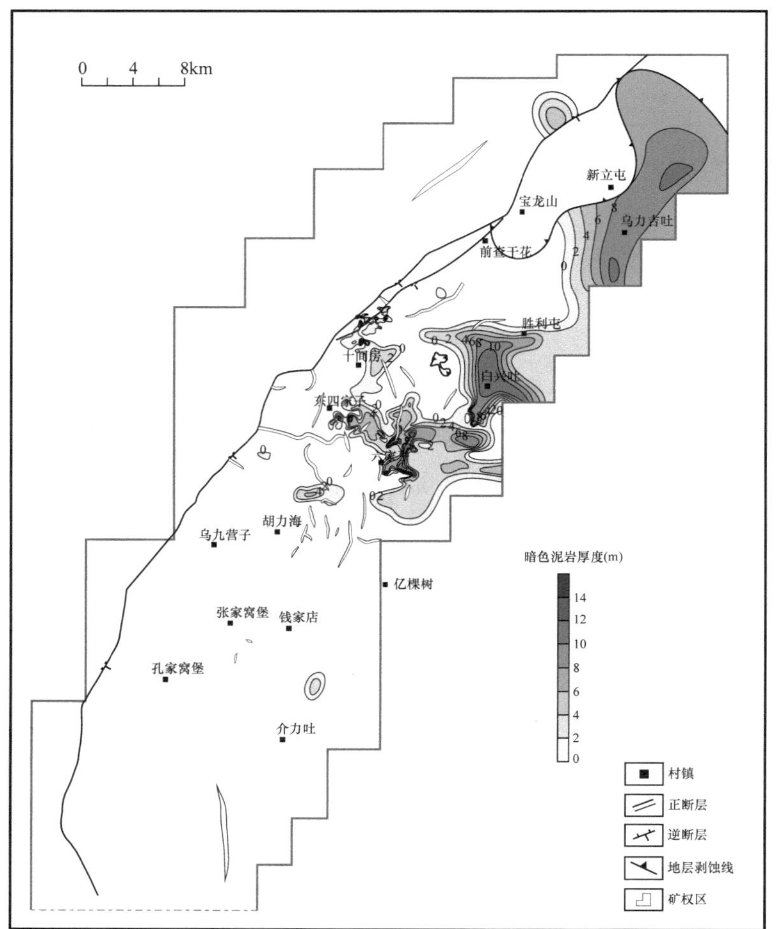

图 3-12　钱家店地区 SQ—K_2y—LST 暗色泥岩厚度图

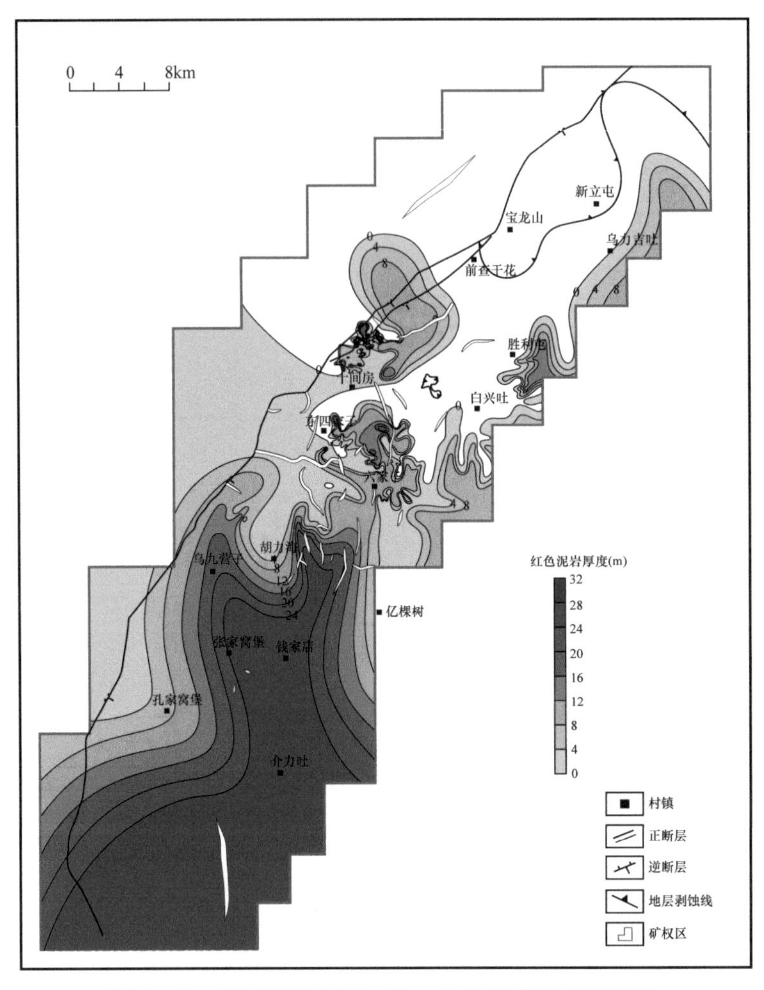

图 3-13 钱家店地区 SQ—K_2y—LST 红色泥岩厚度图

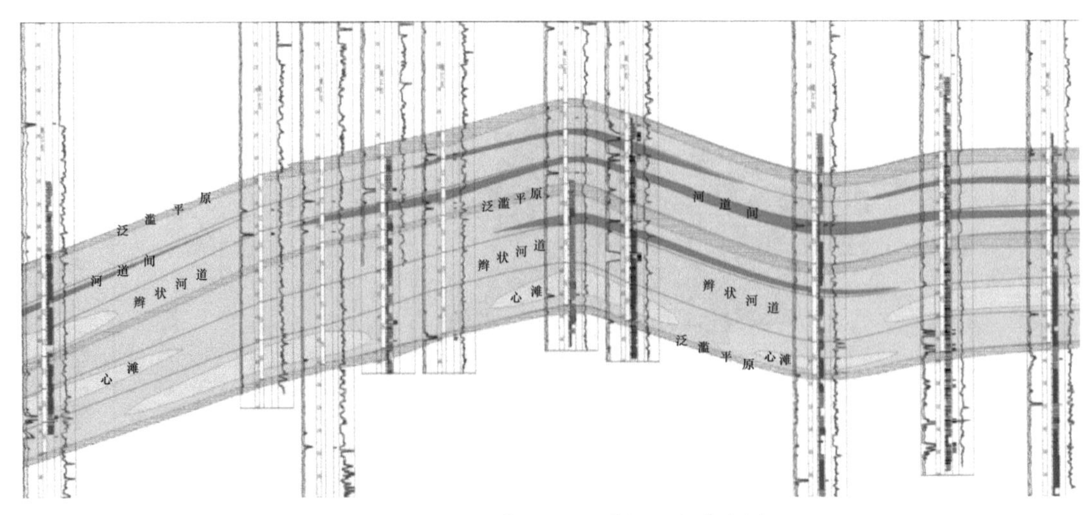

图 3-14 QC43 井—QC39 井沉积相分布图

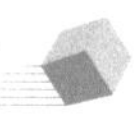

实例：姚家组沉积相平面展布。

根据砂分散体系编图、泥岩编图，结合单井沉积相识别，恢复了钱家店地区姚家组低位体系域 SQ—K_2y—LST 沉积体系域图（图 3−15）。

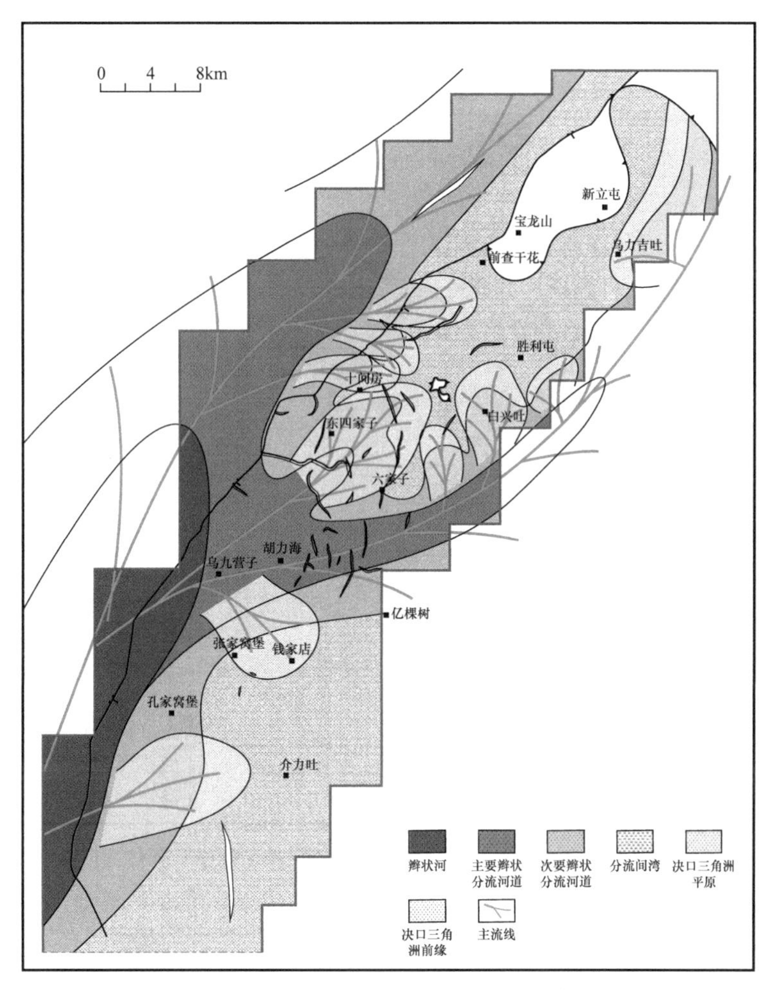

图 3−15　钱家店地区 SQ—K_2y—LST 沉积体系域图

3. 铀成矿分布特征研究

对含矿层位各层序地层单元砂岩型铀矿化发育的厚度、品位、平方米铀量等进行统计编图，并与沉积储层平面分布进行叠合，可以直观分析铀成矿的分布规律。

实例：SQ—K_2y—EST（Pss1）（图 3−16）。

该层位厚层砂体（大于 45m）发育规模在钱家店地区姚家组各小层序中最大，砂体厚度在矿化位置迅速减薄。

同时，暗色泥岩分布对铀成矿也具有重要制约作用，随着暗色泥岩的增厚，砂岩型铀矿的成矿概率总体呈波动性下降的趋势。暗色泥岩厚度为 0～12m 时，成矿概率最大（图 3−18）。

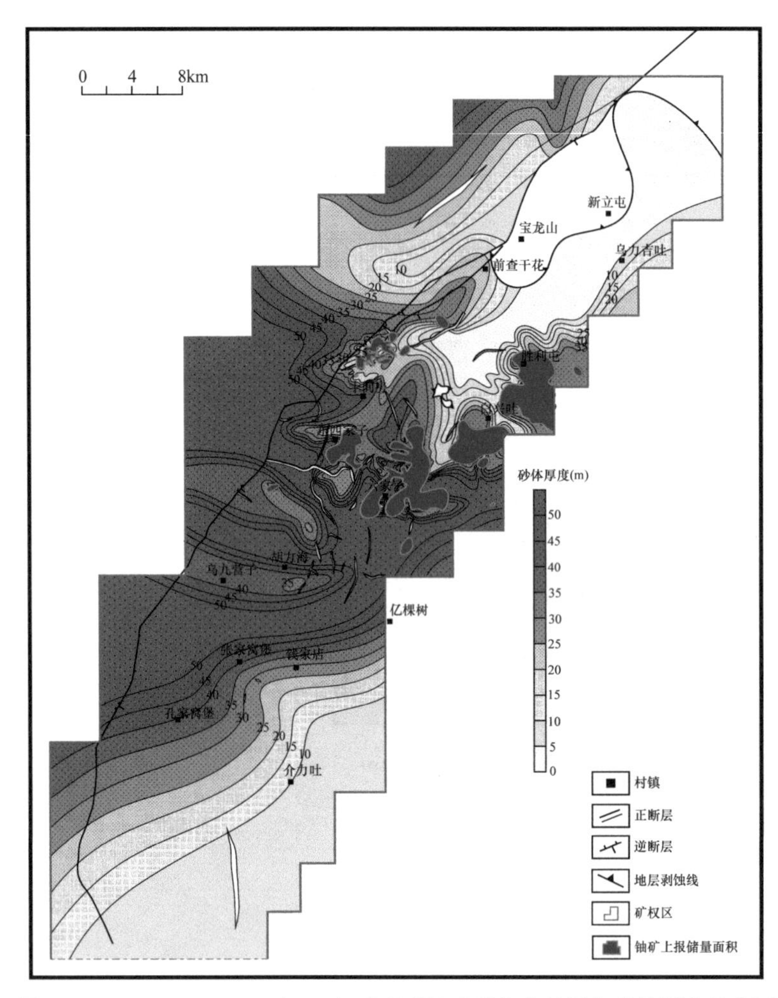

图 3-16 SQ—K_2y—EST（Pss1）砂岩型铀矿平方米铀量与砂体厚度叠合图

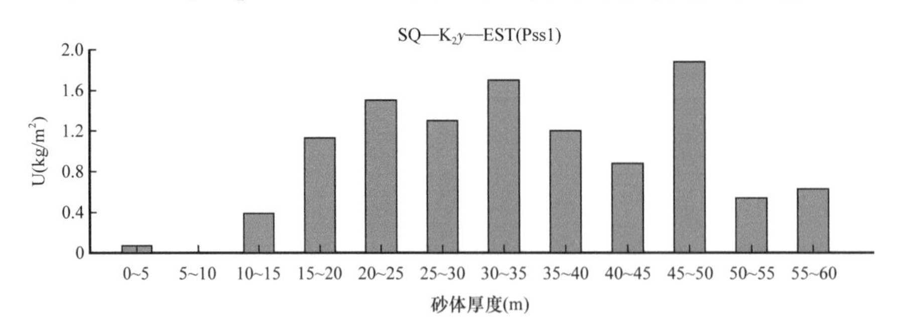

图 3-17 SQ—K_2y—EST（Pss1）砂岩型铀矿平均平方米铀量与砂体厚度相关性图

从平面上看，砂岩型矿体均发育于隔挡层数量及厚度迅速增大的部位（图 3-19）。可见隔挡层数量和厚度的迅速增大可能会制约含矿流体的流动，使流体速度减慢，有利于成矿。

沉积相图与铀成矿分布叠合显示，在钱家店地区姚家组，砂岩型铀矿的发育受辫状河、辫状河三角洲沉积体系的控制，绝大部分的矿体均发育于辫状河三角洲平原和辫状河三角洲前缘中，少量小规模矿体发育于辫状河沉积体系中（图 3-20）。

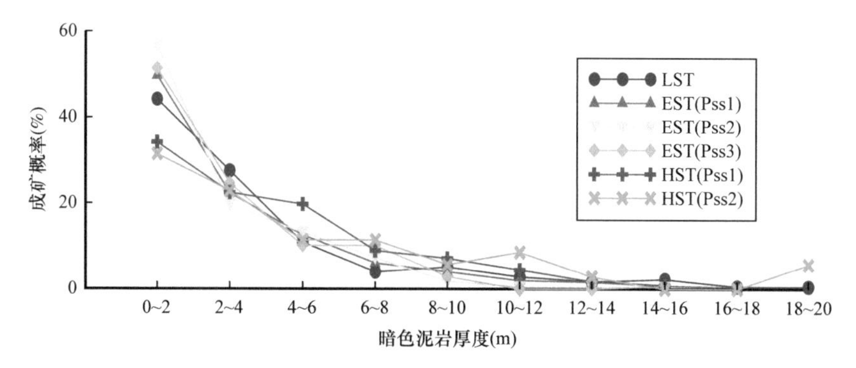

图 3-18　钱家店地区姚家组各小层序组砂岩型铀矿成矿概率与暗色泥岩厚度的关系

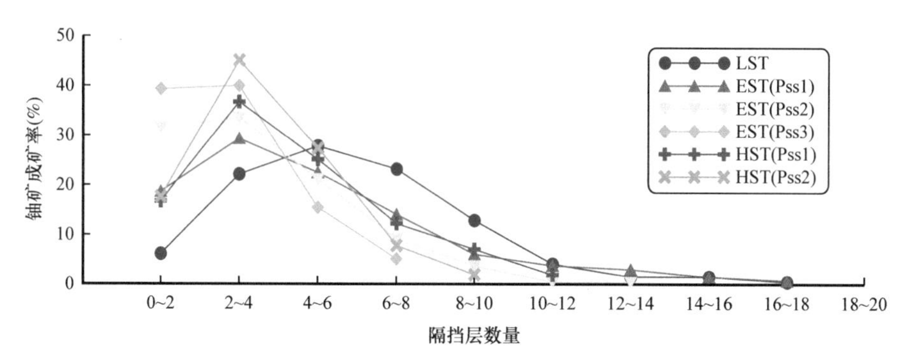

图 3-19　钱家店地区姚家组各小层序组砂岩型铀矿成矿概率与隔挡层数量的关系

四、富集区精细解剖

传统的砂岩型铀矿勘查主要依靠钻孔岩心观察、层间氧化带识别与定位开展勘查部署。含油气盆地具有极为丰富的二维、三维地震资料，对矿化富集区开展精细解剖十分有利，可通过储层反演和自然伽马反演，实现铀矿化富集区的有效预测。

1. 层间氧化带分带刻画

层间氧化作用直接控制铀矿化发育，对层间氧化带进行识别和刻画对开展铀矿化预测和勘查部署具有直接意义。层间氧化带一般分为氧化带、过渡带和还原带，根据岩石类型、矿物特征和地球化学指标，可以进一步讨论层间氧化带的精细划分模型。

1）层间氧化带识别的岩石矿物学标志

层间氧化带在宏观上一般表现为红色砂岩、黄色砂岩等氧化砂岩，因此在岩心编录环节应重视岩石颜色的识别，通过氧化砂岩发育程度分析与平面编图能够初步识别层间氧化带的发育规律。

实例：钱家店姚家组层间氧化带岩石矿物学标志。

通过岩心观察及镜下观察，对钱家店姚家组氧化带进行精细划分，并总结各分带特征。姚家组砂岩总体包括红色砂岩、黄色砂岩、灰白色砂岩、灰色含矿砂岩、原生灰色

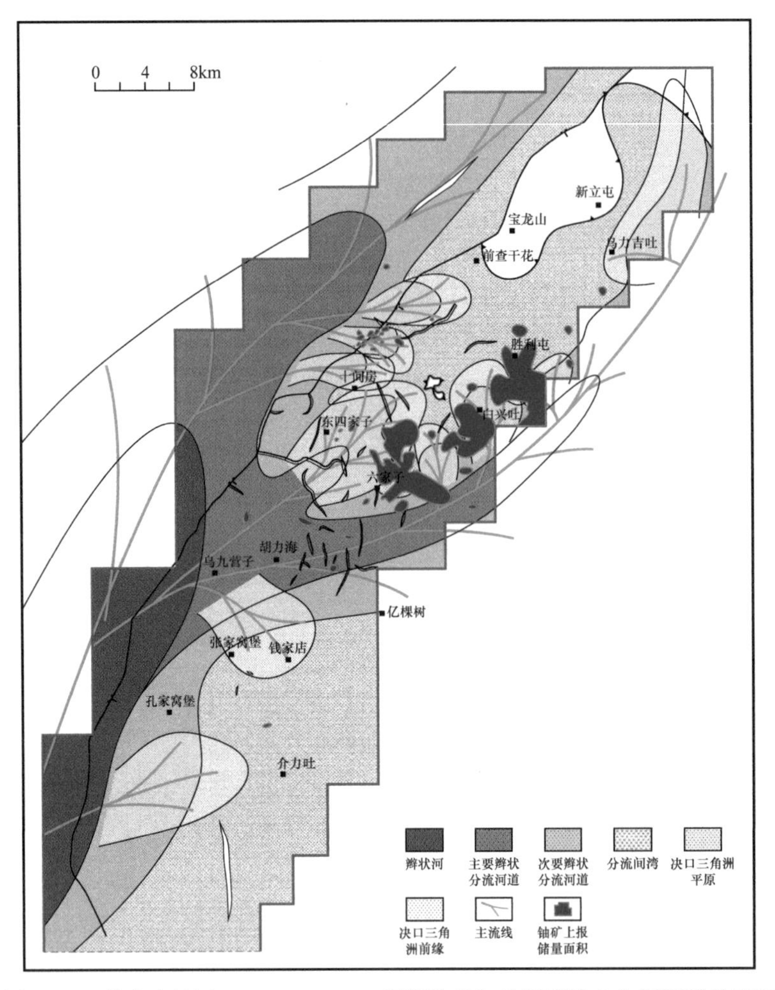

图 3-20　钱家店地区 SQ—K_2y—LST 沉积体系与砂岩型铀矿空间配置关系图

砂岩五种类型，分别对应强氧化亚带、弱氧化亚带、微弱氧化亚带、过渡带（矿化带）和还原带。

（1）强氧化亚带。

强氧化亚带内砂岩几乎全为红色，以中—粗砂岩为主，宏观上显示后生氧化特点：一是颜色不均一，见褐红色、玫瑰红色、浅红色等，且多见灰色泥岩夹层，二是红色砂岩具有沿层理发育且局部氧化不完全的特点（图 3-21a），同时显微照相显示红色砂岩中存在未氧化完全的炭屑残留。红色砂岩结构疏松，分选中等，磨圆次棱角状—棱角状，黏土质胶结，其内部有机质、黄铁矿少见，基本不含植物炭屑。镜下观察显示其碎屑颗粒轮廓多不清晰，边缘溶蚀现象普遍。长石蚀变作用较强，常发育水云母化（图 3-22a），部分长石蚀变为高岭石。黑云母含量相对较少，且多数发生溶蚀（图 3-22b）。黄铁矿、菱铁矿、钛铁矿少见，碎屑颗粒边缘或整体常被褐铁矿化浸染为褐红色，赤铁矿化常发育在碎屑颗粒之间（图 3-22c、d）。红色砂岩中碳酸盐多见方解石化，呈干净的连晶状分布在粒间，交代泥质杂基，并以他形的形式包裹赤铁矿颗粒（图 3-22d）。

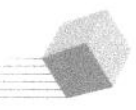

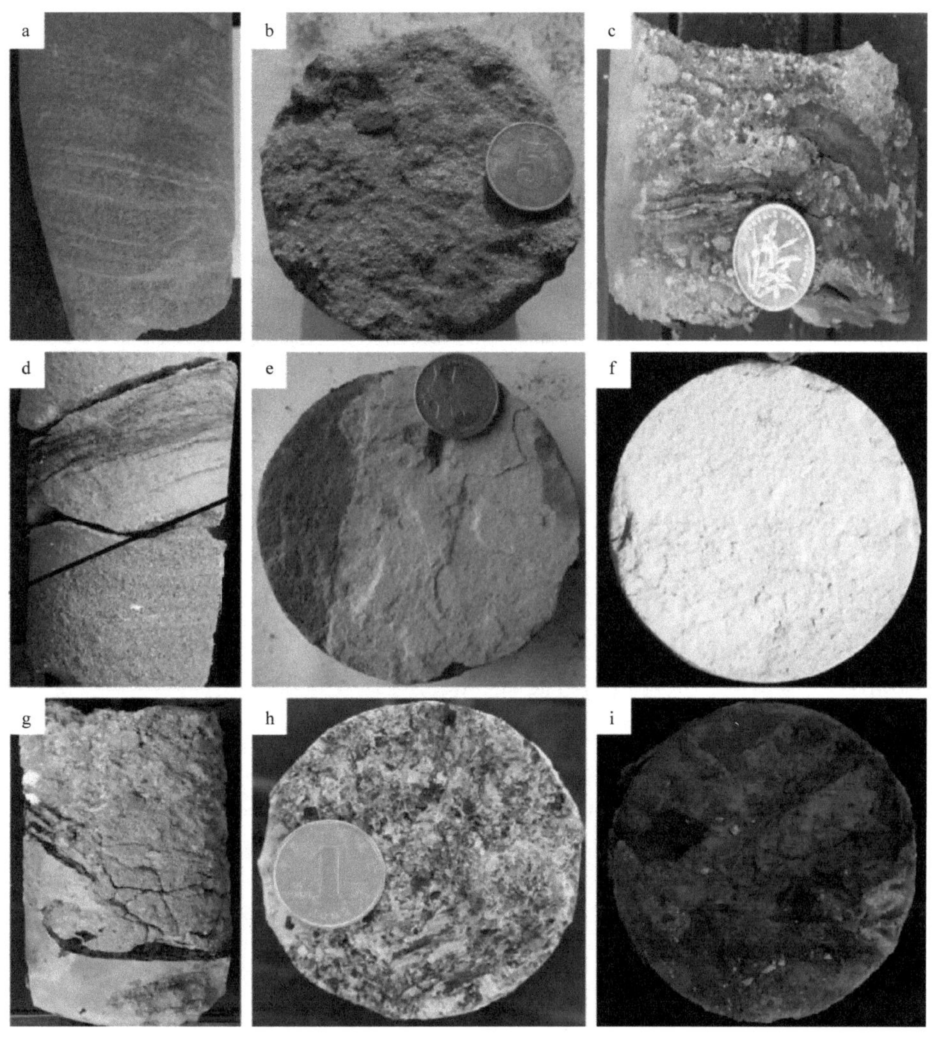

图 3-21　钱家店地区层间氧化带岩石学特征

a—浅红色顺层理不完全氧化砂岩，钱Ⅳ-01-21，365.5m；b—褐黄色细砂岩，QC43，482.6m；c—含炭化植物碎屑的浅黄色含泥砾砂岩，钱Ⅳ-01-21，389.5m；d—不完全氧化的姜黄色砂岩，钱Ⅳ-12-40，401.3m；e—浅黄色夹灰白色细砂岩，QC62，367.4m；f—灰白色细砂岩，钱Ⅳ-49-11，300m；g—灰色含泥砾和镜煤碎屑的中砂岩，钱Ⅳ-12-40，340m；h—灰色细砂岩，含炭化植物碎屑，钱Ⅳ-05-25，382.8m；i—灰黑色泥岩，钱Ⅳ-03-06，374m

（2）弱氧化亚带。

弱氧化亚带以黄色中—细砂岩为典型，该带内可见黄色、浅红色和灰色砂岩共存，灰色泥岩夹层增多。黄色砂岩颜色不均一，呈现褐黄色、姜黄色以及浅黄色等多种颜色（图 3-22b、c、d、e），这与原生红层的均一性有明显区别。同时在黄色砂岩中可见较完整的植物炭屑残留（图 3-22c），且砂岩粒度及自身还原剂含量对其氧化程度存在直接影响（图 3-22d）。黄色砂岩与红色砂岩岩石学特征基本一致，显示了同源沉积的特点。镜下观察显示，二者在蚀变矿物类型上也基本一致，只是氧化程度有明显区别：一是黄色砂岩碎屑颗粒边缘溶蚀程度有所降低，二是长石蚀变产生的水云母化减少，同时赤铁矿化的程度比红色砂岩略弱，褐铁矿化更为普遍。黄色砂岩中碳酸盐也以方解石化为主，见少量铁白云石化和菱铁矿化。

（3）微弱氧化亚带。

微弱氧化亚带以灰白色细砂岩为代表（图 3–23f），该带内红色和黄色砂岩逐步尖灭，呈现氧化程度逐步减弱的特点。灰白色细砂岩岩石学特征与上述砂岩相当，其颜色总体呈灰白色或浅灰白色，有时与灰色砂岩难以直接区分，但其炭屑等有机质少见。镜下观察显示，碎屑物颗粒轮廓总体较清晰，长石水云母化几乎不见，填隙物中黏土矿物以高岭石化和伊利石化为主。灰白色细砂岩中见少量赤铁矿化，未见褐铁矿化，黄铁矿化开始出现，其中以成岩期的自形粒状、草莓状及胶状黄铁矿为主，见少量微小粒状黄铁矿。碳酸盐矿物方面，灰白色细砂岩少量发育铁白云石化，以胶结物的形式充填于碎屑颗粒之间，同时零星发育方解石和菱铁矿。

（4）过渡带。

过渡带是铀矿化富集带，以灰色含矿细砂岩为代表，砂岩中炭屑、黄铁矿多见（图 3–23g），该带内不含红色、黄色等氧化砂岩。灰色含矿砂岩岩矿特征与其他砂岩相近，黏土矿物含量 7.93%，高于其他砂岩的 7.05%，其中高岭石含量达到 61.72%，与其他砂岩 36.0% 相比明显增高，这可能与过渡带的酸性地球化学障有关，高岭石一部分来自长石蚀变，可见高岭石周围吸附铀（图 3–23e），一部分来自蒙脱石转化为高岭石。灰色含矿砂岩中碳酸盐矿物以铁白云石为主，次为菱铁矿，可见自形的菱铁矿晶体包裹与铁白云石胶结物中（图 3–23f）。铀的存在形式可分为吸附铀、铀矿物及含铀矿物三类，并以吸附铀为主，吸附铀形式有三种：吸附在黏土矿物（图 3–23e）、碎屑颗粒表面上或有机质中。黄铁矿发育，常见铀与微小粒状黄铁矿共生的现象。

（5）还原带。

还原带砂岩以原生灰色砂岩为代表，以灰色细砂岩或泥质细砂岩为主，其内部多含炭化植物碎屑和黄铁矿（图 3–22h），局部可见镜煤条带甚至是薄煤线，暗色泥岩发育（图 3–22i）。原生灰色砂岩为泥质胶结，结构疏松，分选中等—较差，磨圆度为次棱角状—棱角状。镜下观察发现，碎屑颗粒轮廓清晰，炭屑和黄铁矿发育（图 3–22k、l）碎屑颗粒含量 50%～90%，填隙物含量 10%～50%，碎屑颗粒长石含量 12%～30%，石英含量 30%～50%，岩屑含量 30%～50%。长石类型较多，可见斜长石、微斜长石与条纹长石，其中以斜长石含量居多且一般未发生蚀变（图 3–22h）。黑云母和白云母颗粒可见，一般未发生蚀变（图 3–23i、j），水解作用弱，基本没有铁的析出。黄铁矿发育、无赤铁矿和褐铁矿。碳酸盐矿物主要发育菱铁矿化，菱铁矿呈胶结物形成产于碎屑颗粒之间（图 3–22f、g），原生灰色砂岩中未见铁白云石化，少量发育方解石化。

2）层间氧化带识别的地球化学标志

通过岩矿心系统采样级全元素分析检测，根据检测结果可以总结各层间氧化分带的地球化学指标特征。

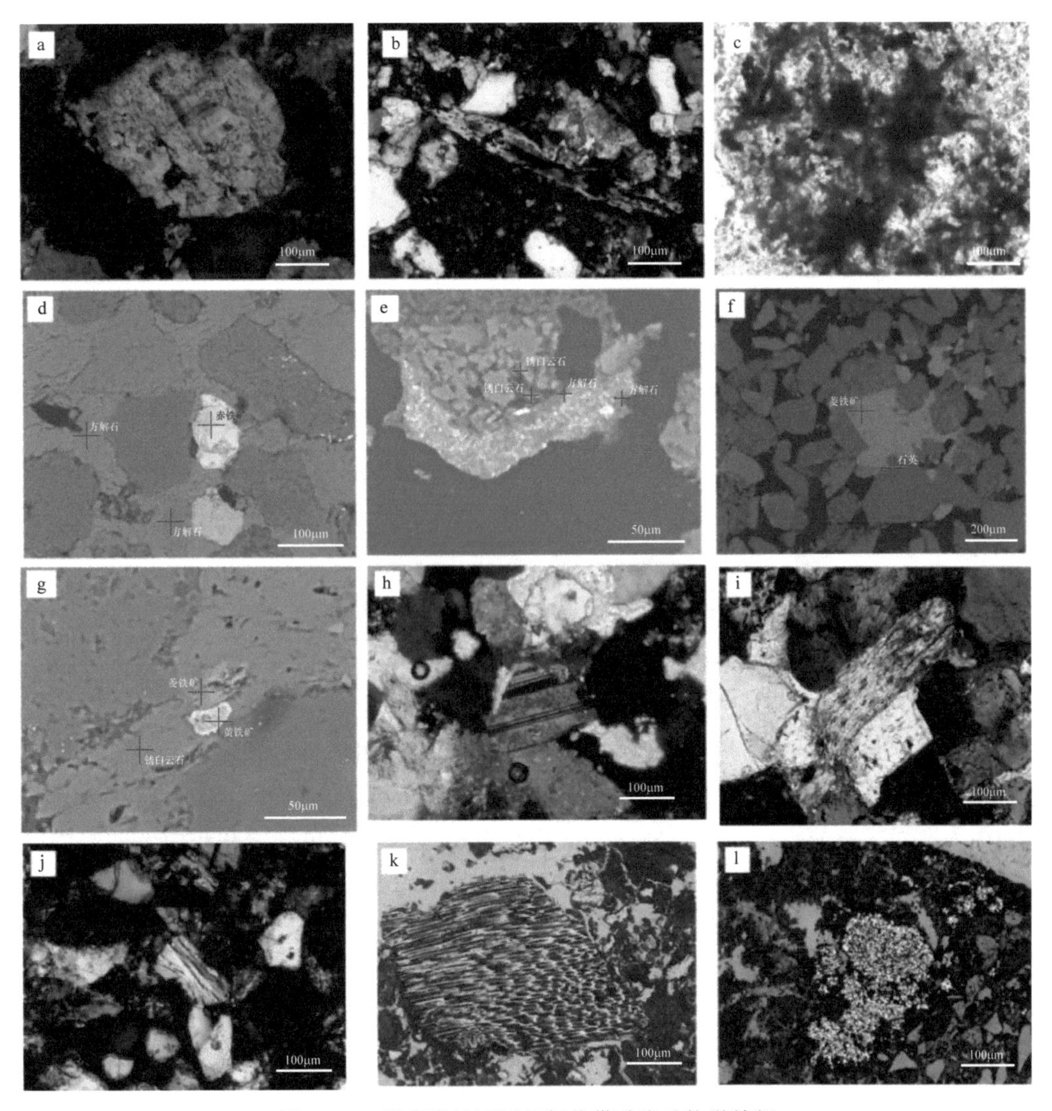

图 3-22　钱家店地区层间氧化带砂岩矿物学特征

a—长石蚀变为黏土矿物，QC43-6（正交偏光）；b—黑云母发生水解且边缘被溶蚀（正交偏光），钱Ⅳ-09-05-8；c—浸染状分布褐铁矿，QC14-30（单偏光）；d—方解石充填于颗粒之间，包裹早先形成的赤铁矿颗粒，QC62-3；e—长石蚀变为高岭石，高岭石周围吸附铀，钱Ⅳ-09-05-19；f—菱铁矿以胶结物形式产于碎屑颗粒之间，钱Ⅳ-29-01；g—铁白云石包裹自形黄铁矿晶体，钱Ⅳ-09-05-15；h—斜长石未发生蚀变（正交偏光），钱Ⅳ-41-09-4；i—白云母颗粒（正交偏光），QC14-42；j—黑云母颗粒（正交偏光），钱Ⅳ-09-05-4；k—炭屑（反射光），QC17-68；l—黄铁矿（反射光），钱Ⅳ-24-01-5

实例：钱家店姚家组层间氧化带地球化学标志。

采集钱家店姚家组各色砂岩，并进行 U、TOC、$S_{全}$、Fe、氧化还原电位等全元素分析检测，根据检测结果（表 3-5）总结层间氧化带地球化学标志特征。

（1）Fe^{3+}/Fe^{2+} 值。

红色砂岩最高，平均为 5.66，黄色砂岩和灰白色砂岩依次降低，平均分别为 5.11 和 3.65。灰色矿化砂岩的 Fe^{3+}/Fe^{2+} 值最低，为 1.44。原生灰色砂岩稍高，平均为 1.68。

表 3–5　钱家店地区典型岩石类型地球化学指标分析结果表

地球化学指标		U（μg/g）	TOC（%）	ω（$S_{全}$）/%	ω（Fe_2O_3）/ω（FeO）	ΔEh/mV
红色砂岩	平均值	1.665	0.143	0.017	5.660	14.38
	样品个数	6	6	6	6	6
黄色砂岩	平均值	2.344	0.188	0.016	5.106	21.46
	样品个数	5	5	5	5	5
灰白色砂岩	平均值	47.64	0.1968	0.113	3.645	25.25
	样品个数	14	14	14	14	14
灰色矿化砂岩	平均值	411.869	0.2547	0.3367	1.436	11.75
	样品个数	46	46	46	20	20
原生灰色砂岩	平均值	3.61	0.3305	0.0329	1.679	14.75
	样品个数	19	19	19	18	18

（2）TOC。

原生灰色砂岩中 TOC 代表了地层原始沉积成岩的有机质含量，随着后生氧化程度增高，地层中原始的有机质不断被氧化消耗。钱家店矿床原生灰色砂岩 TOC 较高，平均为 0.331%，为强还原能力。红色砂岩最低，平均为 0.143%，黄色砂岩和灰白色砂岩依次稍高，平均分别为 0.188% 和 0.197%，灰色矿化砂岩平均含量为 0.255%，说明后生层间氧化带作用消耗了地层中原有的 TOC。

（3）$S_{全}$。

$S_{全}$主要与砂岩中的黄铁矿含量有关，原生灰色砂岩代表了钱家店矿床含矿地层原生的还原能力，平均为 0.033%，与国内典型砂岩型铀矿床含矿地层砂岩中 $S_{全}$含量背景 0.02% 相比稍高，说明成矿具有较好的还原条件。红色砂岩和黄色砂岩中 $S_{全}$基本相当，平均分别为 0.017% 和 0.016%，体现了后生氧化对黄铁矿的氧化消耗作用。灰色含矿砂岩中 $S_{全}$含量最高，平均为 0.337%，这是因为随着氧化作用的尖灭，在酸性地球化学障下形成了大量的微小粒状黄铁矿，其主要在颗粒边缘稀疏分布，粒径一般为 5～20μm，且常与铀矿化密切相关，铀矿与微小粒状黄铁矿共同产出于碎屑颗粒或黏土矿物边缘。

（4）ΔEh。

原生灰色砂岩中 ΔEh 居中，为 14.75mV。灰白色砂岩中的 ΔEh 最高，为 25.25mV。红色砂岩与黄色砂岩中 ΔEh 降低，分别为 14.38mV 和 21.46mV。说明随着氧化程度的加剧，ΔEh 是逐渐减小的。灰色矿化砂岩中的 ΔEh 最低，为 11.75mV。

3）氧化带精细分带

根据岩石类型精细分类与蚀变矿物类型、黏土矿物组合分带特征以及地球化学指标分带规律，钱家店地区姚家组氧化带可以进一步精细划分为同沉积氧化亚带、层间氧化

亚带、层间微弱氧化亚带、过渡带和还原带，分别对应红色砂岩系（褐红色、紫红色、浅红色）、黄色砂岩系（浅红色、浅黄色）、灰白色砂岩、灰色含矿砂岩和原生灰色砂岩（图3–23）。其中从同沉积氧化亚带、层间氩化亚带、层间微弱氧化亚带氧化强度依次减弱，还原带基本未遭受后期氧化，过渡带位于微弱氧化亚带与还原带之间。

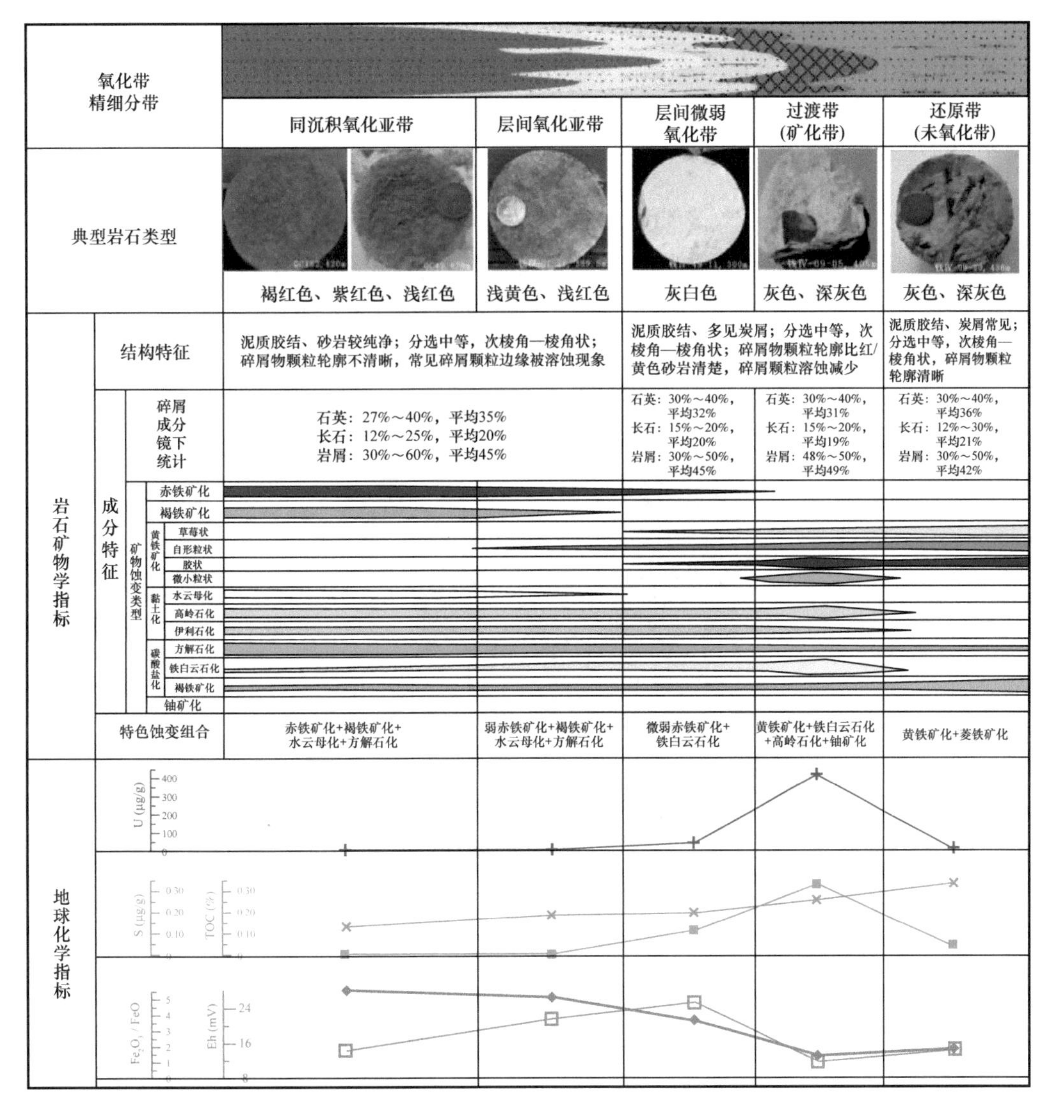

图 3–23　钱家店地区层间氧化带精细划分指标体系与模式

4）氧化带平面图的编制

上述氧化带分带特征反映出层间氧化带展布是砂岩型铀矿的重要找矿标志。因此，开展层间氧化带展布方向性研究、定量描述、定位预测研究显得十分重要。针对钱家店地区氧化带的发育特征，研究者探索性地将红色（黄色）砂岩的定量描述作为区域性层间氧化带定位预测的重要依据，这种尝试虽然存在多解性和具有局限性，但实践证明该方法体系所给予的层间氧化带空间定位总体体现出了良好的继承性和逐渐演化规律，最为重要的是其表现出了与铀成矿作用的密切关系。

（1）氧化砂岩比例定性刻画法。

由于研究区层间氧化带砂体主要呈红色调（包括黄色），因此可以用红色砂体的分布来刻画层间氧化带的空间展布。

实例：钱家店姚家组低位体系域氧化带平面展布。

姚家组低位体系域氧化带空间展布特征与砂体展布具有相似性，红色砂体主要呈南西—北东方向分布（图 3-24），具有西厚东薄的特点。

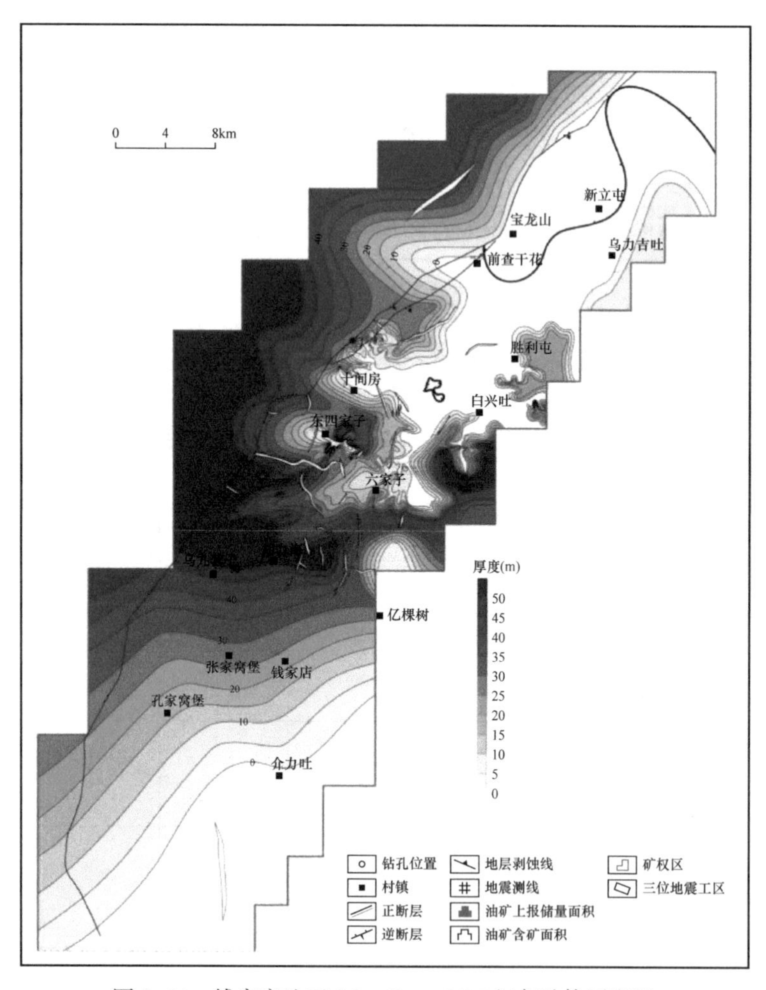

图 3-24　钱家店地区 SQ—K_2y—LST 红色砂体厚度图

红色砂体百分含量与红色砂体厚度图规律性相似（图 3-25），总体上也是呈南西—北东方向分布。研究区红色砂体百分含量最高值达 100%，最小为 0，平均 40.07%。红色砂体百分含量的高值区（大于 80%）主要位于研究区的南部、中部及西北部，范围很大，整体向北东方向展布，仅在乌九营子地区形成一个局部相对低值区。

通过前面对红色砂体厚度和红色砂体百分含量的空间分布规律的分析，结合砂岩型铀矿化分布范围，笔者以红色砂体百分含量为划分标准，进行了层间氧化带平平面展布

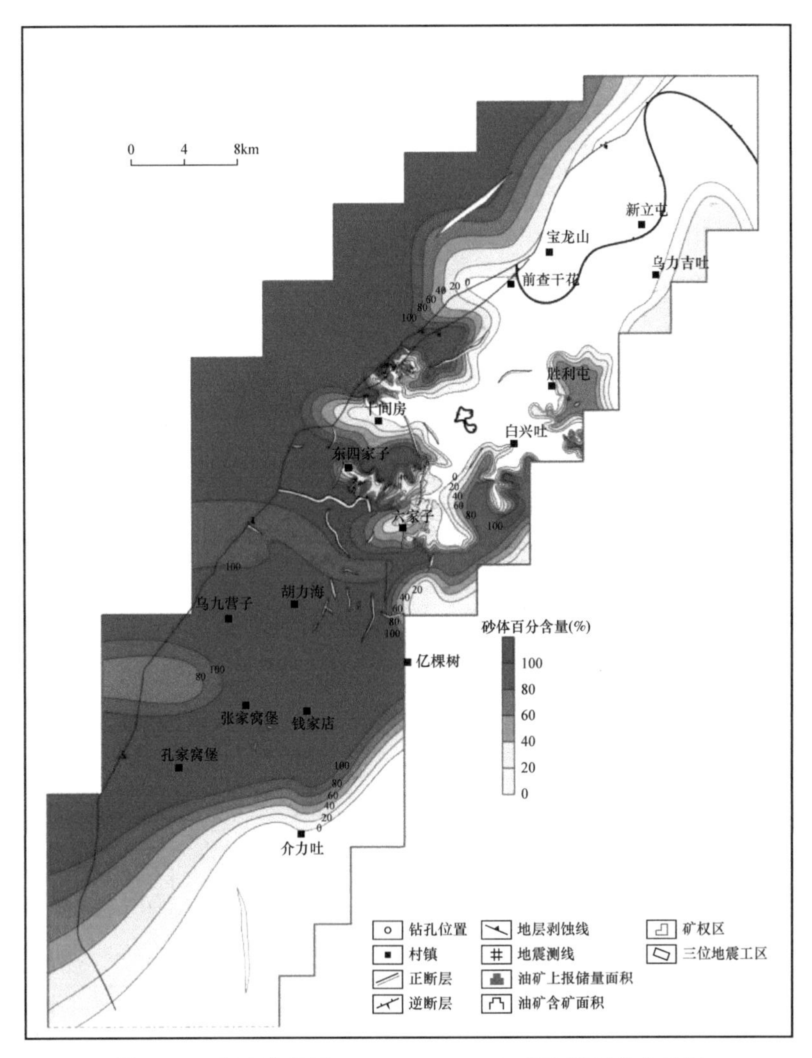

图 3-25　钱家店地区 SQ—K_2y—LST 红色砂体百分含量图

编图（百分含量大于 80% 为氧化带，0～80% 为过渡带，百分含量为 0 的为还原带），对姚家组低位体系域的层间氧化带平面展布进行了划分，如图 3-26 所示。

（2）Th/U 定量刻画法。

① U 的性质及特点。

铀是在 1789 年被发现的，它的原子序数为 92，属第七周期第三副族，是锕系第四位元素。铀是天然放射性元素，共有三个天然同位素 U^{238}、U^{235} 和 U^{234}。铀的原子结构中介电子分布于 5f、6d、7s 上，它的天然矿物中仅有 +4 价、+6 价化合物。铀的化学性质很活泼，在自然条件下，铀的氧化物分布很广，而铀的自然金属和硫化物却无所见，这是因为 U^{4+} 及 U^{6+} 两者均为隋性气体型离子，属典型的亲氧元素。

自然界中 U^{6+} 与 U^{4+} 相互转化是铀的地球化学主要特点。U^{6+} 在自然界通常不呈简单阳离子，而以特殊的络阳离子 UO_2^{2+} 形式出现。UO_2^{2+} 称为铀酰，$O^{2-}U^{6+}—O^{2-}$ 在结构上

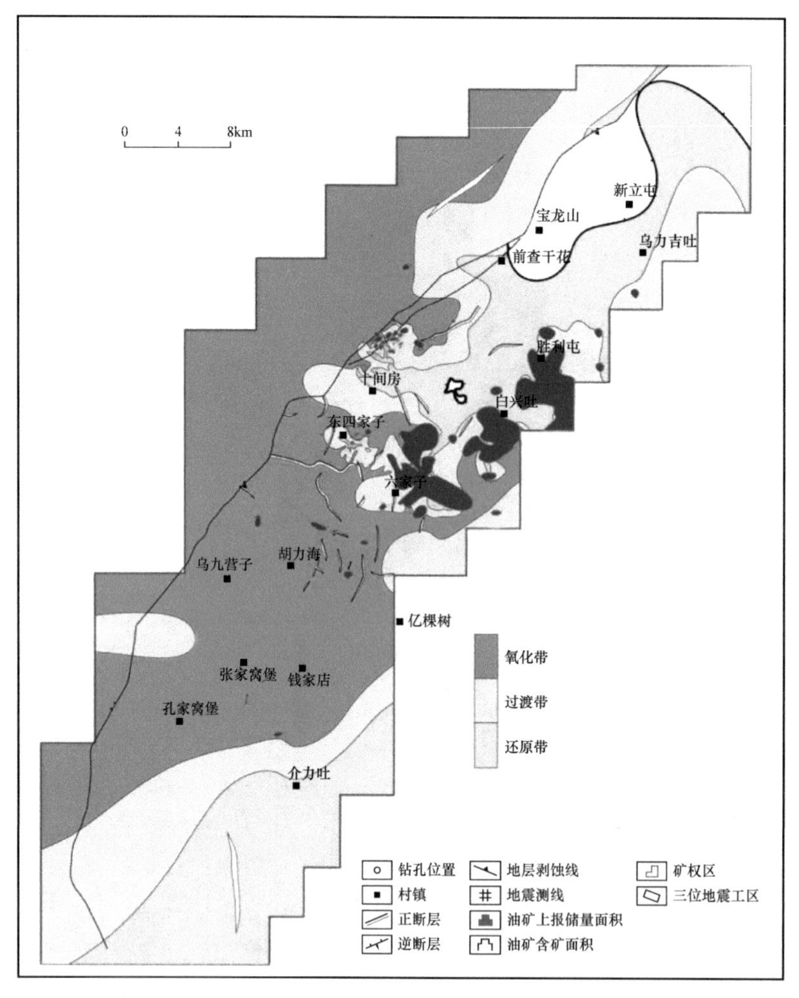

图 3-26　钱家店地区 SQ—K_2y—LST 砂岩型铀矿平方米铀量与层间氧化带的关系

呈哑铃状。由于它的离子半径在 3.02～3.42Å 范围内，成为硕大无朋的络阳离子，因此不能与任何阳离子类质同象替代。但这种哑铃状离子易于嵌入链状或层状矿物面网中，易为黏土矿物所吸附。

由于 U^{4+} 与 U^{6+}（呈 UO_2^{2+}）离子半径的巨大差别，二者晶体化学性质也各不相同。U^{4+} 广泛地与 Th^{4+}、Zr^{4+}、REE^{3+}、Ca^{2+} 类质同象置换，而 UO_2^{2+} 没有任何离子可以与它替换，因此可形成较纯的铀酰次生矿物。

在各类沉积岩及沉积物中，铀的分布极不均匀。一般以蒸发岩及碳酸盐岩中含铀量最低，碎屑岩其次，泥质岩石较高，富有机质的岩石含量最高。外生铀矿床主要形成于湖泊、近海和离海岸不远的地方。沉积岩中铀的来源十分广泛，可来自盆地周围各种岩浆岩、沉积岩及变质岩，特别是克拉克值较高的花岗岩。

② Th 的性质及特点。

钍是在 1928 年发现的，它的原子序数为 90，属第七周期第三副族，是锕系的第一个元素。钍是亲石元素。钍的化合价以 4 价为主，离子半径 1.02Å，比 U^{4+} 大，因而 Th^{4+} 的碱性

较 U^{4+} 明显，几乎不具两性。水溶液中易水解成 $Th(OH)_4$ 沉淀，能在 pH 值较低的条件下沉淀，它可与 $Fe(OH)_3$、$Al(OH)_3$ 共沉淀，迁移能力较弱。钍的化合物挥发性弱，溶解度小。

已知含钍矿物近 120 种，其中绝大部分是氧化物和含氧酸盐（如硅酸盐、铌钽酸盐、钛钽铌酸盐、磷酸盐及碳酸盐等类）矿物。钍不形成硫化物、硒化物等其他类型的化合物，明显地表现亲石性质。

Th^{4+} 的离子半径是 1.02Å，与 Ca^{2+}（0.99Å）、REE^{3+}（0.85～1.03Å）的离子半径很近似，稀土元素被含钙矿物（如磷灰石、钇萤石、褐帘石）捕获时，时常有钍加入。3 价稀土元素矿物里捕获 Th^{4+} 的情形很多。独居石中可以 $Ce^{3+}P^{5+}O_4$—$Th^{4+}Si^{4+}O_4$ 方式置换。含稀土的铌钽酸盐和钛铌钽酸盐一般都富集有相当量的 Th^{4+} 和 U^{4+}。

Th^{4+} 的离子半径介于 Zr^{4+}（0.79Å）、Y^{3+}（0.89Å）与 Ce^{3+}（1.03Å）之间，与 Zr^{4+} 差别较大而近于 Ce^{3+}，因而锆石中 Th^{4+} 仅产生有限的类质同象置换。

③ Th/U 值的研究意义。

U^{4+} 与 Th^{4+} 等价类质同象十分普遍，但仅出现在高温和还原条件下。在低温氧化条件下 U^{4+} 则变为 U^{6+}，与 Th^{4+} 分离。因 Th^{4+} 和 U^{4+} 的关系特别密切，它们的硅酸盐和氧化物构造类型均相同，常呈类质同象置换。但 Th^{4+} 和 U^{6+} 地球化学性质差别较大，故在氧化条件下产生明显分离。

自然界中钍仅作为不易溶解的 4 价离子存在。表生条件下 Th 以机械风化迁移为主，并能在残积物、冲积物和滨海地区发生富集。小部分钍在有利条件下形成络合物或有机络合物形式迁移，也可以胶体形式迁移。

内生作用中密切伴生的 U^{4+} 和 Th^{4+}，在表生氧化条件下产生分离。U^{4+} 氧化成可溶的铀酰离子，有很大的活动性。而不太活泼的 Th^{4+} 基本上仍保存在稳定的含钍矿物晶格中。

因此，砂岩铀矿床中的 Th/U 值大小及其在空间上的变化规律，就可以判别流体迁移方向和层间氧化带方向。

在氧化带中，U 的活动性较强，虽然 Th 也存在一定的活动性，但自然条件下，U 更具活性。而在过渡带中，U 遇到还原剂被还原变为 4 价，沉淀下来了，导致砂岩中 U 含量明显增加，虽然还原条件下 Th 略有增加，但其增加量较 U 还是较少，最终导致还原条件下 Th/U 值变小（图 3–27）。

由氧化带到过渡带，砂岩中的 U 含量将逐渐增加，而 Th 的含量则略为增加，Th/U 值则逐渐减小，所以 Th/U 值减小的方向可大致代表层间氧化方向。

④ U 和 Th 的迁移沉淀机制。

钱家店地区姚家组不同地层单元中 U 在过渡带因遇到还原剂而沉淀富集，导致过渡带中 U 含量明显增加，而 Th 在过渡带也略有增加，说明 Th 也有一定程度沉淀富集。以下将总结钱家店地区姚家组 U 和 Th 可能的迁移沉淀机制。

a. U 的迁移沉淀机制。

铀的迁移除部分以碎屑及悬浮体搬运外，大部分铀可以下列形式迁移，其迁移形式及沉淀条件如下：

Ⅰ：呈碳酸铀酰络合物 $Na_4[UO_2(CO_3)_3]$ 和 $Na_4[UO_2(HCO_3)_6]$ 形式迁移。

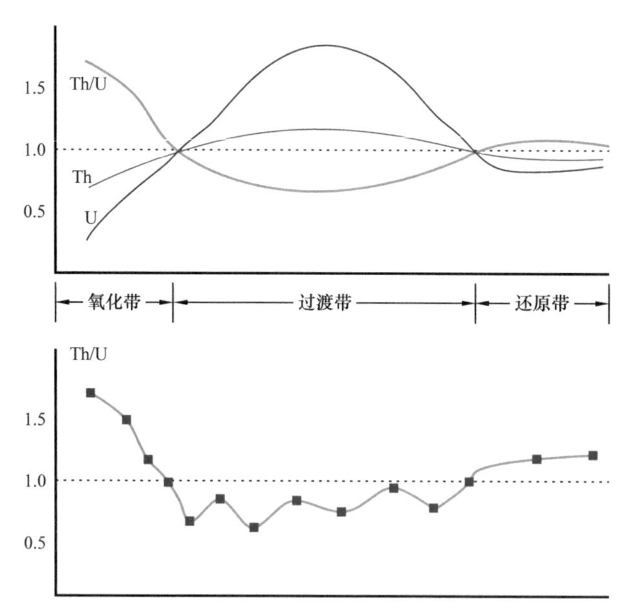

图 3-27　U 和 Th 及 Th/U 值在氧化带和过渡带中的变化规律示意图

这种络合物在理论上及实验中已得到证明。特别在碱性介质条件（pH 值为 8～10.6）下易生成易溶络合物，其沉积条件为：pH 值在达到 10.8 之前是稳定的，再大则开始分解沉淀；与还原剂——有机质和 Fe^{2+} 作用时，在碱性介质中沉淀形成铀黑；与富 Ca、Mg 的碳酸盐作用，组成铀的钙镁碳酸盐（如纤铀碳钙石 $Ca_4[UO_2(CO_3)_3]\cdot 9H_2O$，菱镁铀矿 $Mg_2[UO_2(CO_3)_3]\cdot 18H_2O$ 和水碳钙镁铀矿 $CaMg[UO_2(CO_3)_3]\cdot 12H_2O$。

Ⅱ：呈易溶铀—有机质络合物形式迁移。

以不同的腐殖酸盐络合物理学方式被搬运（如 $Na_4[UO_2(C_nH_mCOOH)]$ 形成于中性—弱碱性条件，pH 值为 4.7～8 是稳定的）。铀的沉淀条件是：腐殖酸氧化，络合物破坏；由于吸附作用的结果；铀有机质络合物与某些盐类起化学作用。

Ⅲ：呈铀的胶溶体 $[UO_2(OH)_2]$ 形式迁移。

这种胶体带正电荷，在 pH 值为 5～8 时稳定，其沉淀条件是：被带负电荷的硅酸胶体及 $Fe(OH)_3$ 的胶体吸附；与还原剂相遇（如有机质、H_2S 和 Fe 等）。

Ⅳ：呈硫酸盐形式迁移。

CO_2SO_4 硫酸铀酰多为热液硫化矿床风化后常见的迁移形式。当溶液 pH 值小于 7 时稳定，其沉淀条件为：当 pH 值增高时，水化作用可引起沉淀：$UO_2SO_4+2H_2O \longrightarrow UO_2(OH)_2+H_2SO_4$；和 PO_4^{3-}、AsO_4^{3-}、VO_4^{3-}、SiO_4^{4-} 相互作用时形成相应的盐类矿物；吸附作用的结果，包括有机及无机吸附（如 Fe 及 Si 的胶体）；与还原剂相互作用（如与胶结带黄铁矿作用，还原生成铀黑）；

b. Th 的迁移沉淀机制。

钍的迁移形式可能有以下几种：

Ⅰ：呈硫酸或碳酸络合物。硫酸络合物 $[Th(SO_4)_3]^{2-}$ 在强酸性条件下（pH 值小

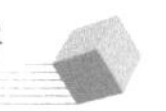

于 3.5）才稳定。碳酸络合物 $Na_6[Th(CO_3)_5]^{6-}$ 易溶于水，只有在 CO_3^{2-} 浓度大时才稳定，它的稳定性低于铀的碳酸络合物。

Ⅱ：形成 $Th(OH)_4$ 胶体形式。可被褐铁矿、软锰矿吸附而沉淀。含铀褐铁矿为棕黄色，含钍褐铁矿为淡红色，其颜色和放射性是找寻铀、钍的地球化学标志。

Ⅲ：钍可以形成有机酸络合物。

实例：钱家店姚家组层间氧化带方向。

钱家店地区姚家组 SQ—K_2y—LST（图 3-28）、SQ—K_2y—EST（Pss1）（图 3-29）的 Th/U 图可以看出，Th/U 值沿南西—北东向变小，可以初步判别出钱家店地区姚家组层间氧化为南西—北东方向。

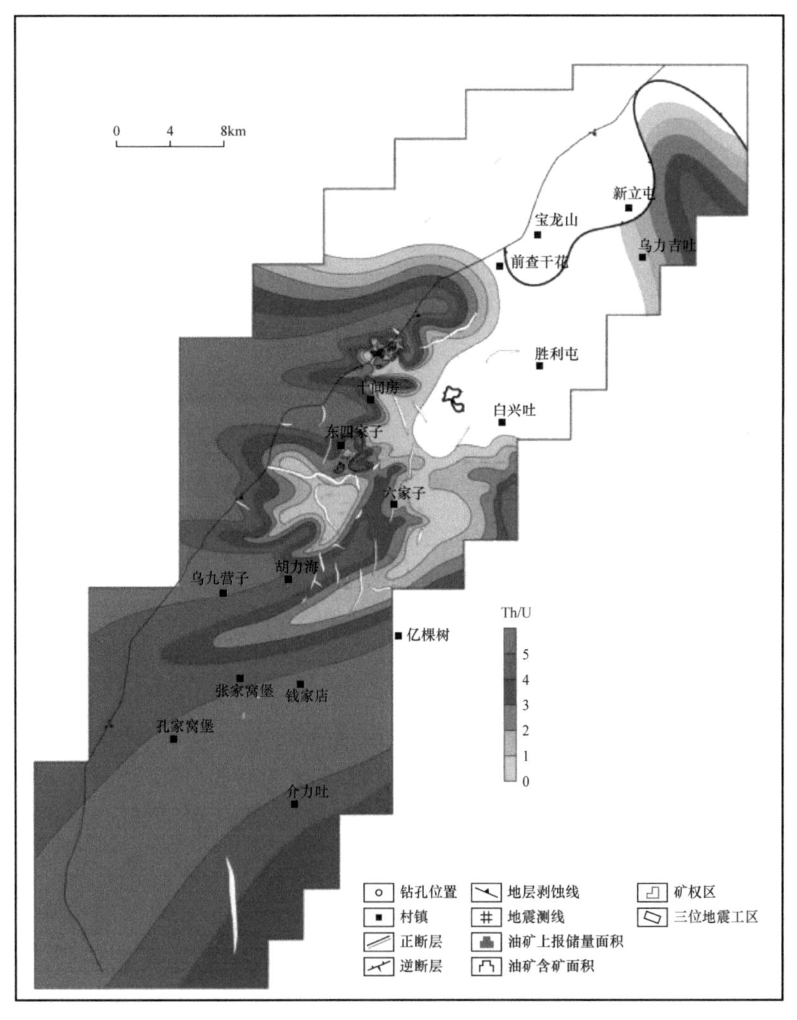

图 3-28　钱家店地区 SQ—K_2y—LST Th/U 图

2. 矿区构造精细解释

与油气藏相比，砂岩型铀矿埋深要浅得多。因此，以油气勘探为目的的地震处理成

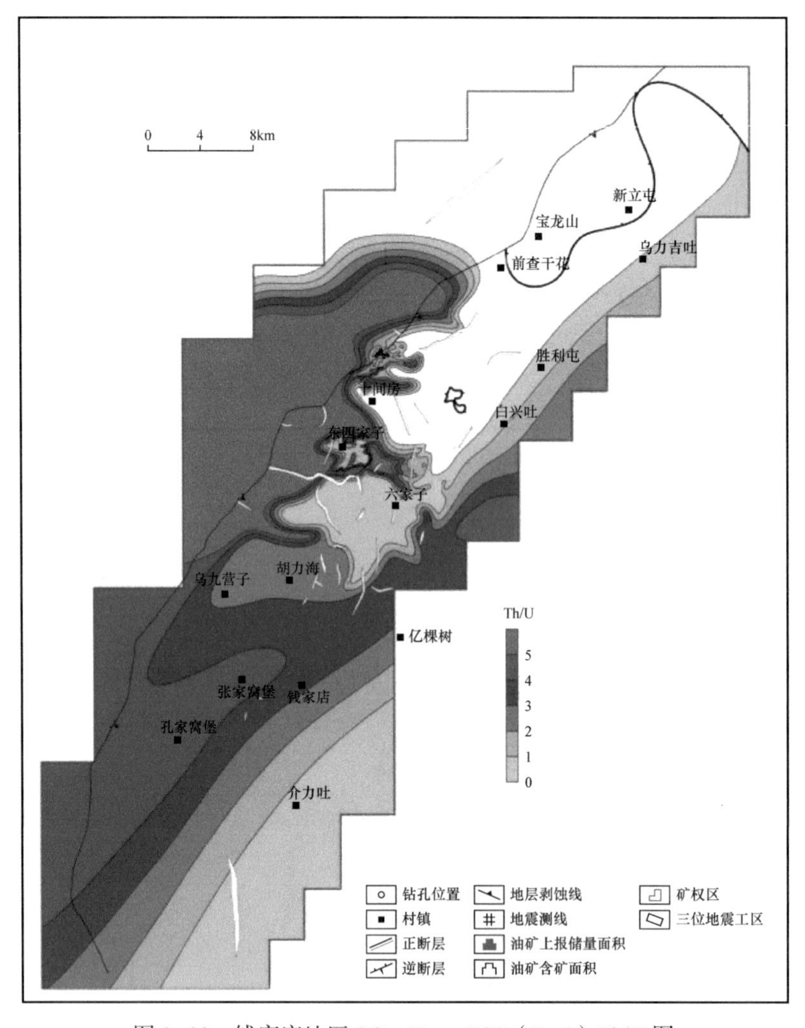

图 3-29 钱家店地区 SQ—K_2y—EST（Pss1）Th/U 图

果用于砂岩型铀矿勘探，存在以下问题：浅层覆盖次数低、信噪比低、分辨率低，且切除往往不够精细，难以满足浅层砂岩型铀矿勘探需要。

在开展地震解释之前，针对目的层地震资料存在的静校正问题、近地表高频吸收衰减问题、采集方式的不规则、浅层地震资料分辨率不足等问题，采取精细模型法静校正、近地表吸收补偿方法、串联反褶积方法、叠前数据规则化方法、叠后拓频处理方法五项针对性处理方法。通过针对性浅层目标处理，浅层铀矿勘探目的层的信噪比和分辨率得到大幅提升，各目的层的波组特征更明显，层间信息更丰富，大大提高了追踪对比度，为后续的构造解释、铀储层反演和矿体预测打下坚实的基础（图 3-30、图 3-31）。

构造精细解释主要针对含矿目的层，首先开展合成地震记录标定与地震剖面追踪，实现地震地质统层，然后利用常规垂直剖面、相干切片、相干剖面进行断层解释，利用瞬时剖面结合常规剖面进行局部断层解释，通过水平切片准确确定断层的平面展布规律及断层之间的组合关系。

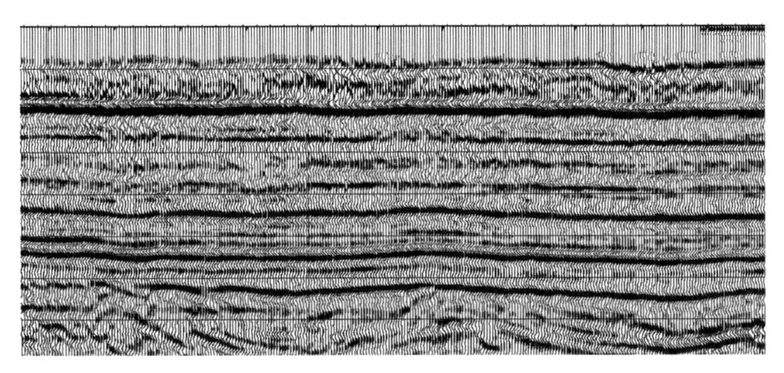

图 3-30　处理前地震剖面

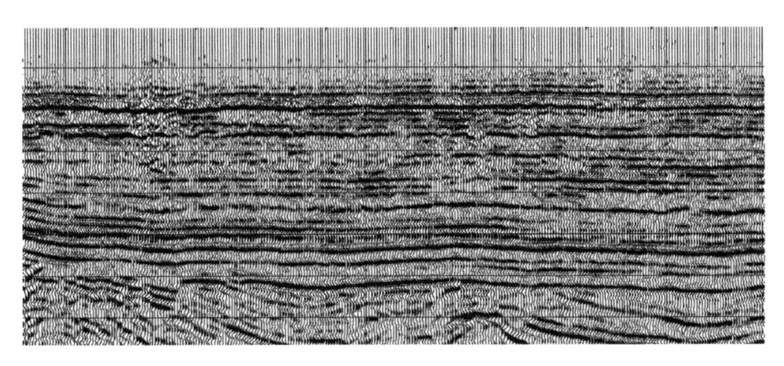

图 3-31　处理后地震剖面

1）精确层位标定和追踪

（1）层位标定。

在地震剖面上反射波能量强、波阻特征明显的是本地区最大的时代界面，将该界面作为本地区的基础标定界面，含矿层顶底界作为辅助标定界面。同时，在进行连井地层划分对比时，参考电测曲线，如自然电位、电阻率、自然伽马，特别是声波时差曲线，分析反射界面的极性。在实际工作中，对于各界面的标定，应具体问题具体分析。

实例：钱家店地区的层位标定。

采取合成记录标定的方法。首先对声波时差曲线进行标准化校正，以保持特征的一致性，而后抽提目的层段实际地震子波并做频谱分析，确定目的层主频。在进行合成地震记录制作时，频率和相位是影响标定效果的两大关键因素。

实际标定过程中，采用抽提目的层段子波或零相位标准雷克子波，制作的合成地震记录不仅与反射特征的对应关系好，而且层间的反射特征也具有较好的一致性。

为了准确刻画钱家店铀矿床微幅构造的变化趋势，并为后续一系列预测等工作打下基础，需要极其精确的标定结果，因此实际工作中，在子波主频确定的范围内，还要进行频率微调。

经过反复细致的工作，确定了个反射层良好的对应关系，而且储层间、储层与矿体间也具有较好的对应关系。合成地震记录的相关系数普遍可达到 0.7 以上。

（2）层位追踪。

层位解释前对研究区构造形态进行大致了解，从浅到深了解断层在平面和三维立体空间的走向、分布及发育情况。然后从过井线、联井线、任意线中选择基干剖面，基干剖面的选择要能从区域上控制层位和断层在全区的变化。最后在三维数据体内建立种子点，利用工作站的解释对比追踪手段，对层位进行外推内插的全三维解释，并以种子点及基干剖面为基础，进行全区层位追踪解释。

层位解释主要有两种方式即自动追踪与手动拾取。为了精细刻画微幅构造的形态，应尽可能地采取自动追踪的方式，在地震反射波能量较强、稳定连续，即信噪比较高的强反射界面。

实例：钱家店地区层位追踪。

在钱Ⅳ东—钱Ⅴ块大部分地区和钱Ⅳ块和钱Ⅲ块局部地区的上白垩统底界和姚家组底界反射层主要采用自动追踪。

在其他一些地区如钱Ⅳ块北部和中段勘探线以南的地区可通过应用比例切除、百分比覆盖等手段增强同相轴连续性实现自动追踪。

在断裂较发育，并且构造复杂且信噪比较低的地区，如钱Ⅱ块大部分地区，由于反射界面不连续且较弱，主要采取手动拾取方式，通过运用过井线、连井线、环线等多种显示手段，与三维可视化的快速浏览和三维立体显示功能配合使用，实现层位空间的解释闭合。

2）*断层解释*

断层解释是构造解释的关键，断层解释的精确性和合理性直接影响油气藏的规模。为此，解释时充分运用了过井线、连井线、环线、多线、变密度、断块移动相位对比等多种断层解释技术，并将三维可视化、相干时间切片、椅状显示、相干数据体和断层差分图等多种断层检测技术配合使用，精确地落实了微小断层的断距及延伸方向。工作中重点应用以下几种方法进行断层精细解释。

（1）地震相干数据体断层解释技术。

相干数据体和水平切片在识别和解释断层方面有其独特的优势，尤其是相干数据体的利用，能快速、准确地识别断层，了解断层的展布方向。在实际的断层解释的过程中，将相干数据体、时间切片与剖面解释三者有机结合，真正实现了断层的主测线、联络线三维空间解释闭合。实践证明，这是一种效率和精度均较高的解释方法。

（2）图分析断层解释技术。

地震反射层完成自动追踪后的结果，沿层计算倾角图、相干体的沿层切片、方位角、断棱检测和差分图等图分析技术明显突出了断层的展布规律，相互间的切割关系，断层的掉向，指导断层平面解释，避免了人为进行断层解释的多解性和错误。尤其是倾角图，其计算的是层位时间 t 在 x、y 两方向导数平方和的方根，表示层位时间倾角的变化率，可以十分准确地检测正断层的水平断距。

（3）采用纵向放大、变密度和三瞬剖面解释小断层。

采用纵向放大、变密度和三瞬显示剖面解释小断层，使小断层的断点更加清晰、准确。以上断层解释技术的应用，提高了识别小断层、小断块的能力。

3）构造演化分段恢复

应用地质演化剖面可以有效实现对构造演化特征的恢复，在石油勘探过程中常应用平衡剖面的方法开展构造演化的恢复，这主要是考虑到正断层水平断距所造成的偏差。而对于钱家店铀矿床来说，铀矿化主要发育在晚白垩世，该时期伸展构造活动减弱，断层倾角大、断距小，无须考虑恢复前后盆地面积的差异问题。因此，在钱家店矿区并没有采用平衡剖面法，而是针对性地对该方法进行了简化，在保证研究成果可靠性的同时，提高了工作效率。在研究中，通过分析典型构造特征，选取典型地震测线，制作了近垂直于矿区主构造线的构造演化剖面。主要分为以下几个步骤。

（1）地震测线选取。

通过选取典型的地震测线开展平衡剖面恢复，以更好地实现研究区构造演化特征的恢复。

（2）地质剖面的构建。

剖面构建遵循符合面积守恒原则，不考虑沉积过程中的压实作用和其他变形机制的共同作用等因素。

（3）构造演化剖面制作。

在地震资料解释的基础上，将时间域转换为深度域，通过分段逐层回剥的方法获得所需界面的古构造形态。

在此基础上研究构造事件的发生、发展及演化，可以更加准确的确定构造运动与成矿期次的匹配关系。

4）古地貌恢复

通过构造演化的恢复可以明确构造运动与成矿期次的匹配关系，但是要弄清不同时期构造对成矿运移及富集的控制作用，还要对各成矿阶段的古地貌进行恢复。石油勘探中常用印模法进行古地貌恢复，该方法也被称为厚度法主要是通过井震结合、三维建模等技术，获取地层厚度在三维空间的分布，对地层厚度作镜像处理，从而获取层面的古深度。该方法的工作流程为：统计井点地层厚度。在厚度已知的井点控制下，编制工区地层等厚图，或与地震资料相结合，利用盆地模拟技术建立地层厚度分布的三维数据体。将地层等厚图作镜像处理，用地层的厚度作为该层沉积前界面的深度，从而将地层等厚图变化为古构造图。

钱家店铀矿进行应用时进行了优化改进：首先，钱家店北部地区在晚白垩世末期构造抬升明显，但南部地区构造发育平缓，整个地区存在明显的差异抬升剥蚀作用，需要进行针对性的剥蚀矫正。其次受地层倾斜的影响，真厚度为 500m 的地层，倾角 30°时的视厚度为 577m，这 77m 的误差对于受微幅构造控制的铀矿床来说是不可忽略的。因此在针对钱家店铀矿床进行古地貌恢复时，应用了趋势恢复法在遭受剥蚀的地区进行了剥蚀量恢复，在地层倾角较大的地区应用余弦矫正技术恢复了地层真厚度，使所呈的古地貌图更加近似的反应古构造形态。在此基础上研究构造事件的发生、发展及演化，可以更加准确地确定构造运动与成矿期次的匹配关系。

5）地区构造形态刻画

根据地层深度绘制不同比例尺的构造图，并结合地震资料，精细刻画地区构造形态。通过叠合矿化分布情况，可基本总结出构造对于成矿作用的影响。

实例：钱家店矿区姚家组底界构造。

钱家店凹陷总体呈北东—南西向带状展布，地质构造在垂向上具有典型的“下断上坳”的双层结构特征，为双断不对称凹陷。其中东部的边界断层由于地层的抬升和剥蚀，表现得不完整。而西部的边界断层发育完整，北东走向，东南倾向，该断层由西南向东北延伸约 30km，在紧邻断层的西侧，形成多个隆起和沟槽相间发育的凹凸构造形态，在隆起周围发育的沟槽往往是铀矿富集的有利区带（图 3-32）。

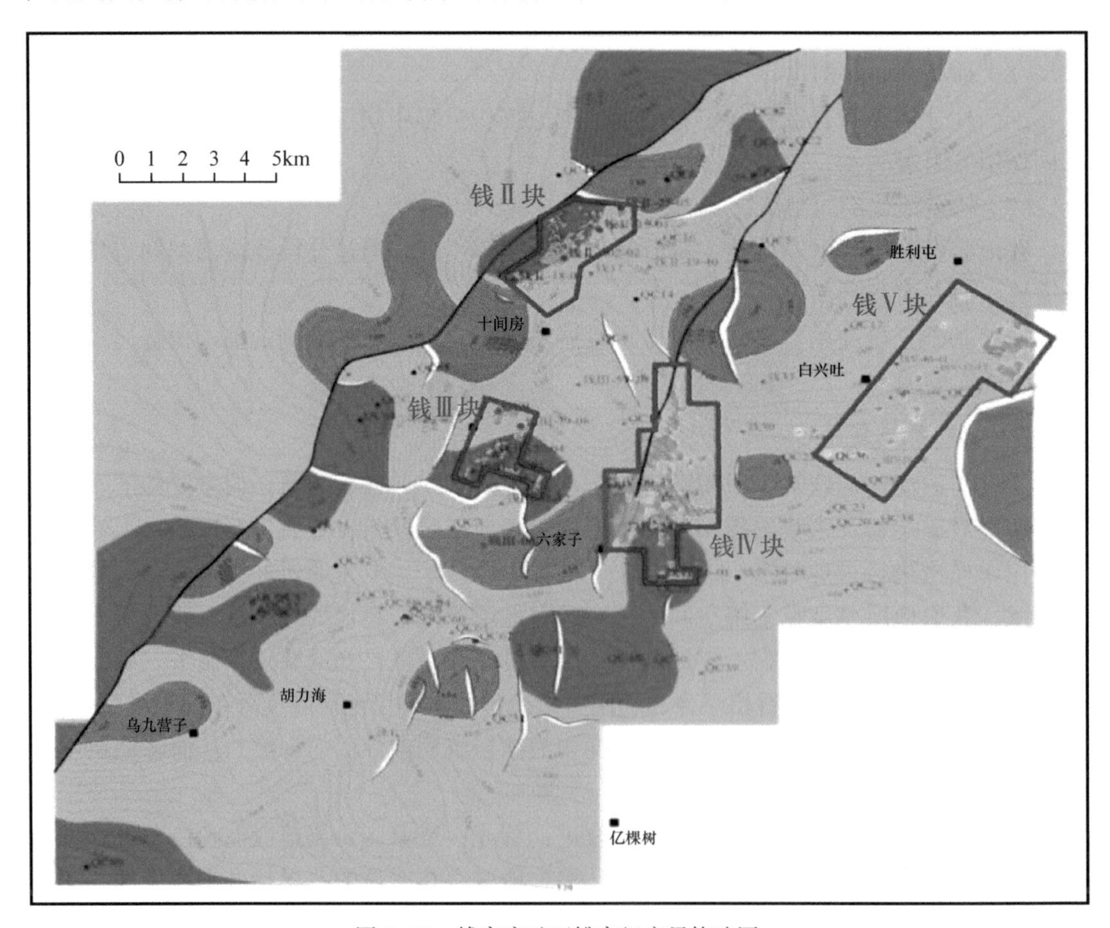

图 3-32　钱家店矿区姚家组底界构造图

地质构造作用是控制铀成矿作用诸多因素中极其重要的因素，通过矿床构造精细刻画，可落实构造形态，有利于获得成矿规律的重新认识。通过钱家店铀矿床某区域精细

构造显示（图 3-33、图 3-34），铀矿化往往发育在局部坡度较缓的构造凹槽内，构造高点及坡度较陡的斜坡铀矿化往往不发育。

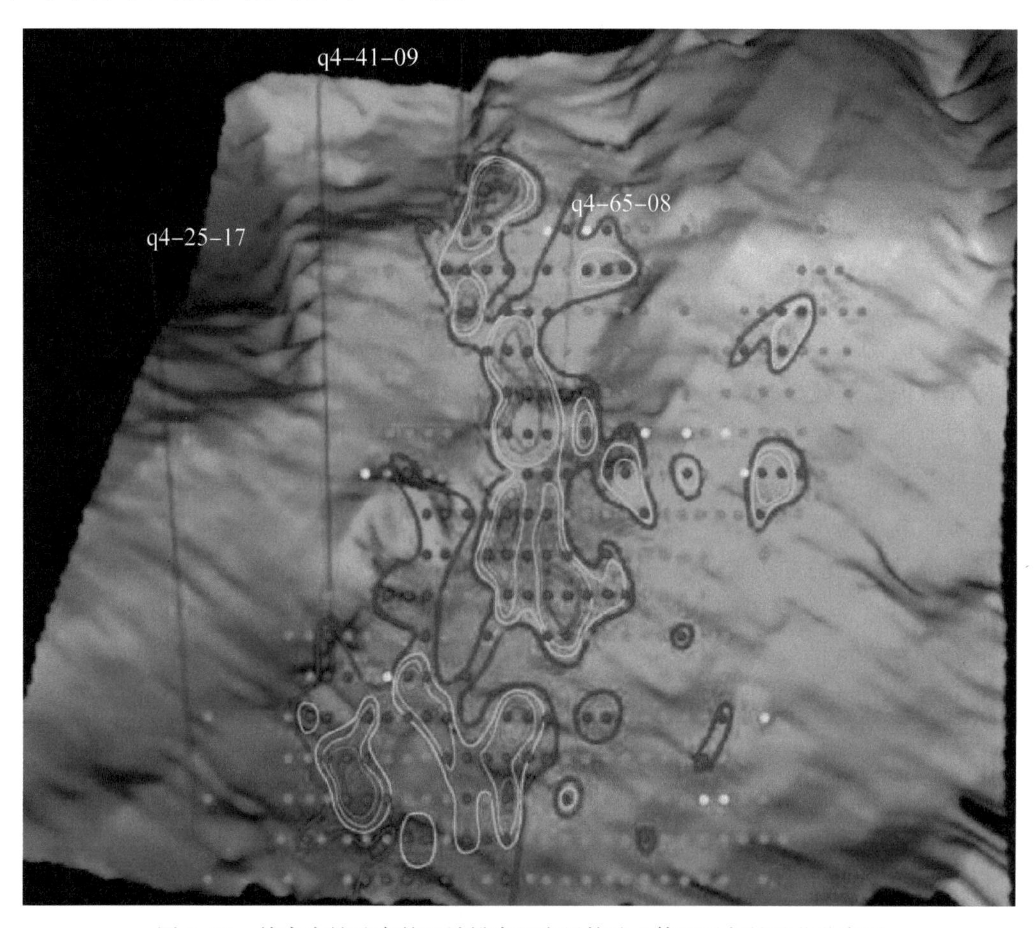

图 3-33 钱家店铀矿床某区域姚家组底界构造立体显示与铀矿化分布图

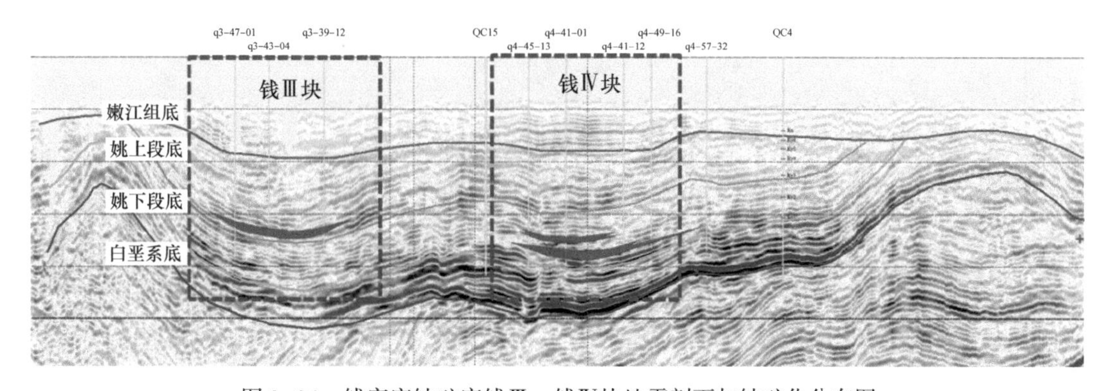

图 3-34 钱家店铀矿床钱Ⅲ—钱Ⅳ块地震剖面与铀矿化分布图

3. 优势铀储层反演预测

砂岩储层的类型，发育规模及储层特征决定砂岩型铀矿床的迁移、聚集和分布规律。

储层的识别及预测也是砂岩型铀矿地震勘探的核心目标之一。目前，在所有含铀矿砂岩预测技术中，基于测井模型的叠后波阻抗地震反演技术可以将井点储层信息有效结合地震数据进行横向外延，达到横向预测的目的，同时具备较高的纵向分辨率，能够满足铀矿储层预测的需要。

1）曲线重构

（1）敏感曲线测试。

为了正确地重构声波曲线，在反演基础工作之前，要做储层参数敏感性分析，以制定适合钱家店地区的反演方案。

对密度、自然伽马及电阻率曲线对砂泥岩的分辨能力进行测试，结果显示砂岩与泥岩的密度和自然伽马存在很大的重叠区域，不能有效的区分砂泥岩，而电阻率曲线在识别储层方面具有很好的效果，砂岩的波阻抗明显大于泥岩，波阻抗 5000～5100（g/cm^3）·（m/s）以上可以判断为砂岩，以下为泥岩。因此可以采取电阻率曲线和声波曲线相结合，重构储层特征参数曲线。

（2）曲线重构及反演。

采用统计拟合的方法实现重构，通过电阻率曲线与声波曲线进行交会（图 3-35），建立起相对应的关系，利用拟合关系式对电阻率进行转换，得到初始的拟声波曲线模型，但是此时的拟声波曲线具有声波的量纲，电阻率的特征，但不具有声波的特点，需对原始声波曲线与拟声波曲线进行基于小波变换重构，取声波的低频，拟声波曲线的高频，

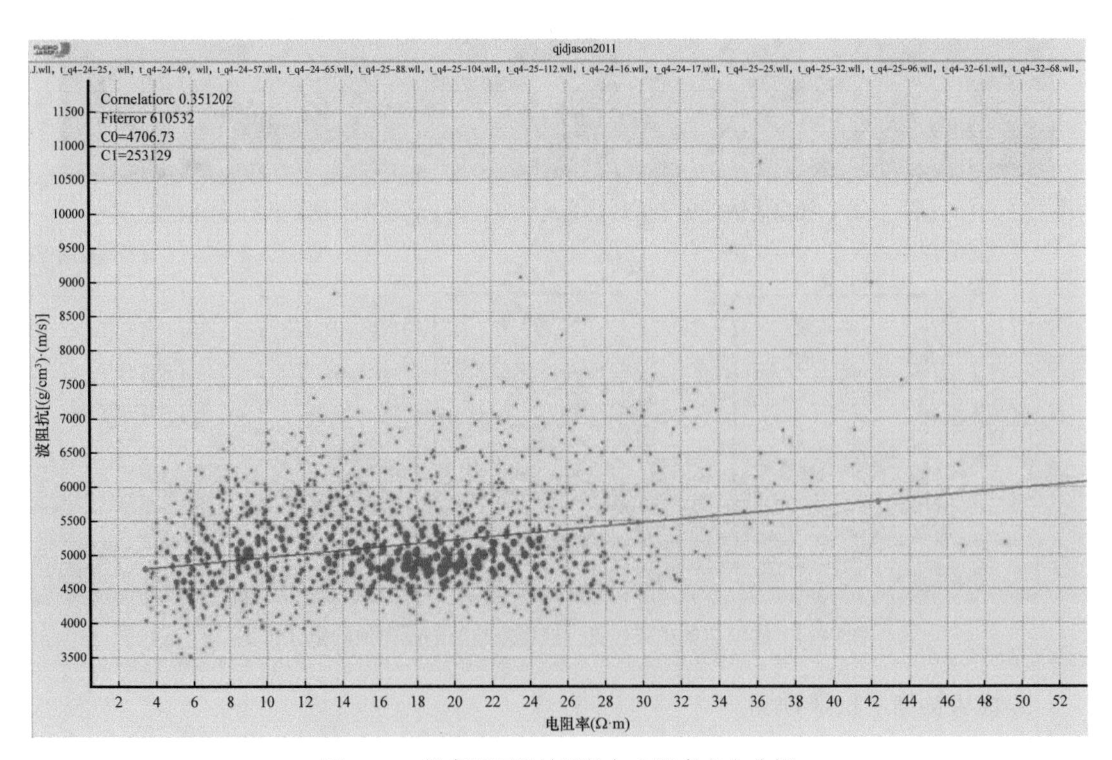

图 3-35　姚家组下段波阻抗与电阻率交会分析

重构储层特征曲线。此时的重构声波曲线既具有电阻率分辨砂、泥岩能力强的特点，又具有声波的低频背景特征，能够用来进行井震标定及地震反演。

在对井曲线的检查与处理，地震解释成果的引入，地震数据质量评价的基础上，可以通过理论子波进行层位初步标定，然后通过井震交互迭代子波提取，完成层位精细标定，在此基础上根据地质认识建立初始地质模型，为约束反演做准备，然后通过二维试验线反演，确定适合本区地震资料情况，地质任务要求的反演参数，并通过设定验证井，验证反演的可信度，然后用试验确定的反演参数进行全区全三维反演，最后按照储层地球物理特征对反演体做出合理的解释，达到岩性解释的目的。其中最重要的几个环节是：层位精细标定、地质模型建立、反演参数确定。

此方法吸取了波阻抗和电阻率二者优点，弥补了常规反演波阻抗的不足，不但具有很好的低频背景趋势，在识别本地区砂泥岩方面也有了明显的改善。因此，利用储层特征曲线重构技术进行储层预测，拓宽了反演的应用范围，丰富了反演方法，减少了反演的多解性，提高了储层预测的精度。

实例：某矿区及周边地区储层反演。

根据波阻抗反演结果，从砂体的剖面分布特征看，每个旋回都发育多套砂体，砂体横向上具有较好的连续性，每套砂体之间有较稳定的薄层泥岩分隔，辨状河砂包泥的特征明显，符合该地区的沉积特征（图 3-36）。

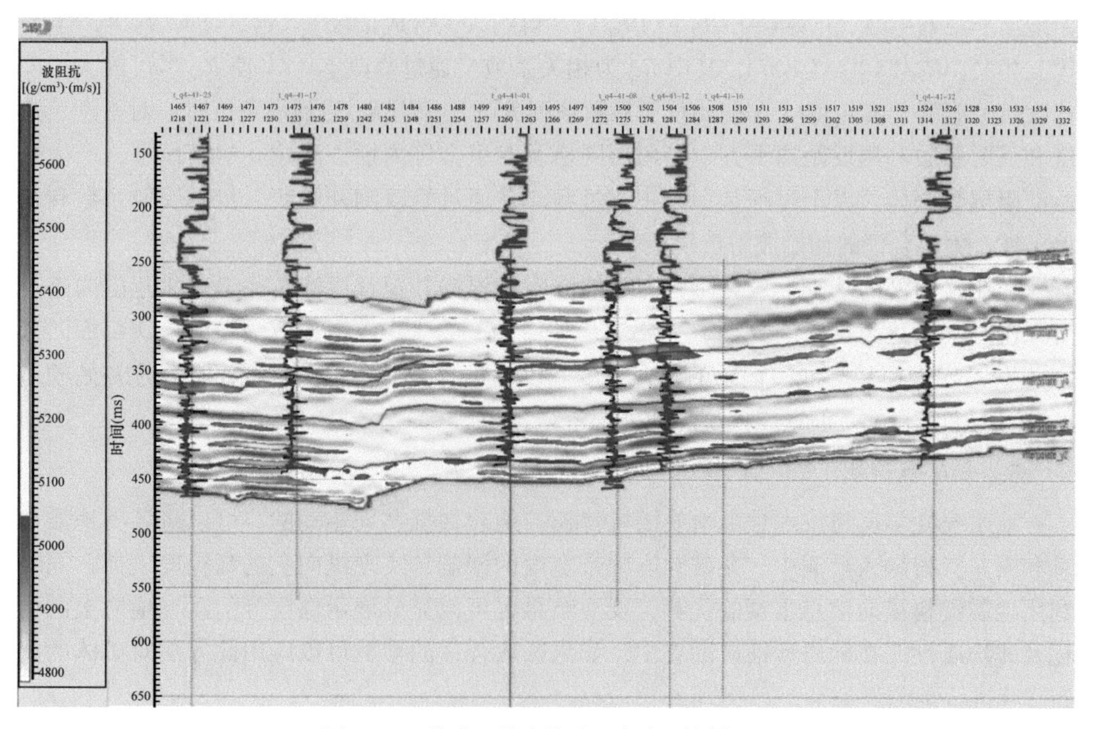

图 3-36　某矿区稀疏脉冲反演波阻抗剖面图

2）孔隙度预测

在浅层地震资料处理、浅层地震资料精细解释的基础上，统计研究成矿带内储层非均质特征，利用孔隙度反演，对具有适合成矿孔隙度的储层进行预测，从而精准预测铀矿富集区。

（1）成矿带非均质性研究。

对一个研究区进行孔隙度反演之前，需要对该区块目的层的孔隙度进行统计，并总结出储层孔隙度与铀矿化品位之间的线性关系，进而作为孔隙度反演结果的评价依据。

应用分析化验手段对岩心资料进行孔隙度分析，通过统计结果获得铀矿的富集带储层的孔隙度范围。岩心资料相对有限的情况下，可充分利用有限的岩心资料分析孔隙度，与测井曲线进行对比，建立测井曲线与岩心数据的相关关系，从而计算出铀矿富集带储层的孔隙度范围。

（2）孔隙度反演。

以地震叠后数据为基础利用褶积模型得出波阻抗数据的反演方法，在此基础上通过建立孔隙度与波阻抗的相关关系即可对研究区储层的孔隙度分布情况进行定量描述，从而进行储层的孔隙度预测。

该反演方法以褶积模型为基础，根据测井资料生成初始反射系数系列 $R_1(t)$，叠后地震数据得到反射地震记录 $x(t)$，利用单井多道子波提取或者统计子波提取等方法获得初始地震子波 $b_1(t)$，由 $y_1(t)=b_1(t)R_1(t)$ 得到人工合成记录 $y_1(t)$，对 $x(t)$ 与 $y_1(t)$ 做互相关，$R_{xy}(s)=(1/m)$，其中 R_{xy} 为相关系数。通过修改 $y_1(t)$ 使 R_{xy} 尽可能大，即修改初始地震子波 $b_1(t)$ 和初始反射系数系列 $R_1(t)$。当 R_{xy} 达到满意值时，对密度、速度和反射系数利用反距离平方、三角形网格及克里金等内插方法建立初始模型，产生初始波阻抗数据体。以上过程是一个正演过程，它通过修改测井曲线、初始反射系数和初始子波，生成合理的初始波阻抗模型。

在初始模型的基础上，对所有内插的波阻抗根据共轭梯度法在一定变化范围内进行有限次修改，达到目标函数 $e_1(t)=x(t)-y_1(t)$ 的极小点，生成最终的反演剖面。其中 $e_1(t)$ 代表模型与地震记录的吻合程度。以上过程是一个反演过程，它修改初始模型的波阻抗，其目的是使最终模型与地震记录吻合。

3）含矿性检测

地质统计学反演技术是由地质随机建模与地震数据共同驱动的，可以将各类地质信息和测井资料融入反演中，突破地震频带宽度的限制，实现纵向上的高精度表征，同时利用地震资料横向信息丰富的优势，反演结果也可以充分展示储层等信息在横向上的变化及非均质性。在砂岩型铀矿勘查中，如果选取合适的参数可以应用此方法对矿体的展布规律进行预测。

（1）反演参数选取。

地质统计学反演受地质模型的约束和控制，而地质模型主要是由地质统计数据以变

差函数的形式来约束，因此合理的变差函数求取方式就显得尤为重要。砂岩型铀矿矿体厚度薄，空间上变化快，要获得符合矿体空间展布特征的预测结果，更需要在反演过程中结合地质认识，合理设定纵向变程和横向变程等变差函数特征值。

（2）变差函数及其求取方法。

在对铀矿体进行预测时，变差函数反映的是矿体在三维空间的变化特征，表征了矿体的空间各向异性。就地质角度而言，纵向变程反映矿体垂向厚度，其取值大小决定反演纵向分辨率。横向变程反映矿体在横向上的发育规模，其不同方向取值大小反映储层空间上的各向异性：长轴方向代表矿体的长度，短轴方向代表矿体的宽度。

① 纵向变程的求取。

变差函数是三维的，需要对纵向变程和横向变程分别进行求取。在利用井上的样本点进行变差函数分析时，一般需要样本点大于50个，而井曲线在纵向上的样本点个数一般都能满足需求，因此在求取纵向变程时，可以直接应用井上样本点的变差函数分析结果。

② 横向变程的求取。

在掌握工区成矿模式及矿体展布规律的前提下，与地质概念相结合，以此来确定符合矿体特征的横向变差范围。通过对矿体规模形态及含矿性的统计分析，指导横向变程的求取（图3–37）。

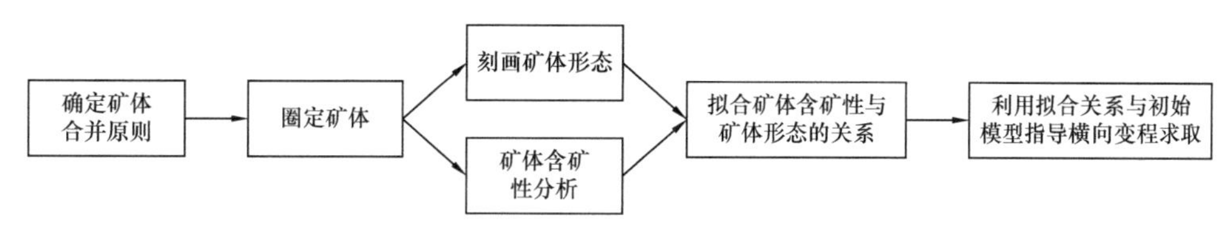

图3–37 横向变程求取流程图

通过建立矿体规模与矿体最高平方米铀量之间的拟合关系，在已知单矿点平方米铀量的情况下求取研究区各矿体的规模。并据此与初始自然伽马模型进行比对，根据比对结果，反复矫正横向变程，通过多次的迭代修改，获得的自然伽马模型最接近矿体实际展布规律，最终将此模型作为约束和控制反演的地质模型。

五、勘查空位部署原则

在上述研究成果的基础上，研究团队总结形成了钱家店地区砂岩型铀矿勘查的钻孔部署原则，研究区铀成矿的核心控矿因素主要包括层间氧化带、构造、铀储层等方面，铀矿化主要发育在层间氧化过渡带，过渡带中构造凹槽和缓坡往往是铀成矿的有利部位，储层砂体非均质性突变的部位往往是铀矿化富集的有利部位。因此，以上述认识为指导，将钱家店地区砂岩型铀矿勘查钻孔部署原则简要总结为“氧化还原定靶区、缓坡凹槽定条带、优势砂体定层段、综合研究定目标”（图3–38），指导钱家店地区砂岩型铀矿勘查取得良好找矿效果，勘探见矿率由70%提升至90%，工业见矿率由25%提升至40%。

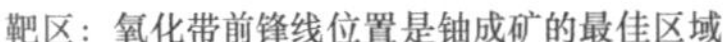

靶区：氧化带前锋线位置是铀成矿的最佳区域

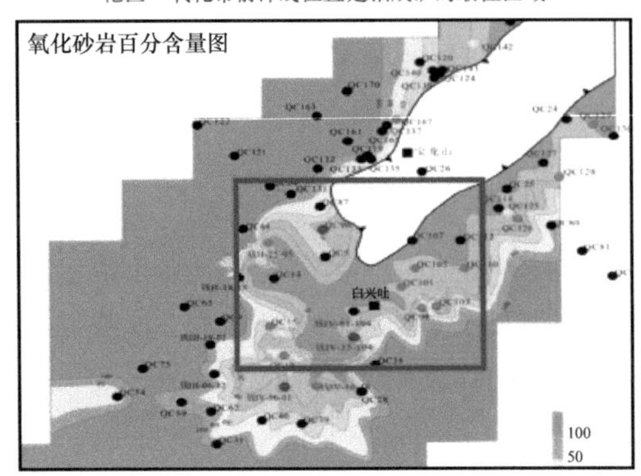

条带：构造缓坡、凹槽是铀矿富集的有利位置

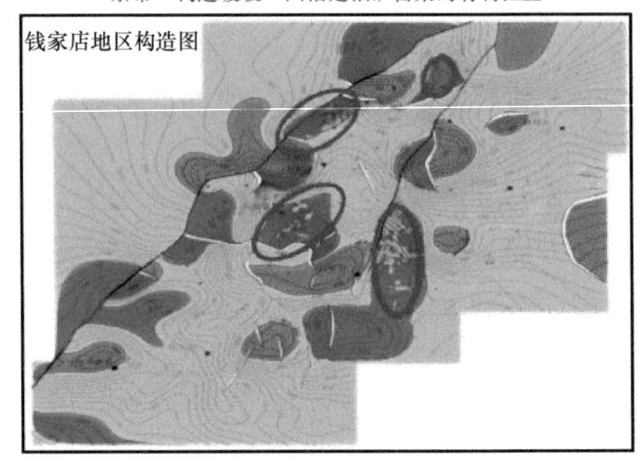

砂体：优势储层(孔隙度：18%~30%，渗透率：200~2100mD)发育区有利于铀矿赋存

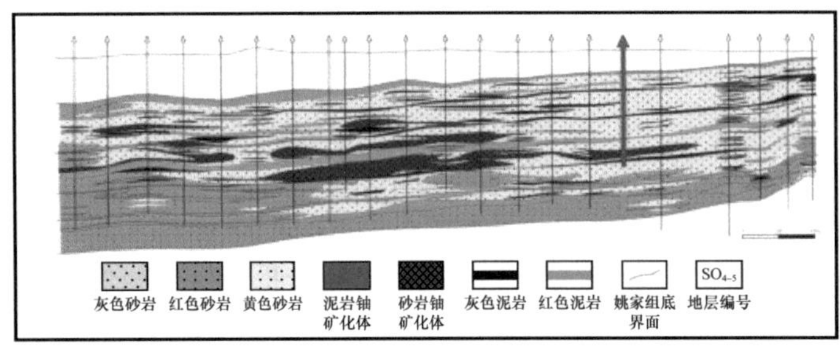

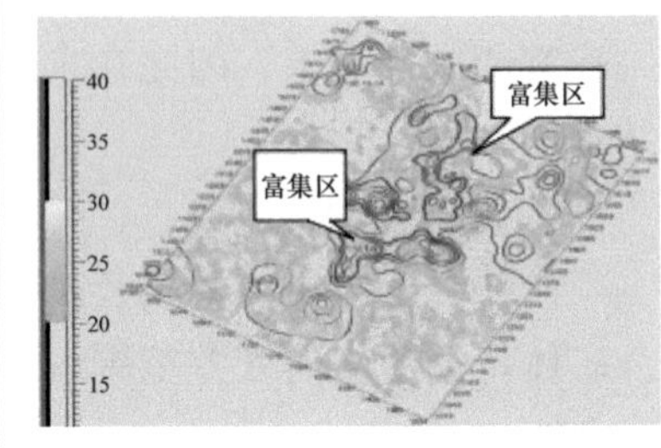

图 3-38　钱家店地区砂岩型铀矿钻孔部署原则示意图

第二节　钻孔部署设计

含油气盆地开展铀矿勘查部署工作分为两个阶段，第一阶段为钻孔查证阶段，主要是通过油气钻孔放射性测井异常筛查评价，开展原地查证，通过钻孔测井与取心分析，定量评价铀成矿条件和潜力。第二阶段主要是围绕矿化富集区开展普查、详查，开展钻孔部署设计。

一、部署原则

1. 钻孔查证阶段部署原则

在放射性异常集中发育的地区，优选砂岩放射性异常厚度大、强度高的钻孔部署铀矿查证钻孔，需要指出的是此阶段应当在全面收集地质、物化探、遥感、水文地质、区域矿产等资料，综合分析研究区域地层、沉积、铀源及地质背景的基础上，优选地层“泥—砂—泥”结构稳定、砂体厚度较大的地层单元针对性部署铀矿查证孔。

钻孔查证阶段部署钻孔的主要目的是通过取心观察、取样分析和伽马定量测井，定量评价铀成矿潜力，初步查明伴生元素富集情况。

2. 普查阶段部署原则

矿化富集区普查阶段，依据《地浸砂岩型铀矿地质勘查规范》（EJ/T 1157—2010），应沿勘探线按一定网度部署稀疏钻孔，对重要地段可适当加密，大致查明普查区地质特征和铀成矿条件。通过钻孔岩电特征和地震反射特征分析，建立普查区等时地层格架，大致查明目的层岩性、岩相古地理特征、岩石组分、砂体规模及空间展布特征，大致确定氧化带划分依据，大致查明层间氧化带（潜水氧化带）发育程度、埋深、分布范围及各亚带发育特征，基本查明层间氧化带对铀成矿的控制规律。需要指出的是，勘查线部署方向需要尽量垂直层间氧化带前锋线走向。

该阶段除了利用测井、岩矿心物探编录、取样确定铀矿化空间位置、厚度及品位，需要通过样品分析开展铀镭平衡系数计算，大致查明铀镭平衡系数，同时需要部署专门的物探参数孔开展镭氡平衡系数计算，大致查明镭氡放射性平衡状态，物探参数孔的数量根据矿床规模一般部署2～5个钻孔，物探参数孔应针对砂岩矿化厚度较大的矿层单元部署，钻孔部署以主矿层为主，同时兼顾其他矿层。同时需要适当部署专门的水文地质孔，大致查明水文地质参数。该阶段部署的水文地质剖面线数应占普查区钻探剖面线数的1/5，每条剖面线施工1～3组水文地质孔，水文孔的部署应考虑其在矿化区平面分布的相对均匀性。

3. 详查阶段部署原则

详查阶段需要按照勘查类型系统部署钻探工程（表3-6）进行系统取样分析测试，基本查明铀成矿地质条件。详查阶段的地质工作需要系统刻画铀矿化的空间展布，查明矿体的规模、产状，矿石类型、物质成分、铀矿物种类以及铀成矿时代。物化探工作需要布设专门的物探参数孔实测镭氡放射性平衡系数，物探参数孔应累计部署5～6个，确定钍、钾元素干扰程度、矿石有效原子序数，不同矿石湿度、密度分布特征，为铀矿层（体）定量解释提供参数。详查阶段水文工作需要部署系统的水文钻孔井组，基本查明矿床水文地质条件、水文地球化学特征和地浸水文地质参数，该阶段部署的水文地质剖面线数应占普查区钻探剖面线数的1/4，每条剖面线施工1～3组水文地质孔，水文孔的部署应考虑其在矿化区平面分布的相对均匀性，以便更好评价矿区不同地段的水文地质条件，为针对性开展地浸开采提供依据。该阶段同时需要系统分析铀矿化共、伴生元素的含量，存在形式、赋存空间和与铀矿化的关系，分析其在地浸开采工艺中综合利用的可能性及经济价值，研究综合利用指标（表3-7），做出基本评价。

目前中国仅对第Ⅱ勘探类型（库捷尔太式矿床）进行了勘探，以线距200m×孔距100m探求“控制的资源量/储量”；以线距200m×孔距50～25m探求“探明的资源量/储量”。

表 3-6　钻探工程间距表

单位：m

勘查类型	推断的		控制的		探明的	
	走向	倾向	走向	倾向	走向	倾向
Ⅰ	800～1600	200～400	400～800	100～200	200～400	25～50～100
Ⅱ	400～800	100～200	200	50～100	100～200	25～50～100
Ⅲ	200～400	50～100	200	25～50	—	—

表 3-7　铀矿床伴生组分综合利用表

伴生元素	品位（%）	伴生元素	品位（%）
金	0.05～0.1（g/t）	铟	0.0005～0.001
银	5～0.2（g/t）	镓	0.001
钼	0.01～0.02	铼	0.00002～0.001
钒（V_2O_5）	0.08	铊	0.003
磷（P_2O_5）	8	镉	0.002
钽（Ta_2O_5）	0.01	钪	$n\times10^{-4}$
铌（Nb_2O_5）	0.01	锗、硒、碲	0.001

二、勘查类型划分

普查、详查阶段的钻孔勘查工程网度需要根据矿体勘查类型确定，矿体的勘查类型划分应遵循以主矿体为主的原则。

矿床由一定数量的含矿含水层和矿体组成，勘查类型划分应以主含矿含水层和主矿体（占矿床资源量、储量半数以上的矿层、矿体）为主要依据。若遇特大型矿体或地段内矿体规模差异较大时，可根据勘查的难易程度分区块确定勘查类型。划分勘查类型时应从实际出发考虑矿体的规模、形态、有用组分分布均匀程度，矿体厚度变化以及倾向和走向上的连续性，同时应考虑经济合理的原则。

按照上述原则，地浸砂岩型铀矿勘查类型划分为以下三类。

（1）第Ⅰ勘查类型：含矿含水层及矿体规模巨大，一般矿体（带）长度 5km 以上，宽度 500m 以上，面积大于 2.5km^2，矿体形态呈层（板）状、卷状，厚度变化稳定，矿化连续性好。

（2）第Ⅱ勘查类型：矿体规模大，一般矿体长度 2～5km，宽度 200～500m，面积 0.6～2.5km^2，矿体形态呈层（板）状、卷状，厚度变化较稳定，矿化连续性较好。

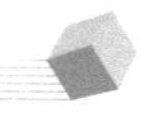

（3）第Ⅲ勘查类型：矿体规模中小型，一般长度不大于2km，宽度小于200m，面积不足0.6km^2，矿体形态呈似层状、透镜状、复杂卷状，厚度变化不稳定，矿化连续性差。

需要指出的是，根据矿层（体）的具体部位，在勘查中可以适当调整钻孔工程网度，一般在勘探线方向的卷头、囊状部位，可以适当加密钻孔，在矿体翼部可以适当放稀。矿层（体）走向方向局部发生较大弯曲的部位可适当加密，并可适当调整勘探线方向，主要目的是根据矿体不同的特征，部署不同的钻孔网度，以达到利用一定的钻探工程较好控制矿体。在部署钻探工程剖面线时，应根据氧化带展布和前期勘查的矿化特征，将剖面线垂直推测的矿化带走向布置，在勘查过程中应注重氧化带前锋线整体走向变化，合理构置勘探网。

三、钻孔设计

1. 地质设计

1）设计要求

钻孔地质设计应围绕钻孔预计实现的地质目的进行工作内容设计，主要包括找矿目的层、预计含矿层段、完钻层位等地质信息，应对钻遇的地层单元岩石特征进行简要描述，对岩矿心取心收获率做出明确要求，对钻孔完钻原则做出明确说明，同时对完钻后的测井工作做出具体要求。由于“油铀兼探”工作区往往具有油气显示，需要对研究区断层及油气运移条件进行预测。

钻孔地质设计应以单个钻孔为设计单元，在实际勘查中在同一个矿化富集区的钻孔勘查目的任务基本一致，基本地质情况基本一致，为了加快审批程序，建议将同一个富集区块内的钻孔地质设计合并，以区块钻孔地质设计的形式进行设计编写。

2）设计书编写内容

见附录。

2. 工程设计

1）设计要求

钻孔工程设计是按照钻孔地质设计提供的钻探目的和要求、地层压力参数、岩性特征、地层剖面、临孔情况、故障提示等资料编制合理的孔身结构、钻具组合、钻孔液和钻进参数，提出孔身质量要求、钻进技术要求、取心要求及健康、安全、环保要求的技术性文件。一般分为勘查孔分为单孔工程设计和区块工程设计。

单孔工程设计是指针对钻探程度较低区域的钻孔单独编制的设计。区块工程设计是指针对在同一构造单元且地质条件相同（近）的区域内的钻探程度相对较高的多个钻孔整体编制的设计见。

2）设计书编写内容

见附录。

四、水文孔设计

1. 布设原则

（1）水文地质勘查工程的布置应遵循总体性、系统性、针对性的原则，遵循由面到点、循序渐进的原则，遵循阶段性、代表性和经济合理性的原则。

（2）水文地质勘查工程的布置应结合勘查区的实际情况，针对主要水文地质问题布置水文地质勘查工程，将整个勘查区的地下水、地表水和大气降水作为系统进行研究。应重视水文地质测绘和水文地质编录等基础工作，充分利用地质、物探等资料进行综合分析研究，因地制宜地布置水文地质工程，查明矿床的地浸水文地质条件（表 3-8）。

表 3-8　地浸砂岩型铀矿水文地质勘查基本工作量表

<table>
<tr><th colspan="2">工作阶段 / 工作量 / 工作项目</th><th>普查</th><th>详查</th><th>勘探</th></tr>
<tr><td colspan="2">水文地质测绘（比例尺）</td><td>1 ∶ 25000～1 ∶ 10000</td><td>1 ∶ 10000～1 ∶ 5000</td><td>1 ∶ 5000</td></tr>
<tr><td colspan="2">水文地质剖面（条）</td><td colspan="3">不少于地质剖面数的 30%</td></tr>
<tr><td colspan="2">钻孔水文地质编录</td><td colspan="2">水文地质剖面上的所有钻孔</td><td>可适当减少</td></tr>
<tr><td colspan="2">地浸水文地质孔（个 / 剖面）</td><td>≥1</td><td>1～2</td><td>≥3</td></tr>
<tr><td colspan="2">水文物探测井</td><td colspan="3">水文地质剖面所有钻孔和抽水试验孔和水文地质孔</td></tr>
<tr><td colspan="2">抽水试验</td><td>单孔、多孔</td><td>多孔</td><td>多孔及群孔</td></tr>
<tr><td rowspan="4">采集水样</td><td>水化学成分</td><td colspan="2">部分抽水试验孔及所有水文地质孔分层采取</td><td>部分抽水试验孔及水文地质分层采取</td></tr>
<tr><td>放射性元素</td><td colspan="2">根据需要在钻孔中定深和分层采取</td><td>控制性采取</td></tr>
<tr><td>水文地球化学环境</td><td colspan="2">水文地质孔全部取样</td><td></td></tr>
<tr><td>环境水文地质评价</td><td colspan="3">根据需要在地表和钻孔中采样</td></tr>
<tr><td rowspan="3">采集岩样</td><td>岩石比电位（ΔEh）</td><td colspan="2">所有水文地质剖面上的钻孔均采样</td><td></td></tr>
<tr><td>室内地浸水文地质参数测定①</td><td>占所有钻孔数的 10%～20%</td><td colspan="2">占所有钻孔数的 20%～30%</td></tr>
<tr><td>工程地质</td><td colspan="3">根据需要采样</td></tr>
<tr><td colspan="2">钻孔抽、注液试验</td><td></td><td>单孔 1～2 个</td><td>多孔 1～3 组</td></tr>
<tr><td colspan="2">动态观测（孔、点）</td><td>1～2</td><td colspan="2">3～8</td></tr>
</table>

① 包括渗透系数、孔隙度、粒度、浸出率、碳酸盐含量等参数值。

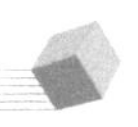

（3）水文地质勘查工程的布置应根据不同勘查阶段的要求循序渐进、由面到点展开。从普查、详查到勘探阶段，水文地质勘查工程的布置应分别以研究主要含矿含水层的水文地质特征和水文地球化学特征、主要勘查区段的水文地质特征、主要矿带的地浸水文地质参数为重点，并视矿床的水文地质条件复杂程度做到详略有别。

（4）水文地质钻孔的布置应尽量构成剖面，应控制氧化—还原的各个水文地球化学分带，且满足地浸开采条件评价对水文地质参数的要求。对于存在多个含矿含水层的矿床，应分别对不同含矿含水层进行评价。普查阶段以单孔抽水试验为主，详查和勘探阶段以多孔抽水试验为主。钻孔抽注液试验，应布置在所选择的地浸首采地段或野外地浸试验地段。

2. 设计方案

按照地浸砂岩型铀矿水文地质勘查规范要求，水文地质孔应布置在水文地质剖面上。抽水试验观测孔德布置应已主孔为中心，沿含矿含水层走向、倾向组成“十”字形、“丁”字形、“L”形剖面。观测孔的间距和数量，应满足控制抽水时地下水补给和计算公式要求。需要时，可布置一定数量的观测孔进行分层观测，以取得各含水层之间的水力联系及越流情况等资料。

按照可地浸砂岩型铀矿勘查规范要求，在勘查过程中，需要分阶段实施矿床水文地质条件试验研究工作，为该矿床开采技术条件评价及工业化生产设计提供技术依据。

3. 工程部署及水文钻孔设计

1）试验段选择及工程布设

依据地浸砂岩型铀矿水文地质勘查规范要求，结合勘查阶段划分以及铀矿床不同块段铀的富集程度，地下水位埋深、含矿含水层及隔水顶底板等因素，在勘查范围内设计水文地质剖面水文地质试验段。

具体内容有：设计试验井组位置，井孔设置方案，目标任务，施工顺序等。

实例：SW-1 水文地质试验段。

位于 XX 勘探线 ZK1 孔西 100m 处，由东向西设计 SW—1A、SW—1B、SW—1C 三个水文地质孔，相邻两孔之间的距离为 15m，SW—1A 北部 15m 处设计 SW—1D 孔（附部署图）。

上述水文孔中，SW—1A、SW—1B、SW—1C 的目的层为姚下段含矿含水层，要求取得相应的水文地质参数。SW—1D 的目的层为姚上段，了解其水文地质参数。该试验段施工顺序为先施工 SW—1A 孔，后施工 SW—1B、SW—1C、SW—1D。

2）水文地质钻孔的设计

水文地质钻孔结构设计时，既考虑要满足本项目水文地质试验的需要，又要考虑到今后进行地浸试验和地浸采矿生产的可能性，使钻孔得到综合利用。因此，钻孔结构以地浸采矿工艺钻孔的要求进行设计。结合铀矿床的地质、水文地质条件等具体情况，设计抽（注）水孔、观测孔，并详细介绍施工所用材料参数。各试段钻孔的孔径、孔深、管径设计可见表 3-9，水文试验孔设计见图 3-39。

表 3-9　水文地质钻孔设计数据表

<table>
<tr><th>试验段编号</th><th>钻孔编号</th><th>孔径（mm）</th><th>设计孔深（m）</th><th>含矿含水层顶板埋深 / 厚度（m）</th><th>含矿含水层底板埋深 / 厚度（m）</th><th>含矿含水层埋深 / 厚度（m）</th></tr>
<tr><td rowspan="4">SW—1</td><td>SW—1A</td><td>311</td><td>440</td><td rowspan="3">310～316
6.0</td><td rowspan="3">438～443
5.0</td><td rowspan="3">316～438
122.0</td></tr>
<tr><td>SW—1B</td><td>215</td><td>410</td></tr>
<tr><td>SW—1C</td><td>311</td><td>410</td></tr>
<tr><td>SW—1D</td><td>311</td><td>310</td><td>226～232
6.0</td><td>310～316
6.0</td><td>232～310
78.0</td></tr>
</table>

五、物探参数孔设计

1. 布设原则

按《地浸砂岩型铀矿镭氡平衡系数测量规程》的要求，参数孔布设应遵循如下原则：

（1）物探参数孔应根据矿体形态、品位、厚度及矿石的渗透性，在矿体不同地段和不同部位布设物探参数孔，参数孔应分布均匀、代表性强。

（2）普查阶段物探参数孔的数量应不少于相应规模矿床所要求数量的一半，详查阶段物探参数孔的数量应不少于相应规模矿床所要求数量的五分之四。

2. 数量要求

小型矿床物探参数孔数量应不少于六个，大、中型矿床应不少于十个。当矿体连续性差、品位变化较大时，应适当增加物探参数孔的数量。

3. 物探参数孔设计主要内容和设计

1）主要内容

基础数据：井号、井别、位置、设计井深、目的层、完钻原则、邻井钻探成果。设计依据及钻探目的。地层结构、地层岩性情况简述及预计铀矿层位置。资料要求：地质、水文、物探编录要求，钻井取心要求，钻井液要求，完井测井项目及要求，完井资料要求，钻井要求，连井剖面示意图。

2）设计

（1）结构设计。

物探参数孔施工前，应编制施工设计，设计的物探参数孔结构示意图（图 3-40）。一般情况下，套管直径为 110mm，钻孔上部直径 d_1=200mm、下部直径 d_2=140mm。

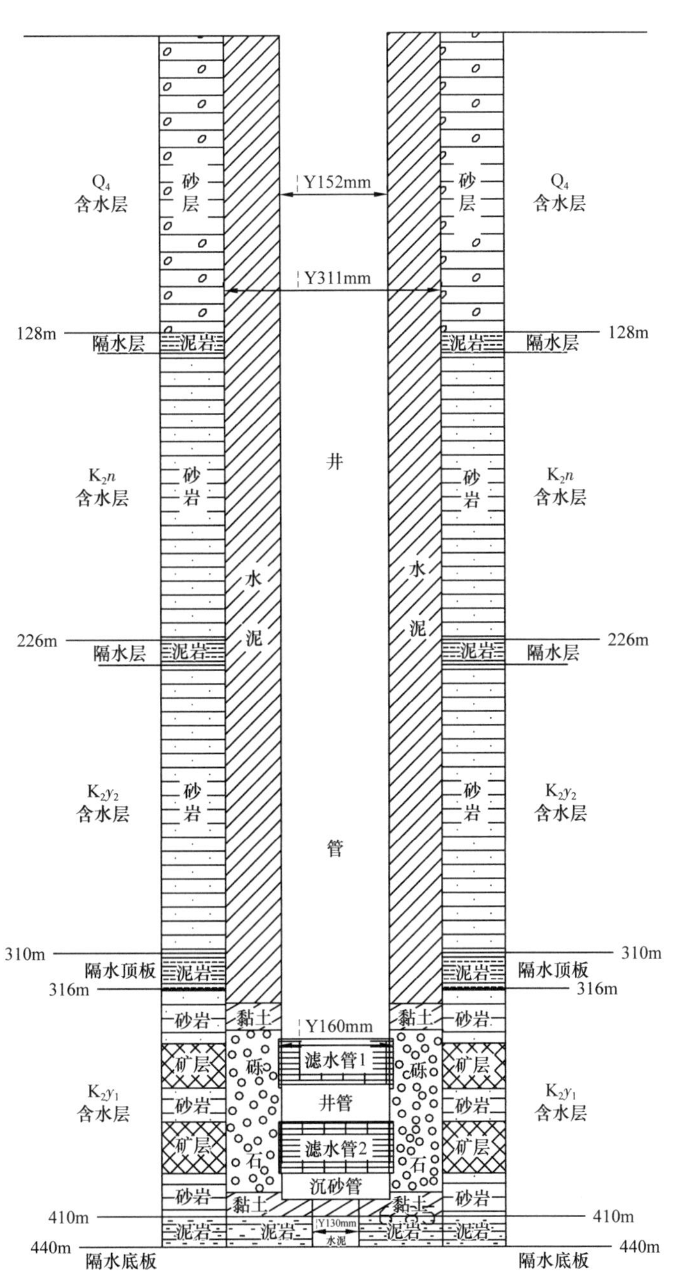

设计说明：
① 预计矿层位置367.0～375.0m、390.0～400.0m；
② 设计孔深：勘探孔440.0m；水文孔成井深度410.0m；
③ 井管位置：0～364.0m、377.0～388.0m；
④ 滤水管位置：365.0～377.0m；388.0～402.0m；
⑤ 沉砂管位置：402.0～406.0m；
⑥ 水泥封孔位置：0～358.0m；
⑦ 黏土位置(1)：358.0～360.0m；
⑧ 砾石位置：360.0～406.0m；
⑨ 黏土位置(2)：406.0～410.0m；
注：具体施工参数依据测井及编录结果现场确定。

图 3-39　SW—1A 水文孔结构设计示意图

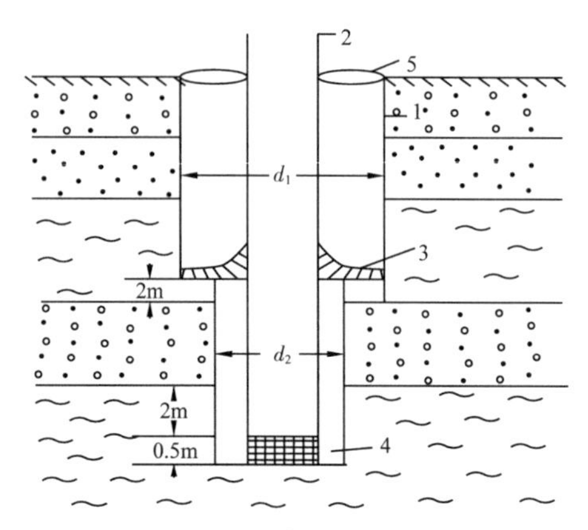

图 3-40　物探参数孔结构示意图

1—孔壁；2—封口套管（ϕ110mm 岩心管）；3—止水器（同水文钻孔相同）；4—底板填塞物（黄泥球）；5—井口外环；d_1—钻孔上部直径（ϕ200mm）；d_2—钻孔下部直径（ϕ140mm）

（2）层位设计。

根据物探参数孔布设原则及矿床的规模和特征，在矿床合理位置设计参数孔，具体设计数据参看表 3-10。

表 3-10　物探参数孔设计数据表

<table>
<tr><th>孔号</th><th>设计孔深（m）</th><th>孔径（mm）</th><th>套管外径（mm）</th><th>位置（m）</th><th>止水器位置（m）</th><th>含矿层顶板埋深 / 厚度（m）</th><th>含矿层底板埋深 / 厚度（m）</th><th>含矿层位置（m）</th><th>邻近孔矿段位置（m）</th></tr>
<tr><td rowspan="2">WT-1</td><td rowspan="2">306</td><td>ϕ200</td><td>ϕ110</td><td>0～238</td><td rowspan="2">238～241</td><td>238～243</td><td>303～306</td><td rowspan="2">250～270</td><td>252.25～258.55（ZK1 孔）</td></tr>
<tr><td>ϕ140</td><td>ϕ110</td><td>238～306</td><td>5.0</td><td>3.0</td><td>266.95～274.05（ZK2 孔）</td></tr>
</table>

说明：

（1）WT-1 孔主要研究对象为姚下段（K_2y_1）含矿层。表中有关数据依据邻近孔资料，为参考值，实际孔深、顶、底板及矿层位置等以钻孔揭露编录及综合测井、伽马测井数据为准；

（2）勘探孔施工不能揭穿目的层（姚家组下段）底板，揭示底板 1～2m 须终孔，便于下步物探参数孔成井施工；

（3）物探参数孔矿化段岩心采取率不小于 85%；

（4）物探参数孔的成建井以勘探孔结束后依据编录、测井资料提供的物探参数孔单孔设计为准。

第四章　方案实施

在项目方案和设计获得批复后，钻探施工进场前须对勘查项目进行环境影响评价（《建设项目环境保护分类管理名录》2021 年版第 170 条）。根据勘查工区范围确定环境评价范围，对评价范围内的环境质量现状进行详细调查和测量，获取辐射环境、空气、地表水、地下水、声环境、土壤、生态等环境影响因素的本底值。结合勘查项目特点和排污特征，确定建设项目污染因子，再结合区域环境特征，筛选各环境要素评价因子。分析和评价拟采取的污染防治措施及效果、非放污染物排放是否满足环境保护要求，估算周围公众的潜在受照剂量是否满足剂量约束值的要求。最终形成《环境影响评价报告表》上报国家生态环境部辐射源安全监管司进行审批。在获得批复后方可进行现场施工。

第一节　钻探管理

现场钻探施工涉及孔位设计、孔位测量、钻机钻具配备、安装、钻进、取心、编录、测井、封固孔及井场恢复等多个环节。高效的生产组织，是保证钻探质量的必要保证手段。辽河铀矿经过多年现场勘探实践，总结实施了一套相对完善的钻探现场施工管理流程。

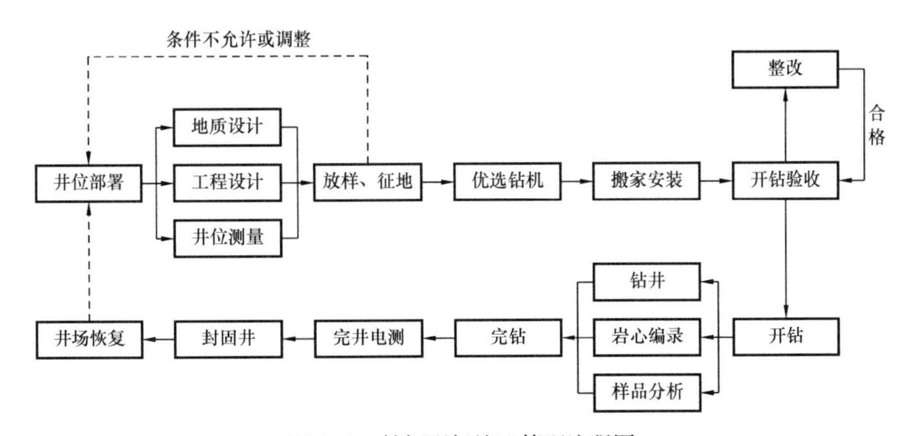

图 4-1　钻探现场施工管理流程图

一、施工前管理

1. 资质管理

资质审查主要审查经营资格、专业资质、技术能力、管理能力（管理体系）、业绩等，具体内容包括营业执照、施工项目相关资质、质量健康安全环保相关资质、项目相关人员信息（身份信息、健康信息和持证信息）、主要设备信息、体系认证证书、施工方案、应急预案和近三年业绩证明。

2. 开工管理

1）开工审查

审查人员、设备备案信息与实际相符情况。审查入场教育，应包括业务培训、安全培训、绿色勘查培训和文明施工培训情况。审查计量器具检定情况、生产材料准备情况。审查组织机构和规章制度等。

2）开工批复

开工审查通过后，签署开工报告书（见附录C）。未通过，应在限定时间内完成补充或整改，直至审查通过。

3. 井位测量

将设计孔位放设到地面上，并对钻孔施工位置进行勘测和定测。铀矿钻孔多为直孔，坐标采用国家统一坐标系和高程系。资源储量备案要求的坐标系统为2000国家大地坐标系。

1）勘测过程

为减少不必要的反复测量，专业测量人员、地质人员和钻探人员一同开展勘测，现场评估场地条件，调整孔位。

2）定测过程

由专业测量人员对钻孔施工或终孔位置进行测量。

4. 设计签发

签发地质设计及配套工程设计，并下发至施工方。

二、钻前管理

1. 场地规划

（1）场地四周距高压线及其他永久设施不小于40m，距民宅不小于100m，距铁路、高速公路不小于100m，距学校、医院和大型油库等人口密集、高危性场所不小于200m。

（2）进场道路应充分利用现有公路、村道及农耕道等，避免或减少铺垫道路、新建道路。

（3）规划最佳行车路线，对环境敏感目标（如珍稀动物栖息地、天然林等）采取避让措施，尽可能避开植被生长区。

（4）道路选址应避免堵塞和填充自然排水通道，尽量减小设备搬迁过程对自然环境

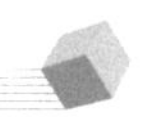

的破坏或影响。

（5）道路选择应尽可能实现"一路多孔"，减少道路损坏。

2. 场地平整

（1）应依据现场地形条件和工作需要，对钻探设备、附属设施、材料物资、临建设施等进行合理布置，优化功能分区，实行孔场标准化管理（图 4-2），场地规格为 25m×35m（遇特殊情况，以现场征地情况为准），进场路宽一般不大于 4.5m，拐弯处可适当加宽，路两侧均匀布插彩旗标志，同侧相邻彩旗间距不大于 10m。

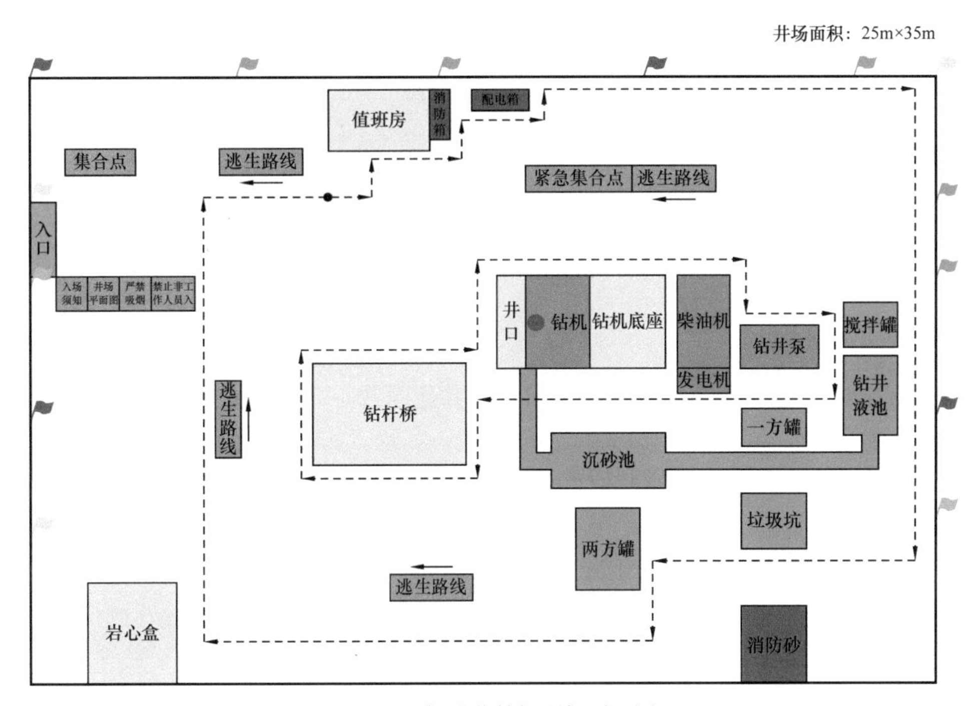

图 4-2　标准化钻探现场平面图

（2）场地四周采用警示带圈围，警示带高度 1.00～1.20m，并均匀布插彩旗（间距不大于 5m），入口处一侧插施工队编旗（印有施工孔队编号的彩旗，如 YKZXG005），另一侧插安全生产旗，作为施工安全区域，禁止外部人员进入警示区内。

（3）应尽可能避让植被，对无法避让的植被，进行人工表土剥离，剥离厚度一般不大于 30cm，剥离的表土应选择适宜的场地进行堆存，并采取围挡等措施防止流失，以用于被损毁土地的复绿（复垦）。

（4）场地平整应挖高填低，平整压实，截水、排水良好，切填边坡应做好工程拦挡，且预防崩塌、滑坡、泥石流等地质灾害的发生。

（5）施工场地外围设置排水沟，确保场地不积水和免遭洪水冲刷。机坪边坡应确保稳定，坡体上无松散土石。对不稳定边坡应进行支护处理，预防滑坡、崩塌、泥石流等地质灾害。

图 4-3　标准化钻探现场示例图

3. 现场临时驻地

（1）项目驻地优先就近租用当地民居或公共建筑物。各钻机值班室合理布设标准场地之内。

（2）附近无建筑物时需建立临时驻地，施工时随钻搭建，可以是帐篷、板房或寝车。临时驻地需布设在标准场地之外，应综合考虑安全、卫生、生态环境保护等因素，避开水源保护区、水库泄洪区、病险水库下游、强风口、高压走廊影响区域，选择在基础稳定，周边截水、排水良好，无地质灾害及山洪灾害隐患，对环境影响较小的区域进行建设，尽量采用对环境破坏较小的设施。

（3）应控制驻地占地面积，合理规划布局项目驻地工作区和生活区。生活区应保障相关配套设施，保持安全、卫生、整洁。临建设施宜基桩架空建设。

（4）生活区的生活垃圾应分类收集，定期送往就近垃圾处理地，按规定进行公共垃圾处理。远离公共垃圾处理地的餐厨垃圾和无毒无害可降解的垃圾就地掩埋。对有毒有害的垃圾应回收处置。自建厕所应远离水源或采取防渗措施隔离水源，防止水环境污染。

（5）野外驻地的地质实验测试应控制测试过程中试剂及化验分析废液、废气对环境造成的影响。

4. 设备设施安装

1）钻机安装

（1）钻塔底座水平，塔身垂直于底座。

（2）其他设备安装平、正、稳、全、牢、灵。

（3）油、气、水路畅通，不漏油、水、气及钻孔液。

（4）设备运转部位应设有保护罩同时保证转动灵活，不旷不卡。

（5）泥浆管线、油管线等各种阀门灵活可靠，安全保险。

（6）所有紧固件、连接件紧固牢靠，螺栓（钉）装弹簧圈或锁紧螺帽，外露螺纹部分要摸润滑脂，销子必须装保险装置。

（7）钻机、发电机皮带轮等各外露运动件装保护装置。

（8）底座无裂缝、开焊，无明显变形，底座与基础接触处无悬空。

（9）孔架各部拉筋、附件规格齐全、紧固。

（10）孔架高度低于18m，四道绷绳，直径大于16mm（5/8in）。孔架高度高于18m，四道主绷绳，直径大于18mm（3/4in），四道副绷绳，直径大于16mm（5/8in），两道绷绳不得固定在同一个地锚上，绷绳与孔架之间的夹角在45°左右，地锚长度要求1.5m以上，地锚外露不得超过20cm，上下端绳卡数3～5个，卡子间距应大于钢丝绳直径的6倍，最后一个卡子距离绳头大于140mm，卡子应将鞍座放在受力绳的一侧，U形卡环放在返回短绳的一侧，严禁正反排列，为了便于检查是否滑动，可在最后一个卡子后500mm处增加一个“安全弯”（图4–4）。

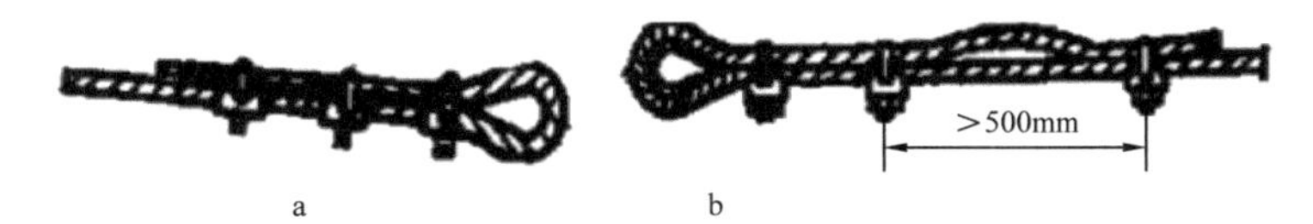

图4–4 钢丝绳安全弯示意图

（11）钻塔等各部梯子、扶手、栏杆齐全、平整、完好，栏杆之间间隙不超过200mm，超过应有保险链。

（12）平台板面齐全、平整、牢固，间隙不大于59mm。

（13）孔架四角水平高差不大于5mm。

（14）天车、孔口、转盘同轴度公差不大于ϕ20mm。

（15）孔架底座各连接销技术尺寸符合要求，穿齐保险销。

（16）柴油（发电）机要固定螺栓紧固在坚实、平整的基础上，其下方铺设防渗布或接油盘，加油时在下方铺设吸油毡，四周不准堆放易燃物，散热器前方3m内无阻碍物。

（17）绞车刹车装置灵活可靠，刹带摩擦块剩余厚度不得小于18mm。

（18）钢丝绳导向轮限位准确，正常排列钢丝绳。

2）钻孔液循环系统安装

（1）采用两个钻井液罐，1大1小，规格为：1.5m×2.2m×1.8m、1.5m×1.1m×1.8m。钻井液罐顶部设活动盖网，罐与罐、罐与坑壁间的空隙上用金属盖板覆盖。罐体至少采用普通碳素钢δ6钢板制作，强度应满足吊装、拉运和常压使用密度1.32g/cm³的钻孔泥浆要求。罐内应设有隔仓利于防砂。

（2）金属钻井液流道截面采用梯形结构，下底宽度不小于20cm，上底宽度不小于30cm，深度不小于30cm。

图 4-5　全面钻进施工图

图 4-6　钻机等设备安装图

（3）按照钻井液罐和金属流道的尺寸，根据场地规划，在钻机一侧开挖适当大小的钻井液坑及土沟，下入金属钻井液罐和金属流道，四周填土压实。

（4）流道上的沉沙槽底应低于流道底部 40cm 以上，长宽均应在 30cm 以上。铺设时应保持 2% 以上的坡度，利于钻井液循环。铺设中不得留缝隙，防止钻井液流出。

（5）岩心清洗装备在取心阶段安装，应设置在利于操作且安全的位置，其下方铺设防渗膜或防渗布。废水收集桶置于装置较低一侧，宜埋于地下。

3）电气设备安装

（1）全部电气设备满足防爆要求、接地电阻要求，并设置总配电箱进行控制。

图 4-7　钻井液罐及盖网图

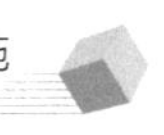

图 4-8 钻井液流道图 1

图 4-9 钻井液流道图 2

（2）电路应采用橡套电缆，场地照明线路宜采用 YZ $2\times1.5\text{mm}^2$ 电缆，孔架照明电路宜采用 YZ $2\times2.5\text{mm}^2$ 电缆，钻台和孔架二层平台以上应分路供电，分支照明电路宜采用 YZ $2\times1.5\text{mm}^2$ 电缆敷设，孔场用房照明主回路宜采用 YZ $4\times6+1\times2.5\text{mm}^2$ 电缆，进房分支电路宜采用 YZ $2\times2.5\text{mm}^2$ 电缆。

（3）电缆与孔架摩擦处应有防磨措施，电缆入室过墙处应设防水弯头，室内过墙应穿绝缘管。

（4）严禁将供电线路直接挂在设备、孔架、绷绳、罐等金属物体上，可采用架空高于 2m，或埋深超过 10cm，不得有接头外露。

（5）孔场使用灯具均为防爆灯，钻台要求 2～4 个，二层台要求 2 个，孔场 2 个，驻孔房 1 个，均需固定牢靠。

（6）机房、钻孔液循环罐上的照明灯具应高于工作面（罐顶）1.8m 以上。其他部位灯具安装应高于地面 2.5m 以上。

（7）照明支路的电流不宜超过 15A。

（8）各种电器须有可靠的保护措施。

4）钻具、工具等摆放

（1）钻具的规格、扣型、长度和数量应与设计要求相符。

（2）钻具管身无外伤。

（3）管身外径、弯曲度、加厚长度符合标准。

（4）钻具应置于管桥之上，每根钻具至少有两个支撑点，并按下孔顺序依次排列整齐，母接头朝钻台方向并在一条直线上，两端伸出不超过 1.5m。

（5）方钻杆、钻铤要单层排放，钻杆摆放不得超过 3 层。

（6）孔场排放好的钻具（包括其他管材）上面不得堆放重物及酸、碱等化学药品，并不得在上面进行电、气焊作业。

（7）孔口工具灵活好用、牢固、排放整齐有序。

5）安全环保设施安装

（1）施工队各项管理制度、岗位职责、操作规程、巡回检查路线、安全措施、风险点源识别等资料要齐全，规范。

图 4-10　钻具现场排放图

（2）消防器材配备齐全。要求消防锹 3～5 把，消防桶 1～2 个，灭火器 2 具以上（8kg 以上），消防镐 1 把，消防沙 1 堆，专人管理（挂责任牌），定期检查。

（3）孔场电路规范。漏电保护器、配电盘、开关等安全完好，要求统一布线，一是埋入地下不少于 10cm，二是架高 2m 以上。

（4）安全警示牌齐全、统一。孔场入口处要摆放“入场安全须知牌”，安全警示牌包括：注意安全、防火、防触电、防机械伤害、防高空坠物、防爆炸、注意系安全带、注意劳保穿戴等，固定在相应部位，要保持清洁。

（5）孔场四周安装围栏（警示绳带），工具、药品、材料妥善保管，整齐摆放。

（6）孔场设立垃圾回收点，分类回收垃圾。

（7）施工操作场地、材料物资存放场地等地面应铺设防渗材料，如厚度不小于 3mm 的土工布等。油料存放地、循环沟、浆液池、垃圾池等易发生渗漏污染的表面，应采用防渗土工布（一膜一布或两膜夹一布的土工布，厚度不小于 5mm）或高密度聚乙烯（HDPE）土工膜作防渗铺垫进行防渗处理，预防渗漏污染。在机台下方和设备检修区域，须铺设吸油毡。

（8）在植被覆盖区（草地、林地及耕地）钻探施工时，人行、运输通道、操作场地和油料存放库应架设木板或铁丝网等防滑、防压设施，有条件时架设钢网。钢网规格依据钻机型号、安装情况、场地面积等情况综合确定。油料存放应尽量避开地势低洼处，避免雨水冲走污染地表。

三、开钻管理

1. 开钻申请

在现场设备设施安装完毕后，由钻探队伍自行对标全面检查，达标后向管理部门申请开钻验收。

2. 验收准备

接到钻探队伍的申请后，各部门对此孔位的地表条件、孔位移动情况、设计情况和QHSE风险在前线每日工作例会上进行通报，较大安全环保风险和会议决议需记录在案。

3. 开钻验收

（1）现场验收由现场值班人员组织，参加人员包括前线值班人员、工程监督、地质监督、技术服务方负责人（如有）、钻探施工队负责人和现场编录人员。

（2）现场对人员资质、劳动防护、施工方案、操作规程、管理制度及记录、场地规划、设备设施安装、材料准备等内容进行检查。检查标准执行《量化考核表》（表4-1）。检查验收中量化打分不足80分的或者QHSE风险防范措施落实不到位的，不予签发《开钻验收单》（表4-2），并限期进行整改，整改后重新履行开钻程序。

表4-1　铀矿钻探施工量化考核表

受检单位：　　　　受检队伍：　　　　施工井号：　　　　（□开钻、□巡井）　　　　日期：

序号	项目	量化考核标准	基础分值	未达标项目√	考核得分
一	井场规格化（10）	1. 井场道路宽4.5m，做到路平无积水、无油污、无废弃物、无堆积物	2		
		2. 井场入口处要摆放“入场安全须知牌”、紧急集合点、井场示意图、队旗	2		
		3. 井场面积为25×35m，四周警示带圈围，高度1～1.2m，彩旗间距不大于5m	2		
		4. 井场不被侵占，平整无积水、油污、堆积物、易燃物	2		
		5. 钻井液流道只能1条，流道必须平、直，采用直角弯，宽40cm，深30cm两边有围堰，钻井液不外溢	2		
二	资料标准化（20）	1. 设备资质：钻机、钻塔、柴油发电机、钻井液泵等主要设备与准入相符	2		
		2. 人员资质：机长、安全员、班长等主要人员与准入相符	2		
		3. 地质设计、工程设计、施工方案要求签字审核齐全	2		
		4. 安全环保组织机构健全；安全生产管理制度齐全；岗位操作规程齐全	2		

续表

序号	项目	量化考核标准		基础分值	未达标项目√	考核得分
二	资料标准化（20）	5. 应急预案完善（防洪防汛、防火灾、防食物中毒、现场伤亡事故处置等）		2		
		6. 具有岗位危害识别（危险因素、防范措施）		2		
		7. HSE 记录、班报表齐全		2		
		8. 具有季节性安全教育材料及岗前培训		2		
		9. 钻前检查表内容齐全，主要人员是否签字监管		2		
		10. 设备检修记录是否完整、及时填写		2		
三	施工检查标准项（70）	（一）警示牌安装与摆放（10）	1. 钻台处固定安装“戴安全帽、穿防护用品、防高空坠落”警示牌	2		
			2. 井架梯子入口、高空作业处悬挂“必须系安全带”等安全警示牌	2		
			3. 配电箱、发电房、闸刀盒等悬挂“有电危险 / 小心触电”安全警示牌	2		
			4. 绞车、柴油机、发电机、泵等设备处固定“防止机械伤害”警示牌	2		
			5. 油料区、材料库房悬挂“严禁烟火”；消防器材放置“禁止乱动消防器材”警示牌	2		
		（二）钻井平台检查项（20）	1. 钻井平台板面齐全、平整、牢固，底座与基础接触无悬空；间隙不大于 59mm	2		
			2. 钻台：无油污、杂物、松动、积浆；不漏油、汽、水、电、液	2		
			3. 所有紧固件连接件紧固牢靠，井架底座各连接销技穿齐保险销	2		
			4. 钻机、发电机皮带轮等各外露运动件装保护装置	2		
			5. 井架高度低于 18m，四道绷绳，直径大于 16mm。井架高度高于 18m，四道主绷绳直径大于 18mm，四道副绷绳，直径大于 16mm，两道绷绳不得固定在同一个地锚上，绷绳与井架之间的夹角在 45° 左右，地锚长度要求 1.5m 以上，地锚外露不得超过 20cm，上下端绳卡数不少于 3 个，下端用正反扣螺丝固定	6		
			6. 钻塔等各部梯子、扶手、栏杆齐全、平整、完好，栏杆之间间隙小于 20cm	2		
			7. 井架四角水平高差不大于 5mm；天车、井口、转盘同轴度公差不大于 ϕ20mm	2		
			8. 柴油机要固定在坚实、平整的基础上；四周无易燃物，散热器前方 3m 内无阻碍物	2		

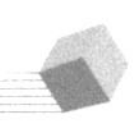

续表

序号	项目	量化考核标准		基础分值	未达标项目√	考核得分
三	施工检查标准项（70）	（三）钻具工具等（10）	1. 钻具规格、扣型、长度和数量应与设计要求相符；管身无外伤	2		
			2. 钻具丈量、编号、记录与地质记录一致	2		
			3. 每根钻具至少有两个支撑点，依次排列整齐，两端伸出不超过 1.5m	2		
			4. 井场钻具上方不得堆放重物及酸、碱等化学药品、不得进行电气焊作业	2		
			5. 井口工具灵活好用、牢固、排放整齐有序	2		
		（四）电气系统（15）	1. 井场电气配置符合规范，全部电机、电气满足防爆要求、接地电阻要求	3		
			2. 要求井场使用灯具均为防爆灯，照明亮度好，钻台要求 2～4 个，井架（钻塔上）要求不少于 4 个，泵房 1 个，井场 2 个，驻井房 1 个	3		
			3. 井场场地照明线路宜采用 YZ $2\times1.5mm^2$ 电缆；钻台和井架二层平台以上分路供电，电缆与井架摩擦处应有防磨措施	3		
			4. 专用接线箱或防爆接插件要有防水措施	3		
			5. 机房、泵房、钻井液循环罐上的照明灯具应高于工作面（罐顶）以上	3		
		（五）防火防爆重点检查项（15）	1. 消防器具的配备：井场干粉灭火器（8kg）2～4 具，营地干粉灭火器（8kg）2～4 具，要求消防锹 3～5 把，消防桶 1～2 个，消防镐 1 把，消防沙一堆（不少于 $1m^3$）挂责任牌	3		
			2. 氧气与乙炔管理：空瓶与实瓶两者应分开放置，并有明显标志，氧、乙炔气瓶应分室存放；气瓶的放置地点不得靠近热源，距明火 10m 以外	3		
			3. 煤气罐使用管理：防止一氧化碳中毒、爆炸，专人检查管理，专人记录	3		
			4. 垃圾环保的集中处理：可降解物品集中填满；不可降解垃圾完井后集中带离	3		
			5. 营地附近要建造简易厕所，不得造成扰民影响；易燃区域不得动用明火，吸烟	3		
备注：			优秀≥95 分，良好≥90 分；分数未达到 85 分为不及格，不予开钻	100		

甲方签字：　　　　　　　　　　工程监督签字：　　　　　　　　　　施工单位签字：

表 4-2　开钻验收单

通辽铀矿井开钻验收单

时间：　　　　　　年　　　月　　　日
验收内容： （1）设备资质符合情况；（2）施工人员资质符合情况；（3）设计到位情况；（4）施工材料准备情况；（5）施工现场条件；（6）钻具、工具准备情况；（7）钻机、柴油（发电）机等设备安装情况；（8）传动系统情况；（9）基本设施情况；（10）电气系统情况；（11）HSE 管理情况；（12）辅助工程施工准备情况等（各项具体内容详见《通辽铀矿钻井开钻验收要求》）。
验收结果：
施工单位：
监　　督：
甲方人员：

说明：一式三份，甲方、地质编录、施工单位各一份，施工单位作为结算依据。

四、钻进管理

1. 孔身质量要求

1）孔深校正

钻探施工队要采用复量钻具法校验孔深，每钻进 100m、取岩心前、事故处理完及完钻时要检查、校正孔深，填写《百米校深表》（表 4-3）。未按规定校验孔深，立即停工专项整顿三天。孔深误差控制在 0.5m 以内，超出误差范围进行可利用性评价，按评价结果进行处理。

2）孔斜控制

（1）为了预防孔斜，钻进过程中应及时测斜，孔深在 100m 内测斜一次，孔深大于 100m 后，每钻进 50m 测斜一次，发现孔斜超标，立即采取措施。

表 4-3　百米校深表

施工单位				井号				校正时间				校正次数			
方钻杆长度（m）				保接头长度（m）				补心高（m）				校正人员			
钻铤			钻杆												
序号	单根长度（m）	累计长度（m）	序号	单根长度（m）	累计长度（m）	序号	单根长度（m）	累计长度（m）	序号	单根长度（m）	累计长度（m）	序号	单根长度（m）	累计长度（m）	误差原因分析：
1			1			21			41			61			
2			2			22			42			62			
3			3			23			43			63			
4			4			24			44			64			
5			5			25			45			65			
6			6			26			46			66			
7			7			27			47			67			
8			8			28			48			68			
9			9			29			49			69			
10			10			30			50			70			
11			11			31			51			71			处理意见：
12			12			32			52			72			
13			13			33			53			73			
14			14			34			54			74			
15			15			35			55			75			
16			16			36			56			76			
17			17			37			57			77			
18			18			38			58			78			
19			19			39			59			79			
20			20			40			60			80			
接头长度（m）															
替根长度（m）															
钻铤合计总长（m）				钻杆合计总长（m）						取心筒长度（m）				钻具总长	
钻头长度（m）				接头总长度（m）						替根总长度（m）				丈量工具	
方入（m）				钻机高（m）											
校正前井深（m）				井深误差（m）				质量评述：							
校正后井深（m）															

（2）以完孔电测孔斜资料为依据，用最大孔斜和最大水平位移来考核质量。铀矿探孔，最大孔斜不大于 1°/100m，且最大水平位移不大于 1m/100m 为合格。最大孔斜在 1°/100m～3°/100m 之间，且最大水平位移在 1m/100m～3m/100m 之间为可利用孔。最大孔斜大于 3°/100m 或最大水平位移大于 3m/100m 为报废孔。

2. 取心要求

（1）岩心、矿心心径 60～80mm 为合格，对心径小于 60mm 的岩心，在计算取心收获率时，该岩（矿）心长度不计入。

（2）岩心收获率不小于 75%，实际矿段岩心收获率不小于 85%。

① 为了确保取心收获率，取心过程中要控制单筒进尺，为从源头上杜绝单回次大孔段进尺，综合历年施工实践，要求现场取心筒原则上不超过 6m，取心筒 + 钻头 + 接箍原则上不超过 7m。

② 回次取心进尺不超过 6m，设计矿段回次进尺不超过 3m，但允许各施工队可根据自身技术水平、地下地层岩性变化及设计矿段提示适当增减回次进尺。

③ 岩矿心收获率首次不达标时，施工队应分析查找原因并自行减少下一回次进尺，如本次收率达标，则下一回次恢复进尺，如未达标，必须停钻向随队编录汇报，分析原因向前线地质人员汇报确定下步工作方案。

④ 施工队汇报完毕后，按照前线指挥部下发方案进行施工。

⑤ 实际矿心收获率不达标时需根据具体情况进行评定，最终确定补救方案。

（3）岩心整理，取心出心时确保岩心顺序不乱，岩心清洗干净，在岩心盒内摆放整齐，妥善码放，由编录人员进行综合编录。为保证岩心的完整性，对于过分松散的岩心，不必进行冲洗，只需满足基本的编录需要即可。

图 4-11　清洗岩心图

3. 单孔工期要求

（1）钻孔工期与孔别、孔深、取心进尺等因素相关，各类井工期规定详见下表。

表 4-4　通辽铀矿各类钻孔工期一览表

序号	井深（m）	勘查孔工期（d）	水文孔、物探孔工期（d）	
			不取心	取心
1	＜300	10	15	18
2	300～400	13	19	22
3	400～500	17	24	27
4	500～600	22	29	33
5	600～650	28	33	40
6	650～700	32	40	48

注：此表工期未包含搬家安装及设备拆除 2 天时间

（2）在施工过程中，如遇到以下情况，及时进行协商，确定顺延工程期限。

① 由于不可抗拒因素被迫停工。

② 因甲方变更设计而不能连续施工。

③ 钻探过程中，井下出现复杂情况等。

4. 钻井液要求

（1）施工中采用普通水基钻井液，配方一般为 10.0%～15.0% 膨润土加 0.5%～1.0% 纯碱，钻井液密度控制在 1.2～1.5g/cm^3（0～110℃），黏度大于 30mPa · s。钻井液密度控制在 1.2～1.25g/cm^3，黏度 25～30mPa · s。条件允许的情况下，尽量采用环保的钠基膨润土。

（2）施工过程中每两个小时测量一次钻井液性能，并记录在班报表内。取心前、发生孔内复杂或者处理完事故后，应及时调整钻井液性能。每次孔内测量后均需测量钻井液性能并按照要求进行调整。

5. 施工中安全环保要求

1）施工单位应具备以下文件资料

安全环保教育培训制度、安全生产管理制度、质量安全生产例会制度、安全检查制度、安全环保风险、隐患排查制度、岗位责任制度、交接班制度、岗位巡回检查制度、劳动保护规章制度、设备使用和维护保养制度、事故事件管理制度、应急预案及演练制度、钻具管理规定、岗位风险识别（危险因素、防范措施）、危险点源分布示意图（若有）。

2）施工现场应有以下记录

安全教育培训记录、交接班记录、设备使用和维护保养记录、HSE 班组记录、小班报表、钻具记录、百米校深记录。

3）消防安全要遵循

（1）易爆物品要贴上标签，并由专人保管。

（2）氧气瓶、乙炔瓶须放置在阴凉通风处，严禁暴晒，并远离火源，使用时两瓶相距须大于 5m，距明火处大于 10m，乙炔瓶须直立使用，氧气瓶应有安全帽和防震圈。

（3）井场范围严禁吸烟，不准动用明火，确需动火，按有关规定执行。

（4）废料、垃圾要设点分类处理。

（5）消防设备齐全，并且专人管理。

4）HSE 记录

施工中按规定填写一线班组 HSE 记录本，每班至少记录一次，其他记录按照实际需要进行填写。妥善处理钻井液，确保井场清洁。重点关注安全、环保风险点，及时排除隐患。雷雨、五级以上大风、雾、雪天气禁止立塔、拆卸井架和高空作业，并要采取防雷电、防暴风雪措施。

6. 钻进过程中的监督检查

（1）重点监督钻进过程中的各关键节点，制止施工过程中的违章行为，检查各项质量安全环保措施的落实情况，各项制度执行情况，督查隐患治理情况。

（2）现场工程监督检查采用“五不”（即不定队伍、不定期、不定时、不定项、不通知）和“监督回头看”的检查方式，查找问题。

（3）地质监督及时做好随钻跟踪动态分析工作，结合周边已完成钻孔编录资料，认真检查钻孔各项录井原始资料、数据，发现问题，及时纠正修改，确保编录准确性。钻孔钻至设计矿段时，加强监督巡检力度，确保不丢矿漏矿。

（4）每半个月召开一次生产例会，协调各单位工作，施工队伍通报各项工作进度，监督单位通报检查问题，落实整改尚未解决问题，传达上级指示精神和具体工作要求，安排下一阶段工作。

五、终孔管理

1. 完钻

（1）钻孔预计已钻达目的层时，编录人员现场确认岩性特征，判定层位是否到达，如已到达目的层，令钻探施工队暂停钻进等待命令，并向前线地质工作人员进行汇报（内容包括但不限于目前孔深、岩性特征并配相应的图像）。经过地质人员综合判定下达完钻指令。

（2）钻探施工方得到完钻指令后，停止钻进，但需继续循环钻井液（确保循环 2 小时以上），同时逐步调整钻井液性能，以便进行孔内测量。

（3）按设计要求现场填发测井通知单（一式两份），首先进行伽马测井，之后进行综合测井。钻探施工方应记录测井队伍到达时间和完测时间，现场收集测井资料（现场测井回放曲线）及测井通知单。

2. 孔内测量

（1）孔内测量包括伽马测井、综合测井等，测井顺序：先进行伽马测井，再进行综合测井，测井队要按通知时间到达施工场地组织施工。

（2）严格执行测井技术规范，校验标定测井仪器，控制测井速度。确保测井资料质量。需要进行检查测井的，经批准同意后才能实施。

3. 编录验收

（1）地质监督完井编录预验收。

钻孔完成伽马测井及综合测井后，根据伽马定量测井解释结果、双侧向资料，对该孔日常巡检发现问题逐一核实整改，认真落实实际矿段编录质量及整孔取心质量，并向管理方提出最终验收申请。

（2）技术管理人员进行最终验收。

根据地质监督汇报预验收情况，确定最终验收时间。进行最终验收时，再次核实编录问题整改情况，认真对照双侧向曲线核对岩性渗透性，并填写“岩心验收单”（表 4-5）。编录验收完成后，结合钻孔矿化情况，与地质监督共同确定岩心缩减方案。

4. 封孔（固井）

（1）编录验收后，地质人员下达封孔（固井）指令。钻探施工方接到封孔（固井）指令后开始封孔（固井）作业。

（2）勘查孔采用裸眼完钻时，为了防止污染及含矿含水层串层，需要采用顶替法用水泥浆全孔封孔。水泥型号不低于普通 425 号，封井时水灰比（重量比）为 1∶2，水泥浆密度大于 1.65g/cm^3，连续注入。水泥用量计算公式：

$$G_{水泥}=V_{井筒}\times 1.32$$

（3）各种试验井过滤管（筛管）制作、PVC 套管安装、填砾、固井等技术要求执行施工设计。

（4）封孔采用顶替法，施工过程中应在顶替前打入一定量的前置液，用钻井液泵通过钻杆注入井底；配备水泥搅拌罐和足量水泥确保连续顶替；打完前置液后，连续向井底注入水泥浆，注浆管底部保持在水泥浆液面下 2m 以上，随灌随提。

（5）固井采用挤水泥法或反向注浆法，固定套管。

（6）封孔（固井）过程中工程监督旁站监理，确认水泥用量、质量、钻具下入深度、施工技术参数等，签字认证；留存影响资料，对施工过程进行评分。

表 4-5　岩心验收单

通辽铀矿______________孔岩心、编录质量验收单

验收日期		设计深度（m）		取心顶深（m）	
终孔日期		终孔深度（m）		水泥封固段（m）	
进尺（m）		累计心长（m）		采取率（%）	
最大井斜		方位角		最大水平位移（m）	
清洁状况		保管状况		摆放顺序	
取心回次		不达标回次		核减取心进尺（m）	
Ⅷ级以上岩性段位置（m）：			Ⅷ级以上段长度（m）：		
基本技术要求及说明： ① 钻具组合长度≤6.5m，单回次进尺≤6.0m；连续两回次岩心采取率≥75%；特殊要求段≥85%； ② 取心核减进尺 =（设计采取率 − 相邻两回次平均采取率）× 对应进尺，取心核减进尺视为无心进尺； ③ 矿心丢失超过 2.0m 或实际矿心采取率低于 75%，实施补取心，后续相关费用由施工方承担； ④ 岩心出筒顺序保持连续一致、整洁整齐；人为分心、掺心、并心一律不予验收； ⑤ 编录人员跟踪及时、提示到位，汇报准确，编录规范。					
矿段质量验收主要内容记录					
序号	矿段位置（m）	矿段长度（m）	心长（m）	采取率（%）	质量判定
1					
2					
3					
合计					
保留位置（m）：		保留回次：		保留长度（m）：	
编录质量验收内容记录					
钻具校准		跟踪汇报		泥饼现象	
回次界线		层位划分		深度校准	
完钻卡层		岩性定名		矿化层识别	
编录描述质量评述及验收意见：					
施工队伍：			钻孔负责人：	编录人：	
地质监督：			验收人：		

5. 封孔质量检查

随机选取已封钻孔进行封孔质量检查，重新钻取水泥心，按岩心管理要求进行装箱、编号、保存。质量检查孔数量占项目钻孔数量的 10%～20%。

6. 场地恢复验收

（1）封孔结束后，施工方拆除井场内设备设施，恢复井场地貌。

（2）井场要求：场地平整，场内及周边无工业垃圾和生活垃圾；钻井液坑填埋平整，要求能够承受住人、牲畜、农业机械的压强；根据土地类型进行表土回填或植被复绿。

（3）封井完成后 10 日内申请验收，接到申请后 7 天内安排现场验收，合格者填制《井场恢复验收单》（表 4-6），填写钻探工程场地修复情况登记表。

表 4-6 井场恢复验收单

通辽铀矿井井场恢复验收单

时间： 年 月 日
验收要求： 1. 井场平整。 2. 井场及周边无工业垃圾和生活垃圾。 3. 井场及周边无油污、化学药品、水泥及钻井液等污染。 4. 钻井液坑填埋平整，要求能够承受住人、牲畜、农业机械的压强。 5. 钻井液坑填土应高出地面 15～20cm。
验收结果：
施工单位：
监 督：
甲方人员：

说明：一式三份，甲方、工程监督、施工单位各一份，施工单位作为结算依据。

六、测井管理

1. γ 测井管理

1）仪器设备

（1）性能要求。

含量测量范围与灵敏阈：用于铀矿地质勘查的γ测井仪，含量测量范围为0%eU～5%eU，灵敏阈应达到0.001%eU。用于划分岩性的γ测井仪，含量测量范围为0%eU～0.01%eU，灵敏阈应达到0.0001%eU。

稳定性：γ测井仪使用前后应在检查短期稳定性的同一固定γ射量率值的点上进行长期稳定性检查。每一次检查γ照射量率测量值为5个。当仪器长期稳定性γ照射量率相对差大于5%时，该仪器应重新校准，符合要求后，方可投入使用。测井仪在测量范围内的任何一固定γ照射量率值的点上连续工作8小时，所测量的γ照射量率的相对差应不大于5%。

准确性：利用γ测井仪短期稳定性测量数据，用“偏度、峰度检验法”或“χ^2检验法”检查γ测井仪读数，其结果应符合正态分布，否则测井仪应重新校准。γ测井仪校准后，在铀模型上所测量的当量铀含量与模型已知当量铀含量的相对误差应不大于5%。γ测井仪在量程范围内，在固体镭源标准上实际测量的γ照射量率与理论值的相对误差应不超过5%。

一致性：多台仪器在同一含量铀模型上进行测量时，其中任意两台仪器测量的当量铀含量的相对差应不大于5%。多台仪器在固体镭源标准上进行同一固定点位置相同γ照射量率校准时，其中任意两台仪器测量的γ照射量率的相对差应不大于5%。

（2）附属设备。

概述：附属设备包括绞车和测井电缆。

设备要求：绞车应轻便耐用。集流环连接电缆后，缆心间的最低绝缘电阻值应不小于10MΩ，利用地球物理测井仪加装γ测井仪器的设备及电缆的最低绝缘电阻见EJ/T 1162。测井电缆拉断力应大于2000N，缆心千米直流电阻应小于166Ω，电缆深度系统检查方法和要求见EJ/T1162。

（3）仪器校准。

校准要求：γ测井仪每年投入使用前应在能够证明资格、测量能力和溯源性的放射性勘查计量站进行校准。放射性勘查计量站应根据该测量设备的校准内容和方法制定校准计划。投入使用的γ测井仪应有放射性勘查计量站提供的校准证书。校准的相关规定见GB/T 15481。

校准设施：γ测井仪的校准设施包括γ测井系列模型标准和固体镭源标准。γ测井系列模型标准是校准γ测井仪器、测定各种定量参数和进行测井方法研究的基础设施，核工业放射性勘查计量站的系列测井模型标准是核工业系统校准γ测并仪的最高标准。固体镭

源标准既是γ测井仪在放射性勘查计量站的校准标准，同时也是野外生产过程中核查γ测井仪的工作标准源。野外使用的固体镭源标准应定期到放射性勘查计量站进行检定，检定周期为三年，标准发生以下现象时应停止使用：a. 固体镭源标准的质量变化大于3%；b. 点状中心消失；c. 4小时的漏气量大于37Bq。

γ照射量率换算系数的校准：γ照射量率换算系数的校准应在放射性勘查计量站进行。校准应在仪器测程范围内均匀地给出不少于10个测量值的点，每个测量值的点上测量次数应不少于10个。γ测井仪非线性误差符合本标准要求时，应采用二元正态线性相关分析方法确定γ照射量率换算系数。

γ测井仪含量灵敏度系数的校准：γ测井仪含量灵敏度系数是指照射量率与饱和矿层单位含量之间的关系系数。铀、钍、钾含量灵敏度系数校准结果见表4–7。矿石的有效原子序数在9～21范围内，γ测井仪含量灵敏度系数的变化应不大于3%。

表4–7　FD–3019型γ测井仪铀、钍、钾含量灵敏度系数表

仪器型号	在饱和模型内测得的含量灵敏度系数		
	铀（nC·0.01% eU）/（kg·h）	钍（nC·0.01% Th）/（kg·h）	钾（nC·1% K）/（kg·h）
FD–3019	30.1 ± 0.8	13.0 ± 0.7	0.69 ± 0.02

γ照射量率换算系数的野外核查：γ测井仪在野外使用期间，正常情况下应每月用固体镭源标准采用空中法对仪器照射量率换算系数核查一次。若γ测井仪长期放置或更换了光电倍增管、晶体后，应对照射量率换算系数及时进行核查。核查应在仪器测程范围内均匀地给出不少于10个测量值的点，每个测量值的点上测量次数应不少于10个。采用γ二元正态线性相关分析方法确定γ照射量率换算系数。γ测井在野外进行核查时，每次核查的γ照射量率换算系数与放射性勘查计量站校准时确定的γ照射量率换算系数之间的相对差应不大于5%。

2）测井准备

测井通知书（表4–8）：格式内容参见γ测井规范EJ/T 611—2005。

准备工作：测井人员接到γ测井通知书后，应提前1小时到达井场，并及时清理钻机现场，清点所需的仪器设备、工具、材料和资料并参见表4–9的要求填写。查阅岩（矿）心编录资料，详细了解和掌握孔内情况，了解矿层赋存部位。检查仪器设备的工作状态，确保仪器处于最佳工作状态后开始测井。

冲孔：应使用无放射性污染的井液进行冲孔。测井人员应对井液γ照射量率进行检查，当冲孔排出井液的γ照射量率小于5.2nC/（kg·h）[地浸砂岩型铀矿床冲孔排出井液的γ照射量率小于3.0nC/（kg·h）]时，方可进行测井。

钻孔准备及要求：见EJ/T 1162。

表 4-8　γ测井通知书

<table>
<tr><td>
γ测井通知书
1　γ测井任务
　　地区　　号钻机　　钻孔，孔深　　m，测量范围：自　　m 至　　m，为终孔（中间）测井。希于　　月　　日　　时到达井场，完成下列测井任务：
1）
2）
3）
…
2　钻孔情况
1）安全情况及测井过程中应注意事项：
2）孔径变换：从　　m 至　　m，ϕ　　mm；
从　　m 至　　m，ϕ　　mm；
从　　m 至　　m，ϕ　　mm。
3）套管深度：从　　m 至　　m，ϕ　　mm；
从　　m 至　　m，ϕ　　mm。
4）钻井液性质　　，比重　　g/cm^3，黏度　　mPa・s。
3　交通情况
填发日期：　　年　　月　　日；收到日期：　　年　　月　　日
地质编录员：
地质技术负责人：
钻探技术负责人：
测井技术负责人：
</td></tr>
</table>

3）γ测井方法及要求

（1）基本测井。

包括中间测井和终孔测井两种。当钻孔揭穿主要矿层后，应立即进行中间测井。当钻孔达到地质设计孔深和要求时，应进行终孔测井。完成全部测井任务前，不允许拆除钻机场地任何设施。

表 4-9 γ 测井实际材料登记表

<table>
<tr><td colspan="2">测井日期</td><td colspan="2"></td><td>终孔深度（m）</td><td></td></tr>
<tr><td colspan="2">测井性质</td><td colspan="2"></td><td>测井深度（m）</td><td></td></tr>
<tr><td colspan="2">仪器型号及编号</td><td colspan="2"></td><td>液面深度（m）</td><td></td></tr>
<tr><td colspan="2">探管直径（mm）</td><td colspan="2"></td><td>冲洗液密度（g/cm³）</td><td></td></tr>
<tr><td colspan="2">γ 照射量率换算系数
（nC·s）/（kg·h）</td><td colspan="2"></td><td>冲洗液 γ 照射量率
nC/（kg·h）</td><td></td></tr>
<tr><td colspan="6">钻孔参数</td></tr>
<tr><td colspan="2">钻孔深度（m）</td><td rowspan="2">孔径（mm）</td><td rowspan="2">套管厚度（mm）</td><td rowspan="2">液面厚度（mm）</td><td rowspan="2">综合修正参数（%）</td></tr>
<tr><td>起</td><td>止</td></tr>
<tr><td></td><td></td><td></td><td></td><td></td><td></td></tr>
<tr><td></td><td></td><td></td><td></td><td></td><td></td></tr>
<tr><td colspan="2">测量者</td><td colspan="2"></td><td>检查者</td><td></td></tr>
<tr><td colspan="2">计算者</td><td colspan="2"></td><td>登记者</td><td></td></tr>
<tr><td colspan="2">计算日期</td><td colspan="2"></td><td>测井单位</td><td></td></tr>
</table>

（2）点法测井。

探管由下而上逐点进行测量，在放射性正常地段测量点距应采用 1m，放射性偏高地段点距应采用 0.2～0.5m，异常地段点距应采用 0.1m。当用计算机进行分层解释时，正常地段点距应采用 1m，放射性偏高地段和异常地段点距应采用 0.1m，且异常测量段应伸入正常地段五个点。

（3）连续测井。

连续 γ 测井时，应进行最佳提升速度试验，防止因提升速度过快造成异常幅度和定位误差。确定最佳提升速度的条件为：异常幅度下降不大于 3%，异常边界滞后不大于 0.1m。正常地段不漏异常。通常在放射性正常地段提升速度不大于 4m/min，异常地段提升速度不大于 2m/min。测井速度应保持匀速，速度变化不大于 5%。连续测井点距为 0.05m。

（4）孔径测量。

铀矿床勘查钻孔，在塌孔或扩孔严重的地段，应进行孔径测量，孔径测量点距在含矿地段不大于 0.5m。地浸砂岩型铀矿床勘查钻孔应连续进行孔径测量，测量点距为 0.05m。

（5）井液密度测量。

使用钻井液冲孔时，测井前应测量钻井液的密度，测量允许最大误差为 0.1×10^3kg/m³。

（6）其他要求。

电缆下井速度应不大于 20m/min。探管下放过程中，操作人员应通过耳机、率表或仪器控制面板进行监测，概略了解井内矿化情况并做好记录，探管放至井底后，应立即上提 0.1～0.3m。

测井深度计算：测井起算深度的零点应与钻探的零点统一。计算测井深度应包括上提部分。测井孔深与钻探孔深不相符时，应查明原因后，再开始测井。

4）γ 测井资料解释方法及要求

（1）分层解释法。

分层解释法是将异常段分成几个厚度（视厚度）为 0.1m 不同含量的单元层解释，以揭示矿化段内含量的变化规律，并按不同品位圈定出矿层。其方法有反褶积法和迭代法等。具体计算方法参看 γ 测井规范 EJ/T 611—2005。

（2）平均含量法。

采用二分之一最大 γ 照射量率法、五分之四最大 γ 照射量率法或给定 γ 照射量率法确定矿层厚度，再计算获得异常面积，最终确定矿层中的铀含量。

（3）要求。

测井结束后，应在 1 天内完成单孔的成果解释，提交现场初步解释结果表和修正参数预修正解释结果表。

5）各种影响因素的确定及修正方法

（1）铀—镭放射性平衡系数。

应根据矿体地质条件及地球化学条件，研究放射性平衡沿矿体走向、倾向的变化规律和与含量之间关系，按其规律采用相应的修正系数进行修正。地浸砂岩型铀矿床，应根据不同矿石类型、深度、品级、矿体或同一矿体的不同部位（卷头和翼部），研究沿矿体走向、倾向的放射性平衡规律，采用相应的修正系数进行修正。平衡系数在 0.90～1.10 之间，γ 测井确定的当量铀含量可不予修正。超出该范围时，矿层铀含量应进行修正。具体计算方法参看地浸砂岩型铀矿资源 / 储量估算指南。

（2）镭—氡放射性平衡系数。

地浸砂岩型铀矿床，在勘查钻孔施工过程中，一般存在压氡现象，应采用各种方法进行镭—氡放射性平衡检查。当镭—氡放射性平衡系数不小于 0.90 时，γ 测井确定的当量铀含量可以不予修正，当镭—氡放射性平衡系数小于 0.90 时，矿层铀含量应进行修正。

（3）钍、钾元素干扰。

当 γ 测井确定的铀矿层中的钍含量大于 0.005% 或钍铀比值大于 0.1。钾含量大于 10% 时，应进行钍、钾干扰因素修正。

（4）湿度。

当矿石湿度大于 5% 时，铀含量应进行湿度修正。

6）质量要求

（1）重复测井。

地浸砂岩型铀矿床，铀含量不小于0.01%，且平方米铀量不小于0.5kg/m^{2}的矿（化）段应进行100%的重复测井。铀含量不小于0.01%，且平方米铀量小于0.5kg/m^{2}的矿化段，重复测井应不少于总矿化段的20%。需在基本测井结束后使用同一台仪器由同一个操作员进行测井。

铀含量不小于0.03%，且米百分值不小于0.021的矿段重复测井异常面积或米百分值允许相对误差应不大于5%，单矿段重复测井的合格率应不小于80%。当铀含量在0.01%～0.03%之间，且米百分值小于0.021的矿化段，异常面积或米百分值误差应不大于10%。地浸砂岩型铀矿床铀含量不小于0.01%，且平方米铀量不小于0.5kg/m^{2}的矿（化）段，异常面积或米百分值允许相对误差应不大于5%。铀含量不小于0.01%，且平方米铀量小于0.5kg/m^{2}的矿化段，异常面积或米百分值误差应不大于10%。

（2）检查测井。

应采用不同仪器、不同人员进行全孔测量。检查测井的钻孔数量应不小于钻孔总数的10%，并选择的有代表性钻孔。当使用同一电缆测量时，异常峰值位移误差应与重复测井要求相同。当使用不同电缆测量时，峰值允许位移误差应为重复测井要求的两倍。

铀含量不小于0.03%，且米百分值不小于0.021的矿段，地浸砂岩型铀矿床，铀含量不小于0.01%，且铀含量不小于0.5kg/m^{2}的矿（化）段，检查测井异常面积或米百分值允许相对误差应不大于10%，单矿段检查测井的合格率应不小于80%。当铀含量在0.01%～0.03%之间，且米百分值小于0.021的矿化段，地浸砂岩型铀矿床铀含量不小于0.01%，且平方米铀量小于0.5kg/m^{2}的矿化段异常面积或米百分值误差应不大于15%。

（3）取样对比。

用于对比测井质量的矿心，应具有代表性，其采取率应不小于85%，要求矿心中铀无溶蚀淋滤现象。对比的矿段数量应不小于总矿段数量的5%，对比矿心累计长度应不小于20m。当见矿层累计厚度小于20m时，对比的矿心累计长度应不小于实际见矿层长度的50%。对比允许系统误差应在0.9～1.1之间。

7）资料提交与归档

（1）单孔资料。

γ测井实际材料登记表。γ测井原始数据和实时曲线。γ测井异常曲线、γ测井解释结果及γ测井解释结果报告。

（2）储量报告中γ测井部分。

文字报告：概述。完成的工作量（按基本测井、重复测井和检查测井分别统计）。工作方法。资料解释方法。参数的确定及修正。干扰因素及消除方法。质量评述。取得的主要成果和认识。存在的问题及建议。

附图和附表：γ测井解释成果登记表。物探参数取样分布图。物探参数平面分布图。

物探参数剖面分布图。有代表性的γ测井定量解释图。γ测井质量检查结果明细表。各种物探参数计算表。

（3）归档资料。

γ测井通知书。γ测井实际材料登记表。γ测井原始数据记录和实时曲线。γ测井仪校准证书及野外核查数据的原始资料。井场采集的原始数据磁盘及数据文件目录清单（测井日期、探管名、数据文件名、数据深度范围、采样间隔、回程差、参数的换算系数、衰减系数等）。成果数据库文件。γ测井仪性能检查原始记录。

8）安全与防护

（1）基本要求。

凡从事下测井工作的人员，应熟悉与安全防护有关的规定。γ测井施工现场应具备安全保障措施，否则不允许开展γ测井工作。

（2）安全措施。

γ测井过程中，操作员应认真观察γ测井仪器设备的运行状况，发现异常情况应及时处理。严禁骤然启动和关停绞车。严禁用下井仪器冲击障碍物。仪器下井遇阻时，应将仪器提出井口，通孔、冲孔后重新测井。布置井场或更换下井仪器时，防止物件掉入孔中。下井仪器被卡时，应立即停止提升，迅速研究处理事故和解决问题的具体措施，并指定专人处理。γ测井过程中遇有雷电天气时，应停止测井。

（3）放射性防护。

凡从事放射性同位素工作的人员，应具备放射性卫生防护基本知识，持证上岗。工作人员操作放射源时应做好安全防护。放射性同位素工作人员接受的剂量及防护见GB 4792。对现场使用的放射源，应建立严格的管理制度。放射源的保管应有专人负责，放射源的运输、调拨、使用应有详细记录，严防丢失。禁止将放射源密封外壳打开，禁止直接接触放射源。

2. 综合测井

1）仪器设备

测井使用的仪器、设备为中油测井公司测井一体化大车及测井地面系统SKD3000B工程车。

2）测井准备

钻探器材堆放应以不影响测井车辆的进出和就位为原则，若钻孔条件复杂，应与有关人员研究事故防范和应急措施。终孔直径应大于下井仪器外径20mm。应保证下井仪器能探测到全部目的层。

测井前，应将钻具下到井底，用新鲜钻井液冲孔，从井里循环上来的钻井液要间隔15～30分钟后进行测量，当全部满足以下条件方可测井：循环上来的钻井液应新鲜。相邻两次测量的含砂量不应大于5%，且两次测量的相对误差不应大于10%。相邻两次测量

的黏度不应大于 30mPa·s，且两次测量的相对误差不应大于 10%。相邻两次测量的密度不应大于 1.3g/cm³，且两次测量的相对误差不应大于 10%。

3）测井项目及要求

（1）测井项目优选。

辽河油田根据多年砂岩型铀矿勘查实践，优化选择了实用有效的测井项目组合，可为铀矿勘查提供借鉴（表 4-10）。

表 4-10　建议铀矿测井项目

<table>
<tr><th colspan="2">测量项目</th><th>井段（m）</th><th>比例尺</th><th>应用</th></tr>
<tr><td colspan="2">自然电位</td><td>井口—井底</td><td>1：200</td><td rowspan="5">识别岩性
划分渗透层与非渗透层</td></tr>
<tr><td colspan="2">标准（2.5m 梯度）</td><td>井口—井底</td><td>1：500</td></tr>
<tr><td colspan="2">微电极（选测）</td><td>井口—井底</td><td>1：200</td></tr>
<tr><td colspan="2">时差</td><td>井口—井底</td><td>1：200</td></tr>
<tr><td colspan="2">双侧向</td><td>井口—井底</td><td>1：200</td></tr>
<tr><td colspan="2">井径</td><td>井口—井底</td><td>1：200</td><td>校定定量伽马测井结果</td></tr>
<tr><td colspan="2">井斜</td><td>井口—井底</td><td>连斜</td><td>检查井身质量</td></tr>
<tr><td rowspan="3">伽马系列</td><td>自然伽马</td><td>井口—井底</td><td>1：200</td><td rowspan="2">确定异常位置判别铀迁移方向</td></tr>
<tr><td>自然伽马能谱</td><td>井口—井底</td><td>1：200</td></tr>
<tr><td>定量伽马</td><td>井口—井底</td><td>1：200</td><td>计算资源量</td></tr>
</table>

（2）测井要求。

地浸砂岩型铀矿勘查的每个钻孔都应进行测井。通过测井，可以确定铀矿体的空间位置、品位及厚度。划分钻孔岩性，提供岩层的物性参数。确定含矿含水层、隔水层的空间位置、厚度，研究含水层的孔隙度和渗透率。测定钻孔顶角、方位角及井径，评价成建井质量。研究地质构造及沉积环境。了解其他有用矿产信息。

4）质量要求

（1）测井仪器应按规定进行刻度与校验，并按计量规定校准专用标准器。

（2）在井场用专用标准器对测井仪器应进行测前、测后校验，校验的误差容限应符合相关技术要求。

（3）曲线测量值应与地区规律相接近，当出现与井下条件无关的零值、负值或异常时，应重复测量，重复测量井段不小于 50m，如不能说明原因，应更换仪器验证。

（4）现场应回放数据记录，数据记录与明记录不一致时，应补测或重新测井。

（5）编辑的数据记录应按资料处理要求的数据格式拷贝；各条曲线深度对齐，曲线间的深度误差小于 0.4m；数据记录贴标签，标明井号、测井日期、测量井段、数据格式、文件名、记录密度、测井队别和操作员及队长姓名。

（6）同一口井不同次测量或不同电缆的同次测量，在钻井液密度差别不大的情况下，其深度误差不超过 0.05%。

（7）几种仪器组合测井时，同次测量的各条曲线深度误差不超过 0.2m；条件允许时，每次测井应测量用于校深的自然伽马曲线。

（8）测井曲线确定的表层套管深度与套管实际下深误差不超过 0.5m，测井曲线确定的技术套管、完井套管（包括尾管）深度与套管实际下深误差不应大于 0.1%；深度误差超出规定，应将自然伽马由井底（套管内同时测接箍曲线）测至井口，查明深度误差的原因。

（9）不同次测井接图深度误差超过规定时，应将自然伽马由井底测至井口，其他曲线通过校深达到深度一致。

5）资料提交与归档

提交综合测井数据，包含 DEPTH、DEV、DFZ、AC、CA、CAL、CON1、FW、GR、GRSL、HF、K、KTh、PD、PERM、PNO、POR、PORA、PORC、PORE、PORF、PORR、PORT、PORW、PS、R25、R45、RE、RMFA、RS、RT、RTT、RWA、RXO、RXXO、SH、SOIL、SP25、SP45、SW、SWB、SWW、SXO、Th、U、UYYYY、Utemp。

提交综合测井数据图，包含井斜数据表、井身位移数据表、铀矿层数据表、解释成果表、井斜水平投影图、小综合回放曲线图、标准测井曲线图、综合测井曲线图、数字处理综合测井图、能谱测井曲线图。

6）安全与防护

测井期间，钻机应留有值班人员，井场所需的照明、防雨、避雷等设施应完好。测井车应尽可能选择在平坦的地方停放，绞车与井口间距一般应大于 10m。下井电缆应从井口中心通过，井口中心、地轮和绞车滚筒中心应力求在一垂直平面。地面电源线与测量线应分开布放，防止踏破和拉断。铠装电缆在井场放置时应呈“S”形，防止打结。下井前应进行联机通电检查，井下仪器应密封可靠。

七、岩心管理

岩矿心是地质勘查工作中产生的重要实物地质资料，是地质工作中取得的最有价值的成果之一，是地质研究和矿产资源评价的重要依据。因此，岩矿心的整理和留存，需要系统管理，以满足研究需要。

1. 岩矿心整理

从岩心管取出的岩（矿）心按其出管的顺序摆放，不得倒置（图 4-12）。胶结致密的岩（矿）心，要用清水冲洗，以露出岩石本色；胶结松散泥皮包裹的岩（矿）心不能用清水冲洗，不得人为打碎，非岩（矿）心和外来混杂物质应予以清除。

图 4-12　岩心规范摆放图

将清理好的岩（矿）心按由浅至深的顺序从左到右横排，自上而下依次摆放到岩心箱内，矿心及胶结松散的岩心放入岩心箱前，必须在箱内用塑料薄膜铺垫，以保护岩（矿）心不受污染、混扰。

岩（矿）心长度丈量时要准确，丈量时尽量将各自然断块对接好，对于松散破碎的岩（矿）心，不得随意拉长、压缩。

每回次的岩（矿）心整理后应立即填写岩心牌，写明本回次取心数据，并置于上一回次岩（矿）心的末端。

岩心牌要求印刷在木质或硬塑牌上，并以铅笔或特种笔填写好一切数据后，外套透明塑料薄膜。岩（矿）心编号标记和岩心牌应由专人填写，书写工整、字迹清晰、数据准确。

岩心箱应质地坚固，便于搬迁。现场岩（矿）心依据地质要求装入岩心箱内，岩心箱摆放应整齐，垛高不应超过 1.5m，岩心箱外侧应标明矿床（点）名称、孔号、箱号、回次号。

钻孔终孔后，需入库的岩（矿）心由地质部门保管处理，并在现场办理岩（矿）心交接手续。交接单一式两份，交接双方各执一份，并保存备查。

地质编录后应将岩（矿）心放回原处，如需采集标本，应在编录本注明，并在相应的岩心牌背面写明采取标本的位置和长度。外单位或个人进入机台现场观察、采集标本或样品应持项目承担单位出具的证明，在技术人员陪同下方可进入。

2. 岩矿心留存

1）分类缩减原则

凡基准井、参数井、资料井和各类控制孔以及地质设计规定需要全孔保留的钻孔岩矿心不得缩减。凡具有进一步工作价值的普查矿区（点）或物化探异常场区，其钻孔岩矿心暂不缩减。已完成铀矿资源储量备案的区块，按照勘探矿区可选择2～3条最有代表性的钻孔剖面和若干个在地层、构造等方面有重要意义的钻孔，上述钻孔的岩矿心全孔保留，其余钻孔的岩矿心在确认无遗留问题后可按规定缩减或保存，并根据铀矿资源储量申报质量要求确保矿化段封边。

2）*岩矿心摆放原则*

按勘查区块划分分别存放于不同岩心库。库内分区、区内分组、组内分垛、垛分上中下。1组4垛，垛内可叠摆多井，但单井不可分垛。垛与垛之间要预留足够行走和搬运通道。大门正对位置要预留足够观察岩心空间。保留岩心优先从A区、B区由内向外摆放。缩减的矿心在C区顺窗码摆，缩减的岩心在D区顺窗码摆，便于以后拉运掩埋（见图4-13）。

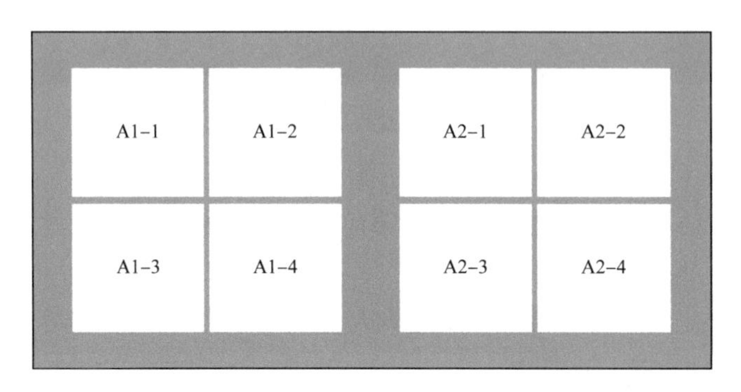

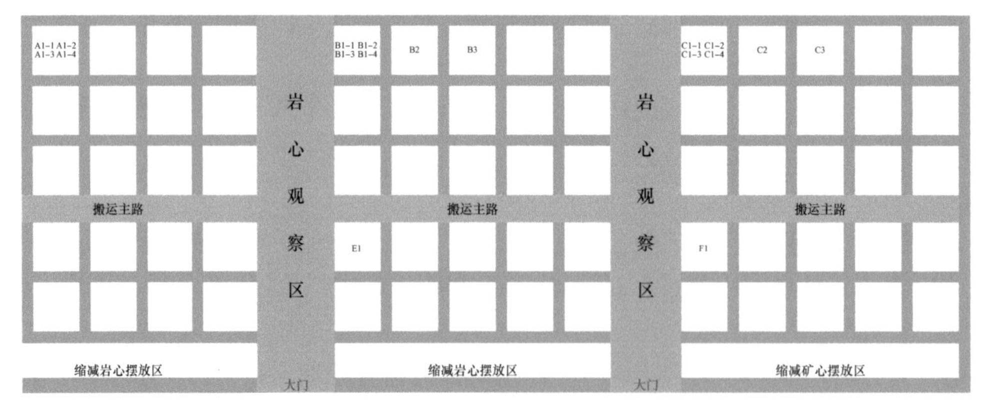

图4-13　岩心库摆放示意图

3）*使用管理原则*

由岩心库保管人员负责岩矿心入库登记。岩矿心入库均需办理入库手续，填写入库验收单。库房人员应对入库岩矿心进行认真检查，严格把关，岩心盒必须清洁无损，岩心卡片摆放位置无误，岩心无缺失，矿心需采用塑料布包裹，防止在搬运摆放途中造成散乱、污损、丢失，验收合格后方可入库。

岩矿心入库时，应根据入库验收单对照实物资料逐箱核对，存入岩心库应按序号摆

放整齐，岩心箱垛高不得超过 3m。检验后在验收单上签署意见。验收单一式两份，交接双方各执一份，并存档备查。

库管人员定期检查岩矿心保管情况，防止库房漏雨、倒塌或岩心箱损坏、丢失导致的岩矿心混乱或损毁。若发现问题应及时上报，并采取必要措施迅速处理。

使用岩矿心需经过岩心库保管人员登记同意后，方可使用。且使用后，需将岩矿心归位。采集样品或标本要有库管人员在场，采后在岩心箱的相应位置插放取样牌，注明采样的岩矿心编号、长度、起止孔深等，并办理登记手续。孤本样品或已经二次劈分的矿心，一般不再允许取样。如有特殊需要须经上级主管部门批准。

第二节　资料录取

一、综合编录

1. 工具设备

本地区岩矿心宏观分析图册、岩（矿）心物探编录仪（β+γ 编录仪）、称重天平、地质锤、放大镜、小刀、钢卷尺、直尺、10% 稀盐酸溶液、原始地质编录本、样品袋、标本袋、标签表等。

2. 人员资质

作为编录技术人员，需要具备中国石油集团公司或核行业地勘系统认定的可从事地质编录相关工作的资质，并拥有从业资格证书（岗位资格证、HSE 培训合格证、井控培训合格证）。同时定期开展专业技能培训和技术经验交流，加强从业人员职业素养。

3. 编录职责

对钻进过程中采取的岩心及时进行现场核对、观察、鉴定、描述、记录及计算采心率，直至终孔后编制综合柱状图等一系列工作。含矿含水层岩（矿）心编录是对地浸砂岩型铀矿含矿含水层岩心地质、物探、水文地质特征进行现场观测研究的客观记录，尤其是对其铀矿化现象的精细描述。其目的是为地质研究、勘查及资源储量估算提供基础性资料，并为矿床地浸开采条件评价提供水文地质资料。

4. 编录要求

原始编录应在现场进行，应确保真实、及时、准确和完整，严格执行地质设计，按照《地浸砂岩铀矿钻探工程地质物探原始编录规范》（EJ/T 1159—2002）、《地浸砂岩型铀矿含矿含水层编录规范》（EJ/T 1215—2006）做好地质、物探、水文编录工作。三项编录工作要同步进行。对重点钻孔、重点层位的岩矿心应开展二次编录。野外原始编录应严格执行检查制度，现场自检和互检率应达到 100%，项目技术负责或专业技术负责的抽检率应达到 30%，项目承担单位抽检应达到 10%。

现场编录要绘出探矿工程轮廓，认真观察研究地质、物探特征，测定地质体和地质构造的位置、产状、形态，测量放射性活度，采集岩、矿石（心）标本样品等，并予以记录。

钻孔编录图一般采用 1 : 100 至 1 : 200 比例尺，目的层（含矿含水层）1 : 50。在编录图上，凡厚度（宽度）大于 1mm 的地质体均要表示，在图上不足 1mm 矿体或重要地质现象应放大表示。

编录人员应经常到现场检查了解工程进展情况和揭露出的地质矿化现象。原始编录应随工作进展逐日或随施工进度及时进行。钻孔编录应逐日进行。

地质原始编录的图表、文字必须相互一致。地质原始编录用汉字或规定符号、代码进行。地质物探编录应同步进行，编录的起始点、基线和范围必须完全一致。

编录的载质应采用优良材料，便于保存。鼓励进行数字化、矢量化成果保存。

5. 编录内容

1）地质编录

（1）岩石特征。

编录内容包括岩石名称、岩石颜色、物质成分、矿物碎屑、岩屑、有机质、胶结物、自生矿物、结构、构造、次生变化、岩层厚度、结核、包体、古生物化石等。通过硬度、粒度、圆度、分选性、泥质含量、局部隔水层、孔隙度、透水性、氧化和还原等属性对岩石特征进行描述。文字描述要内容全面、简明扼要、重点突出、用语准确、层次分明。

① 岩石名称。编录中应正确确定岩石名称，岩石名称命名原则按：附加修饰词 + 基本名称，具体见 GB/T 17412.1、GB/T 17412.2 和 GD/T 17412.3。

② 岩石颜色。应详细观察描述岩石的颜色、颜色的变化特征，分析和区分原生色和次生色。岩石颜色描述应区分整体颜色、局部颜色或斑点色。通过分析岩石颜色，研究、判断岩石的成因类型及地球化学环境。

③ 物质成分。描述内容应包括碎屑物质组成、成分、形态、大小、颜色、次生变化等。

④ 矿物碎屑。应描述石英、长石、其他硅酸盐矿物、云母类、绿泥石、各种副矿物碎屑等、详细描述其形状、大小、磨圆度等。

⑤ 岩屑。应区分稳定岩屑和不稳定岩屑，大致确定它们的比例，描述它们的形状、大小和颜色。

⑥ 有机质。主要描述包括各类动物的、植物的有及沥青质的有机质及其含量等。描述内容包括有机物种类、分布、形状、颜色、光泽、碳化（或硅化、铁化）程度。沥青类应对其产出状态、颜色、断口、气味、硬度和黏度、脆度等认真观测，注意区分沥青

质和碳质沉积物。

⑦ 胶结物。描述胶结物的成分、颜色、含量、分布特征、均匀程度、次生蚀变、胶结类型和胶结方式等。胶结类型和胶结方式的确定应与室内岩矿鉴定工作相结合。编录过程中应估计岩石中碳酸盐含量，描述碳酸盐成分及分布特征。按下列经验标准判断岩石中碳酸盐的含量。

Ⅰ级：加 10%HCl 溶液，在岩块上不起泡或微弱起泡，CO_2 含量小 3%。

Ⅱ级：加 10%HCl 溶液，在岩块上很容易见到较多的气泡，CO_2 含量在 3%～5% 之间。

Ⅲ级：加 10%HCl 溶液，在岩块上剧烈起泡，CO_2 含量大于 5%。

通常情况下，程度为Ⅰ级，岩性胶结较疏松，锤子砸易破碎，盐酸滴定微起泡，可定义为含灰砂岩，岩性拆分时按渗透性岩层处理。程度Ⅱ—Ⅲ级，岩性胶结较致密—致密，锤子砸不易破碎，盐酸滴定起泡中等—强烈，可定义为灰质砂岩，岩性拆分时按非渗透性岩层处理。

⑧ 自生矿物。应描述自生矿物组成、分布、产出形式等特点，记录矿物之间的相互关系、后生变化、形成次序等，并作必要的素描。

⑨ 结构构造。应详细描述碎屑颗粒的大小、形态、分选性、磨圆度，含水（矿）砂岩的固结程度和胶结类型等。原始编录中主要靠肉眼和放大镜进行初步确定，沉积岩碎屑粒级划分见表 4-11。注意区分核工业与石油工业粒级划分标准的不同，尤其要注意石油工业的粗粉砂（0.5～1mm），在地浸砂岩型铀矿勘查编录中应定义为细砂，并按渗透性岩层进行岩性拆分。

表 4-11　碎屑粒级划分

自然粒级标准（核工业）	自然粒级标准（石油工业）	陆源碎屑名称	
≥128mm	≥1000mm	粗碎屑（砾）	巨砾
32～128mm	100～1000mm		粗砾
8～32mm	10～100mm		中砾
2～8mm	1～10mm		细砾
0.5～2mm	0.5～1mm	中碎屑（砂）	粗砂
0.25～0.5mm	0.25～0.5mm		中砂
0.06～0.25mm	0.1～0.25mm		细砂
0.03～0.06mm	0.05～0.1mm	细碎屑（粉砂）	粗粉砂
0.004～0.03mm	0.01～0.05mm		细粉砂
＜0.004mm	＜0.01mm	泥	

含水（矿）砂岩的固结程度分为下列三级。疏松：系指从钻孔中取出的岩心自行散开，或者经手轻轻一掰即散开的岩石。较疏松：系指新鲜的岩心用手一掰即散开或用锤子轻敲即散开的岩心。致密：新鲜岩心需用锤子强力敲打方能裂开或极不易敲碎。岩性拆分时，致密砂岩一般按非渗透层处理。

⑩ 次生变化。应详细描述岩石的次生变化类型、变化特征、产出和分布特征等，区分岩石的褐铁矿化、水针矿化、硅化、绿泥石化、碳酸盐化、黄铁矿化、黏土化等。

⑪ 岩层厚度。应认真丈量、确定岩层厚度，按不同岩性分层描述，重点是疏松含水（矿）砂岩层（体）的描述。编录的最小岩层厚度为20cm，编录的最小矿层厚度为10cm。对于小于此厚度而具有特殊意义的矿（化）层、标志层和构造层等，应作为独立层和夹层单独描述，并做素描图。

⑫ 结核、古生物化石。应详细观察和描述结核成分、结构、颜色、构造、结核类型及次生变化等特征，详细测定结核体数量，计算结核体积及与围岩体积之比，判断其分布规律及其与沉积阶段的联系。应观察描述古生物化石的形状、数量、埋藏方式和次生变化特征，大致区分各类动物的、植物的种属，具有特殊意义的古生物化石应做素描、摄像和照相。

（2）地质界线。

地层和岩石界线、各种接触界线、构造界线、蚀变界线、矿体界线、沉积间断面、喷发间断面、地质体突变和过渡界线等。

（3）构造特征。

主要包括节理位置和产状、断层错动方向和断距、断层面性质、断层带宽度、充填物、角砾形态、排列方向和胶结程度、破碎带情况、节理裂隙发育程度、褶皱形态、层理和片理产状、不同地质体的接触关系、不同期次构造的先后顺序、构造与矿化的关系等。

（4）围岩。

蚀变种类、特点、强度、分布范围、分带性、先后顺序、与矿化关系等。

（5）矿化特征。

矿化（体）与围岩的关系和界线、矿化（体）范围、矿体（层）的厚度、产状、矿化强度等。描述内容包括含矿岩性，矿化规模，矿石颜色、物质成分及结构构造，胶结物及胶结程度，碳酸盐含量和分布，有机质含量与分布，矿石与围岩的区别，矿石矿物和脉石矿物，铀矿化强度、分布和产出特征等。

（6）后生蚀变。

尽可能划分氧化带、过渡带、原生带，详细描述岩石（层）后生蚀变的分带特点和变化特征。

2）岩心物探编录

（1）编录人员按规定校验伽马仪，确保伽马仪准确、稳定、一致。

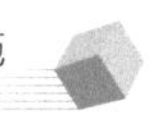

（2）编录时要先对整段岩心进行扫描，初步了解掌握其伽马照射量率变化情况。采用岩心 γ+β 测量法，防止矿体严重偏铀时，伽马照射量率测量结果偏低，漏掉放射性矿体。

（3）岩心测量时，一般以 0.5～1.0m 的点距记录 γ+β 照射量率读数。在岩心不连续的界面处要增加测点。矿心测量时，要向两边各延伸到正常场 1.0m，并把矿心拿到远离岩心箱（大于 1m）以外的正常地段进行，每隔 0.1m 记录 γ 和 γ+β 照射量率读数，若矿心切面不同方位强度差别很大时，应同时记录最低和最高强度，要及时将测量结果在编录本上绘制成曲线。

（4）终孔后，编录资料要及时与测井资料进行对比，检查异常段和矿化段，异常位置及强度出现较大误差时，需重新进行编录并在综合柱状图上恢复矿心的固有深度。

3）岩心水文地质编录

（1）钻孔岩心水文地质编录的目的是确定工作区水文地质结构层和各层所处的水文地球化学环境。岩心水文地质编录应对岩心水文地质现象进行全面、细致的观察和记录，客观反映工作区钻探揭露地层的水文地质特征，客观判断岩石的隔水性、含水性和渗透性，客观判断岩层的水文地球化学环境，详细划分含水层和隔水层。

（2）岩心水文地质编录应在钻探施工现场及时进行，避免因日晒、雨林、风化等自然作用对岩心水文地质特征的破坏而影响编录的客观性。

（3）岩心水文地质编录与地质、物探编录同时进行，与地质编录在岩石定名、颜色描述、地层划分、比例尺等方面保持一致，编录比例尺采用 1：100，最小地质层厚度为 20cm，对于含矿含水层，编录比例尺应扩大到 1：50，最小地质层厚度为 10cm。

（4）岩心水文地质编录应本着真实性、准确性原则，在对含水岩层岩石特征（同地质编录）进行描述的基础上，重点描述岩石的干湿状态和硬度、影响含矿含水层渗透性变化的岩性、细小夹层的分布及厚度、不同岩性的颜色、碎屑物粒径、岩石中的构造发育情况及裂隙面的颜色特征、胶结疏松、次疏松岩石的填隙物种类及含量。

（5）根据岩石粒径、分选程度、磨圆度、填隙物含量、胶结程度等，大致判断岩层的透水性。一般分为四级。不透水：包括泥岩、粉砂岩、填隙物含量大于 25% 或胶结致密的砂岩；弱透水：岩心完整、填隙物含量 20%～25%、次疏松、分选性差的砂岩；中等透水：岩心具有一定形状、填隙物含量 10%～20%、疏松、分选性中等、砾石呈次圆状或圆状的砂岩或砾岩；强透水：岩心疏松、填隙物含量小于 10%、分选性好、砾石呈棱角状或次棱角状的砂岩或砾岩。

（6）隔水岩层。详细描述构成含矿含水层隔水顶板和底板的不透水岩层的岩性、厚度、颜色、层理及其中发育的裂隙的宽度、倾角、单位长度岩心内的裂隙条数、裂隙表面的颜色等。

（7）特殊夹层。应仔细编录和描述钙质层、石膏层、结核层等特殊夹层的分布、产出位置、厚度、形状和氧化程度。

6. 典型岩心照片及编录成果

1）姚家组上段岩性组合及特征

以钱Ⅲ-47-10井为例

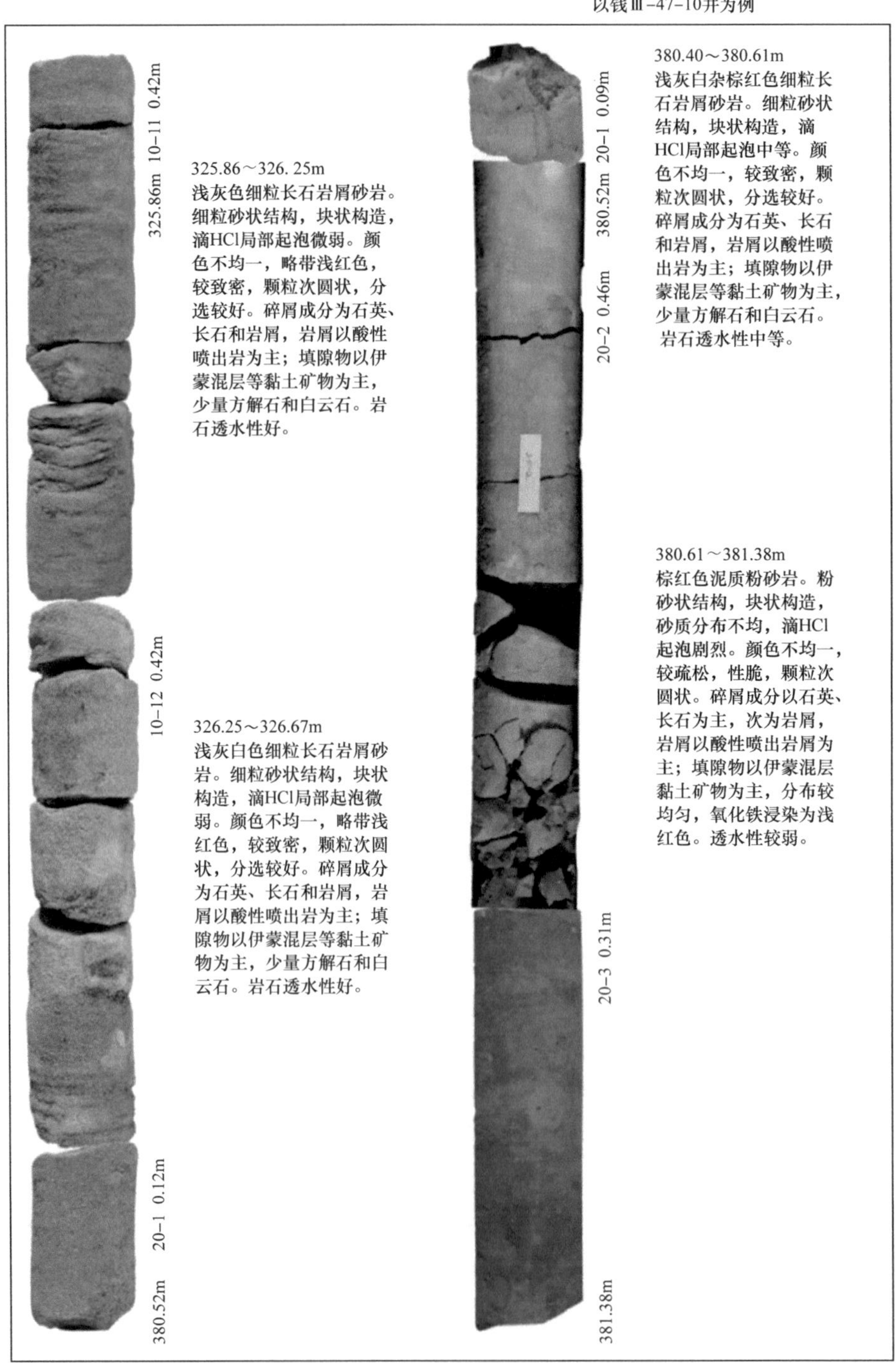

图 4–14　姚家组上段典型岩心编录图

钻　井　原　始　地　质　编　录

钻井号　钱Ⅲ-47-10　　　　比例尺：1∶50　　　　第8页

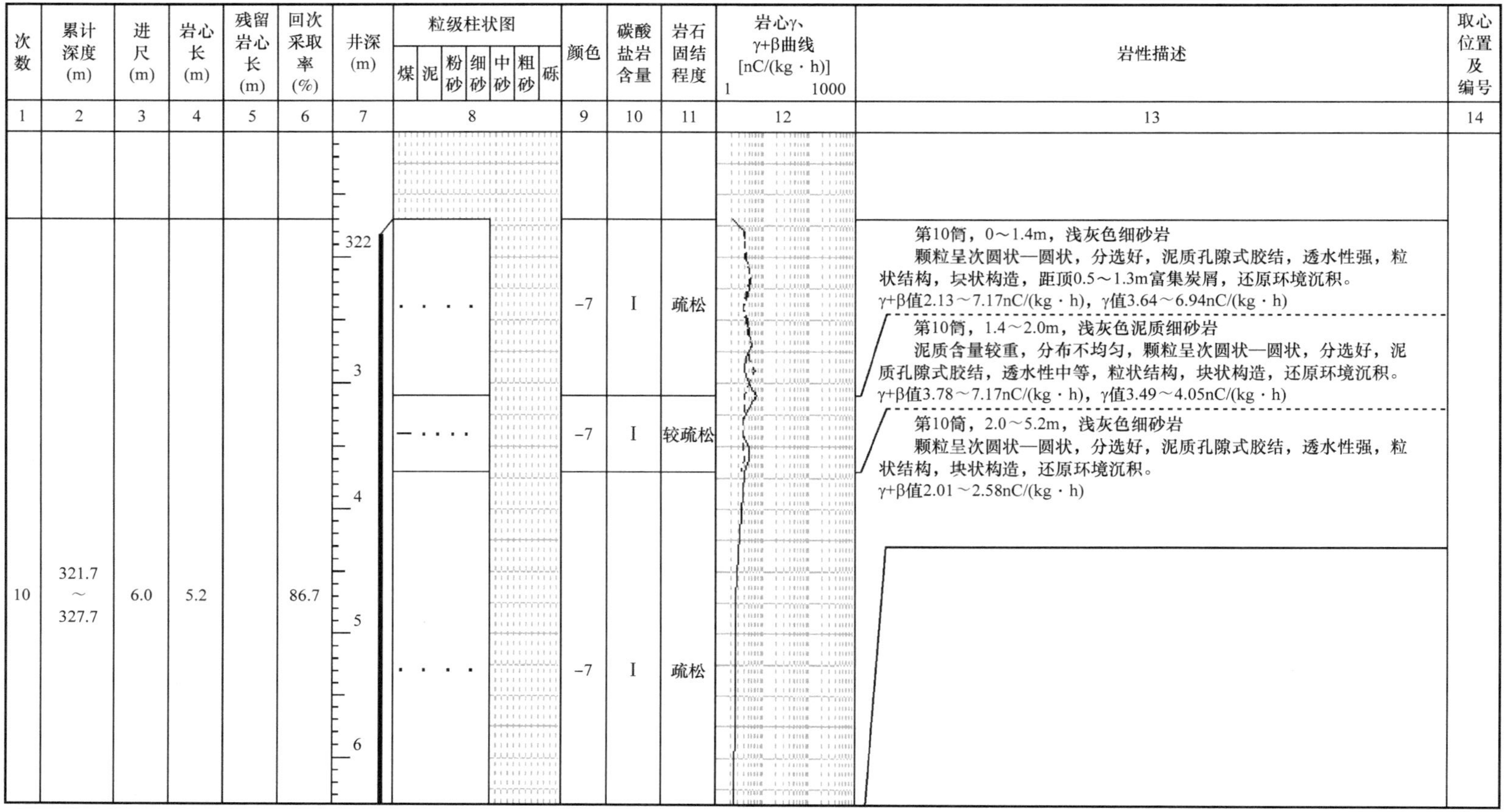

次数	累计深度(m)	进尺(m)	岩心长(m)	残留岩心长(m)	回次采取率(%)	井深(m)	粒级柱状图（煤、泥、粉砂、细砂、中砂、粗砂、砾）	颜色	碳酸盐岩含量	岩石固结程度	岩心γ、γ+β曲线[nC/(kg·h)] 1～1000	岩性描述	取心位置及编号
1	2	3	4	5	6	7	8	9	10	11	12	13	14
10	321.7～327.7	6.0	5.2		86.7	322		-7	I	疏松		第10筒，0～1.4m，浅灰色细砂岩 颗粒呈次圆状—圆状，分选好，泥质孔隙式胶结，透水性强，粒状结构，块状构造，距顶0.5～1.3m富集炭屑，还原环境沉积。 γ+β值2.13～7.17nC/(kg·h)，γ值3.64～6.94nC/(kg·h)	
						3		-7	I	较疏松		第10筒，1.4～2.0m，浅灰色泥质细砂岩 泥质含量较重，分布不均匀，颗粒呈次圆状—圆状，分选好，泥质孔隙式胶结，透水性中等，粒状结构，块状构造，还原环境沉积。 γ+β值3.78～7.17nC/(kg·h)，γ值3.49～4.05nC/(kg·h)	
						4 5 6		-7	I	疏松		第10筒，2.0～5.2m，浅灰色细砂岩 颗粒呈次圆状—圆状，分选好，泥质孔隙式胶结，透水性强，粒状结构，块状构造，还原环境沉积。 γ+β值2.01～2.58nC/(kg·h)	

图 4-15　姚家组上段典型岩心原始编录图 1

钻 井 原 始 地 质 编 录

钻井号 钱Ⅲ-47-10　　　　比例尺：1：100　　　　第15页

次数	累计深度(m)	进尺(m)	岩心长(m)	残留岩心长(m)	回次采取率(%)	井深(m)	粒级柱状图（煤、泥、粉砂、细砂、中砂、粗砂、砾）	颜色	碳酸盐岩含量	岩石固结程度	岩心γ、γ+β曲线 [nC/(kg·h)] 1～1000	岩性描述	取心位置及编号
1	2	3	4	5	6	7	8	9	10	11	12	13	14
20	376.0～382.0	6.0	5.9		98.3	376, 7, 8, 9, 380		-7	I	疏松		第20筒，0～4.7m，浅灰色细砂岩 颗粒呈次圆状—圆状，分选好，泥质孔隙式胶结，透水性强，粒状结构，块状构造，偶见灰色泥砾，还原环境沉积。 γ+β值2.31～3.26nC/(kg·h)	
						1, 2		2.1				第20筒，4.7～5.9m，紫红色粉砂质泥岩 色不均，质不纯，性脆，断口平坦状，粉砂分布不均匀，泥状结构，层状构造，强氧化环境沉积。 γ+β值2. 76～3.26nC/(kg·h)	
						3, 4, 5, 6, 7							

图 4-16　姚家组上段典型岩心原始编录图 2

2）姚家组下段含矿层及围岩岩性组合及特征

以钱Ⅳ-105-07井为例

334.81～334.98m浅黄色中粒岩屑长石砂岩。中粒砂状结构，块状构造，滴HCl局部起泡剧烈。颜色不均一，较疏松，颗粒次圆状，分选较中等。碎屑成分为石英、长石和岩屑，岩屑以酸性喷出岩为主；填隙物以高岭石等黏土矿物为主。方解石连晶胶结，交代碎屑。见少量菱铁矿。岩石透水性弱。(工业矿段：U^{6+}：6.59μg/g，U^{4+}：25.0μg/g，U：31. 59μg/g)

334. 98～335. 68m浅灰杂灰色粉砂质泥岩。泥质结构，水平层理，较疏松，质不纯，砂质层状富集分布，性脆，断口平坦状，滴HCl起泡微弱。泥质以伊蒙混层等黏土矿物为主；碎屑成分以石英、长石为主，次为岩屑。岩石中含有大量炭屑，层状富集。见少量碳酸盐、铁质。岩石透水性弱。(工业矿段：U^{6+}：49.6μg/g，U^{4+}：23.1μg/g，U：72.70μg/g)

335.68～336. 32m浅灰色细粒岩屑长石砂岩。细粒砂状结构，块状构造，滴HC1局部起泡微弱。颜色不均一，颜色随深度变深渐变为浅灰白色，疏松，颗粒次圆状，分选较中等。填隙物以高岭石等黏土矿物为主；岩石透水性好。(工业矿段：U^{6+}：17.3μg/g，U^{4+}：35.1μg/g，U：52.40μg/g)

336.32～336. 73m浅灰杂紫红色含泥砾不等粒长石岩屑砂岩。不等粒砂状结构，块状构造，滴HCl局部起泡微弱。颜色不均一，疏松，颗粒次圆状，分选较差。碎屑成分以岩屑为主，次为石英、长石；填隙物以伊蒙混层、高岭石等黏土矿物为主。岩石透水性好。(工业矿段：U^{6+}：11.8μg/g，U^{4+}：24.8μg/g，U：36.6μg/g)

图4-17　姚家组下段典型岩心编录图

钻 井 原 始 地 质 编 录

钻井号 钱Ⅳ-105-07　　　　比例尺：1∶50　　　　第31页

次数	累计深度(m)	进尺(m)	岩心长(m)	残留岩心长(m)	回次采取率(%)	井深(m)	粒级柱状图(煤、泥、粉砂、细砂、中砂、粗砂、砾)	颜色	碳酸盐岩含量	岩石固结程度	岩心γ、γ+β曲线[nC/(kg·h)] 1～1000	岩性描述	取心位置及编号
1	2	3	4	5	6	7	8	9	10	11	12	13	14
35	332.1～337.8	5.7	4.9		86.0	322～8	· · · · ·	-7	Ⅰ	疏松		第35筒，0～1.8m，浅灰色细砂岩 颗粒呈次圆状—圆状，分选好，泥质孔隙式胶结，透水性强，粒状结构，块状构造，还原环境沉积。 γ+β值3.47～4.26nC/(kg·h)，γ值3.25～4.02nC/(kg·h)	
												第35筒，1.8～2.1m，浅灰色含灰细砂岩 颗粒呈次圆状—圆状，分选好，灰质胶结，透水性弱，粒状结构，块状构造，还原环境沉积。 γ+β值3.89～4.26nC/(kg·h)，γ值3.59～4.02nC/(kg·h)	
							· · · I ·	-7	Ⅲ	较致密		第35筒，2.1～2.9m，浅灰色泥质粉砂岩 泥质含量较重，分布不均匀，泥质胶结，透水性弱，粉砂结构，块状构造，局部夹炭屑条带，还原环境沉积。 γ+β值3.73～31.72nC/(kg·h)，γ值3.50～28.97nC/(kg·h)	
							▬ ∙∙ ∙∙	-7	Ⅰ	较致密		第35筒，2.9～3.4m，浅灰色细砂岩 颗粒呈次圆状—圆状，分选好，泥质孔隙式胶结，透水性强，粒状结构，块状构造，还原环境沉积。 γ+β值4.75～6.89nC/(kg·h)，γ值4.51～6.63nC/(kg·h)	
							· · · ·	-7	Ⅰ	疏松		第35筒，3.4～3.6m，浅灰色含泥砾细砂岩 砂占75%，颗粒呈次圆状—圆状；灰色泥砾占15%，成分以泥岩团块为主，砾径最大8×10mm，最小1×2mm，一般3×4mm，分选中等，泥质孔隙式胶结，透水性中等，粒状结构，块状构造，还原环境沉积。 γ+β值4.81～7.26nC/(kg·h)，γ值4.57～7.02nC/(kg·h)	
							· · · ⊖ ·	-7	Ⅰ	较疏松			
							· · · · ·	-7	Ⅰ	疏松		第35筒，3.6～4.9m，浅灰色细砂岩 颗粒呈次圆状—圆状，分选好，泥质孔隙式胶结，透水性强，粒状结构，块状构造，还原环境沉积。 γ+β值3.67～8.01nC/(kg·h)，γ值3.44～7.82nC/(kg·h)	

图 4-18　姚家组下段典型岩心原始编录图

3）青山口组岩性组合及特征

以钱Ⅳ-149-11井为例

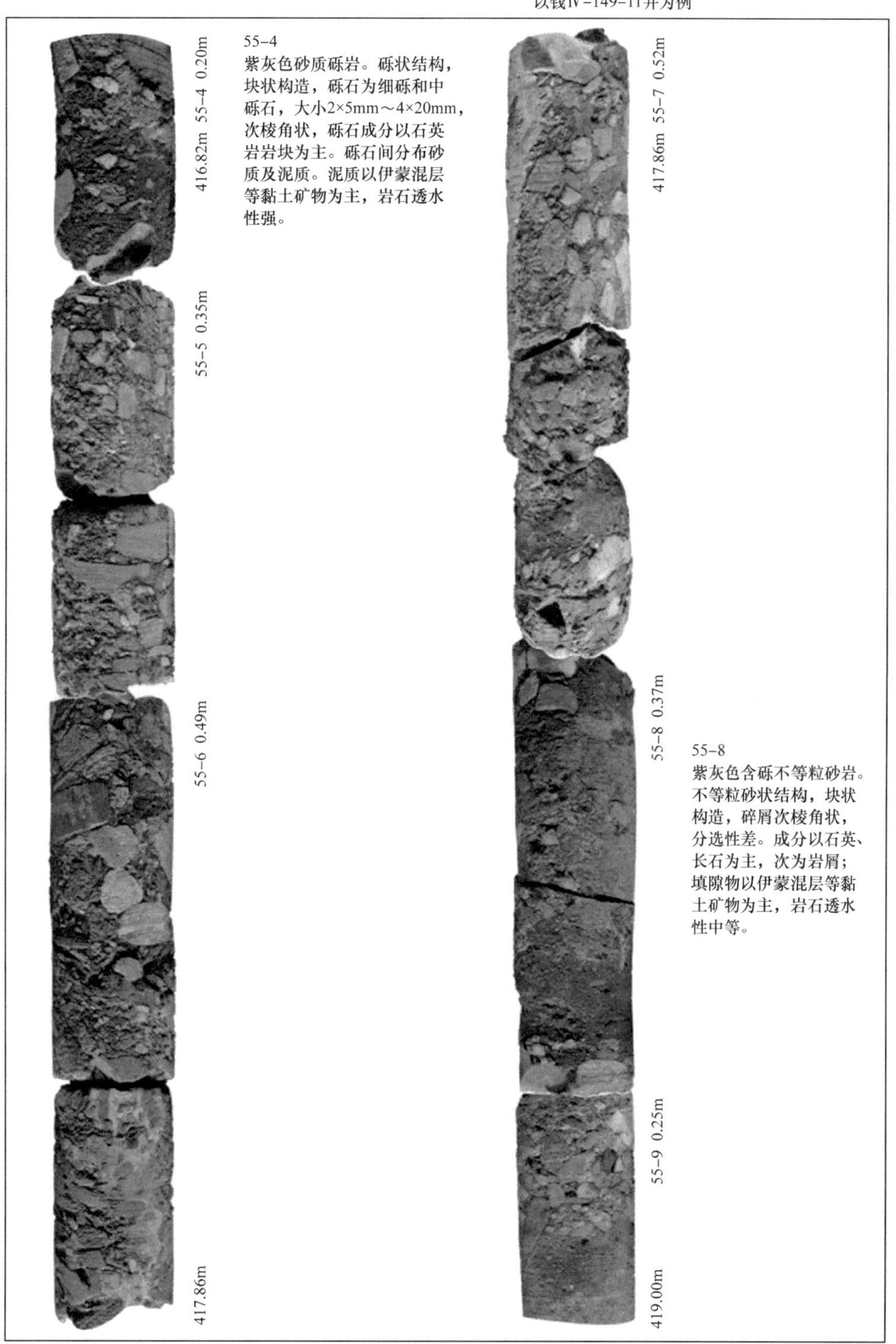

图 4-19　青山口组典型岩心编录图

钻 井 原 始 地 质 编 录

钻井号 钱Ⅳ-149-11　　　　比例尺：1∶100　　　　第43页

次数	累计深度(m)	进尺(m)	岩心长(m)	残留岩心长(m)	回次采取率(%)	井深(m)	粒级柱状图（煤 泥 粉砂 细砂 中砂 粗砂 砾）	颜色	碳酸盐岩含量	岩石固结程度	岩心γ、γ+β曲线[nC/(kg·h)]	岩性描述	取心位置及编号
1	2	3	4	5	6	7	8	9	10	11	12	13	14
55	415.5～420.5	5.0	4.4		88.0	416		-1	Ⅱ	较致密		第55筒，0～0.4m，浅红色泥质粉砂岩 泥质含量较重，条带状分布，泥质胶结，透水性弱，粉砂结构，块状构造，局部含灰，含浅红色砂质团块，氧化环境沉积。 γ+β值1.96nC/(kg·h)	
								2.1				第55筒，0.4～1.1m，紫红色粉砂质泥岩 色不均，质不纯，性硬，断口平坦状，粉砂分布不均，泥状结构，层状构造，强氧化环境沉积。 γ+β值2.27nC/(kg·h)	
						7–9		-1	Ⅱ	较疏松		第55筒，1.1～4.1m，浅红色砂砾岩 砾占55%，一般为细砾，砾径最大5×6mm：最小1×2mm，一般3×4mm，砂占35%，以中砂为主，颗粒呈次棱角状—次圆状，泥质孔隙式胶结，透水性强，氧化环境沉积。 γ+β值2.15～2.92nC/(kg·h)	
						420		-1	Ⅰ	较疏松		第55筒，4.1～4.4m，浅红色泥质细砂岩 泥质含量较重，分布不均，颗粒呈次圆状—圆状，分选中等，泥质孔隙式胶结，透水性中等，粒状结构，块状构造，氧化环境沉积。 γ+β值1.78nC/(kg·h)	
56	420.5～425.3	4.8	4.0		83.3	1–4		-1	Ⅱ	较致密		第56筒，0～3.4m，浅红色泥质粉砂岩 泥质含量较重，条带状分布，泥质胶结，透水性弱，粉砂结构，块状构造，局部含灰，氧化环境沉积。 γ+β值1.83～3.12nC/(kg·h)	
						4–5		-7	Ⅰ	较致密		第56筒，3.4～4.0m，浅灰色泥质砂砾岩 泥质含量重，分布不均匀，砾石占50%，一般为细砾，砾径最大8×7mm，最小2×1mm，一般3×2mm，呈不均匀分布，次棱角状，砂占25%以粗砂为主，颗粒呈次棱角状—次圆状，泥质孔隙式胶结，透水性弱，还原环境沉积。 γ+β值2.75nC/(kg·h)	
						6–8							

图 4-20　青山口组典型岩心原始编录图

7. 典型综合柱状图

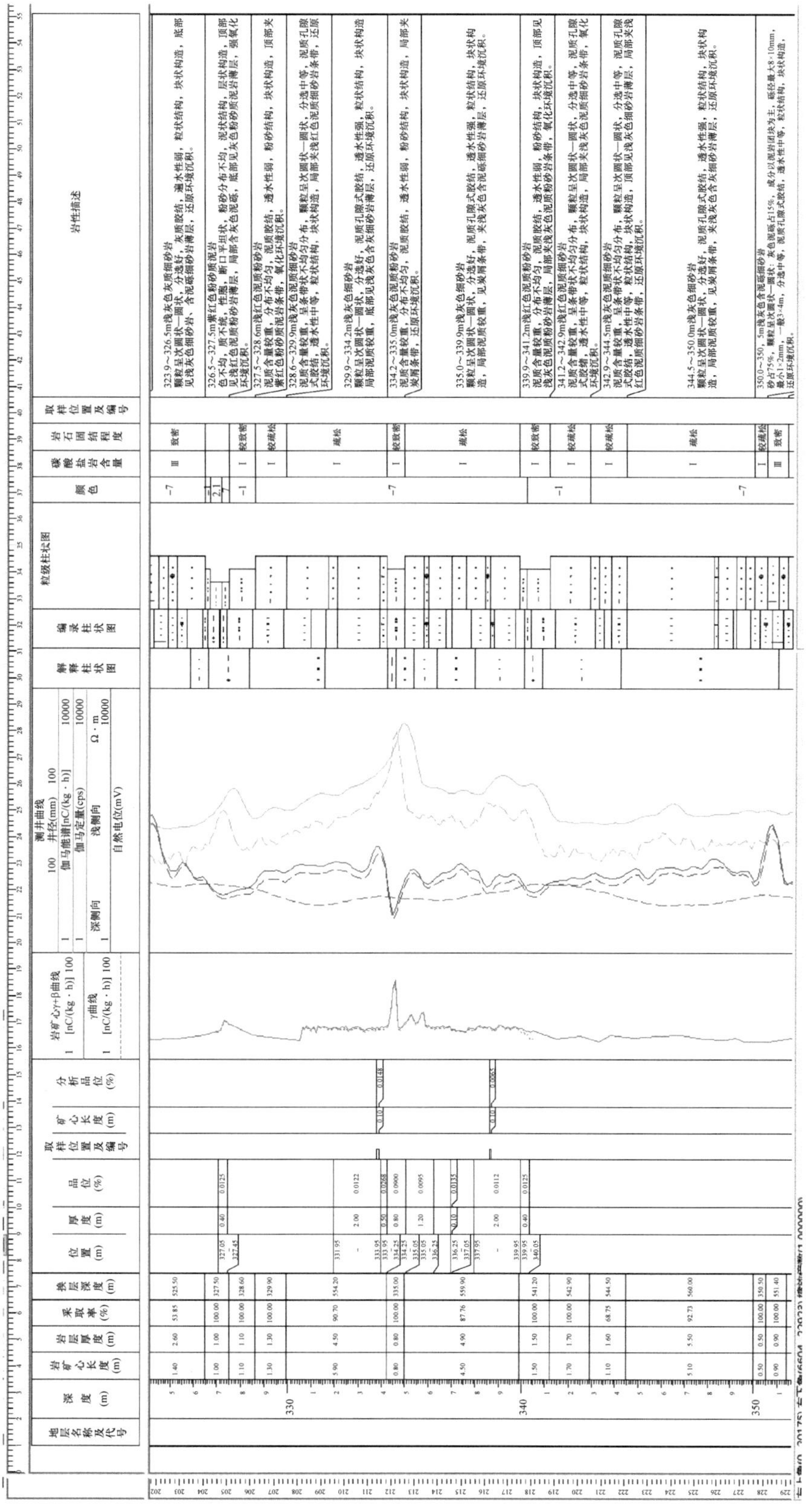

岩矿心长度(m)	岩层厚度(m)	采取率(%)	换层深度(m)
1.40	2.60	53.85	525.50
1.00	1.00	100.00	327.50
1.10	1.10	100.00	328.60
1.30	1.30	100.00	329.90
5.90	4.50	90.70	554.20
0.80	0.80	100.00	335.00
4.50	4.90	87.76	559.90
1.50	1.50	100.00	541.20
1.70	1.70	100.00	542.90
1.10	1.60	68.75	544.50
5.10	5.50	92.73	560.00
0.50	0.50	100.00	350.50
0.90	0.90	100.00	551.40

位置(m)	厚度(m)	品位(%)
327.05–327.45	0.40	0.0125
331.95–333.95	2.00	0.0122
333.95–334.25	0.50	0.0268
334.25–335.05	0.80	0.0900
335.05–336.25	1.20	0.0095
336.25–337.05	0.10	0.0135
337.95–339.95	2.00	0.0112
339.95–340.05	0.40	0.0125

矿心长度(m)	分析品位(%)
0.10	0.0148
0.10	0.0065

图 4-21 综合柱状成果图

二、样品编录

1. 岩矿鉴定取样

1）取样目的

（1）采取各类岩（矿）石的代表性标本是供肉眼观察和陈列，便于正确确定岩石的颜色、结构、构造和胶结程度等特征，进而统一认识，统一岩石定名，正确进行地质填图和编录。

（2）测定岩石中各种矿物含量、泥质含量、有机质含量、碳酸盐含量、矿物物理性质及部分光学参数，研究岩石的结构、构造、胶结物及胶结类型、矿物成分及共生组合，后生蚀变类型、蚀变强度，确定岩石、矿物名称，为研究区域地质及矿床地质提供资料。

（3）通过物相分析、电子探针分析，研究矿物的氧化程度、蚀变矿石的物质组分和蚀变矿物共生组合特点，为研究后生蚀变分带提供资料。

（4）采取矿石样及单矿物样进行矿物鉴定、光谱分析、化学分析、电子探针分析、X射线光谱分析、放射性及显微放射性照相，研究铀的存在形式、成矿期次，查明有工业意义的伴生元素赋存状态及分布规律，研究其与铀的成矿关系及其工业利用前景。

（5）采集古生物化石及孢粉样，为地层对比，确定地质时代，研究沉积环境提供依据。

（6）采取岩石、矿石重矿物分析样品，研究岩石矿石中重矿物组合特征，进而探讨目的层的物源、铀源及搬运沉积特征。

2）取样原则

（1）取样的目的要明确，应有代表性，根据地质需要，按不同层位、岩性、砂体及顶底板隔水层以及地层走向和倾向系统采取，必要时可在零星露头上补充采取。

（2）应按后生蚀变分带、蚀变类型系统采取样品。

（3）应按矿体的不同部位（矿体翼部及卷头）、矿石品级、矿石类型、矿石结构构造系统采取。

（4）应采集新鲜样品，并做好野外描述。

（5）采样应配套或一样多用，以相互验证和补充。采集配套样品或多种样品时，应尽量在同一地质位置上取样。

3）取样方法和要求

（1）岩矿标本和光、薄片鉴定取样。

① 地质工作初期，应采集一套能大致反映工作区地层、岩性、层间氧化蚀变、矿化基本特征的代表性标本，并随工作的进展而逐步充实完善。

② 沉积岩标本应按层位、岩性系统采集。应代表不同沉积旋迴、韵律以及不同岩相、不同后生蚀变的变化特征。

③ 对一个工作区，应采集一套反映层间氧化带、过渡带、还原带或潜水氧化带发育

特征的标本。

④ 对一个矿区，应按矿体不同部位、不同矿石类型、不同品级、后生蚀变程度，采集一套能代表矿区铀矿地质特征的标本。

⑤ 当采集各类岩石和矿石化学分析样品、同位素地质年龄测定样品、地浸地质工艺试样时，应同时采集岩矿鉴定样品，取样前应测定样品的伽马照射量率。

⑥ 采集样品的规格以能满足切制光薄片、手标本及观察时需要为原则。陈列标本，岩心长一般不小于 8cm，直径不小于 6cm。岩矿鉴定标本可适当缩小。对于矿物晶体、化石及结核物等，样品规格应力求反映其完整性。

⑦ 电子探针、X 射线显微分析样品，表面应平整光滑。样品所测试的微粒、微区应用钢针或硬度计压刻标记，并提供预分析部位的镜下照片和素描图。

（2）单矿物取样。

① 可在岩（矿）心中或在露头上采取，应在矿体内采取铀矿物及与稀散元素有关的主要矿物。在矿化最强、矿物结晶粗大处要细心刻取，如颗粒过小不能单独刻取时，则可取数公斤样品进行破碎分选。

② X 射线粉晶分析样品一般是经过镜下精选的单矿物，其样品重量：照相法大于 10mg，衍射法大于 50mg，同时提供初步定名及其依据资料。

③ 借助重力选矿、浮选、磁选、电磁选、静电分离和化学处理等方法，最后在双目镜下检查挑选，分离出所需要的单矿物样品，每个样品重量一般为 1～2g。

（3）粒度分析取样。

① 以砂岩层为取样单元，同一取样单元样品分布要均匀，样品数量一般不少于 30 个。

② 可采取岩心劈半的方法取样，样品重量应大于 200g。

③ 粒度分析一般采用筛析法及薄片法。薄片法分析要求取完整的块样。筛析法分析粒级应与砂岩粒级分级相一致。

（4）岩石、矿石重矿物分析取样。

① 岩石、矿石重矿物分析样品可在地表露头区采取，也可采取岩心样。在地表露头区一般采用拣块法采集，在岩心中一般采用劈心法采集（若不进行矿物定量分析，也可用拣块法）。

② 样品重量取决于岩（矿）石中目的重矿物种类及其含量，岩石样重量一般 10～20kg，矿石样重量一般 3～10kg。样品中主要重矿物含量较低可增加取样量。

（5）古生物化石标本和样品取样。

① 脊椎动物化石（如骨骼是脆的）要求用石膏或夹有碎稻草的黏土涂抹。同时对骨骼在岩石中的分布做出素描或照相。

② 植物印痕可采集正面也可采集反面，包装时应填入棉花或软纸。

③ 鉴定用的微体标本，要采取未经风化的新鲜岩石。

④ 采集化石应详细记录化石形态（整体或碎片）、内核保存情况和采集部位的地质简况。

（6）孢粉鉴定取样。

① 应在富含孢粉、未经变质的新鲜岩石的地层中采取。

② 采集孢粉鉴定样品应按剖面顺序取样。

③ 样品采集后立即用坚实的纸包装，防止现代孢粉混入。

④ 取样密度视地层划分的需要和岩层含孢粉的情况而定。一般逐层采样。含孢粉多的地层，地层厚度小，岩性变化大时，样品要密些，反之稀些。详细划分地层到“阶”时，如岩层厚、岩性变化小，采样间距一般为 5～10m，如岩层薄，岩性变化大，采样间距一般为 2～5m。

⑤ 孢粉样品重 200g 左右，泥炭和烟煤可减少到 50～100g。

2. 分析取样

1）取样目的

（1）基本分析取样的目的是通过测定岩（矿）石中的铀、镭、钍、钾和碳酸盐含量及有机碳含量，研究矿体和围岩中放射性铀、镭、钍、钾元素的变化及铀的迁移富集规律，确定铀矿体与围岩的界限和矿体中铀—镭、镭—氡放射性平衡规律，为资源 / 储量估算提供依据。

（2）组合分析取样的目的是通过测定岩（矿）石中有关组分元素的含量，研究铀与伴生元素的相关性和有用元素的富集规律。

（3）全分析取样的目的是通过测定岩（矿）石中各种元素的含量，以确定含矿砂体和岩（矿）石的化学成分及含量，计算岩（矿）石的有效原子序数。

（4）地球化学指标分析取样的目的是通过测定岩（矿）石中的 Eh 值、pH 值、ΔEh 值、全硫、二价铁、三价铁、有机质、二氧化碳和烃类等，研究氧化带岩石地球化学特征及铀的富集因素。

（5）包裹体分析取样的目的是通过测定包裹体中各组分含量及 pH 值和 Eh 值，以确定成岩、成矿时的地球物理、地球化学条件及岩源、矿源的物质组成和特征。

2）取样原则

（1）应根据地质需要取样。

（2）应有代表性，应根据岩石、矿石类型，岩性、岩相变化，矿体与围岩关系等进行系统取样。

（3）矿体取样时，应根据地质、物探编录和铀矿化分布特征，合理划分取样段。

（4）计算铀—镭平衡系数样品要求连续取样，封边样品不能有矿化显示，数量为 2～3 个。

（5）取样应随工程进展及时进行。

3）取样方法和要求

（1）基本分析取样。

① 取样时应仔细对照钻孔的地质物探编录和伽马测井资料，保证取样位置的准确性。

② 样段划分应根据矿化均匀程度、伽马测井、岩心伽马照射量率、矿石类型、岩性和钻程而定，对氧化和非氧化的应分别进行取样。取样时，先把岩心外表的泥层洗去或去掉被冲洗液浸透的表层，取样长度遵循如下原则：当矿段厚度小于 1m 时，取样长度应不大于 30cm。当矿段厚度不小于 1m 时，取样长度最大为 50cm。在矿段边界的取样长度为 10～20cm。矿段两侧围岩各取一个样，取样长度为 10～20cm。当一种岩性样品长度不足 20cm 时，可作为夹层处理。

③ 取样时，应按矿心对称劈半取样，一半作为矿样，一半保留。劈岩心碎屑应全部收集，并平均分为两份，一份合并到矿样中，另一份合并到保留矿心中，两份重量相对误差应小于 15%。

（2）组合分析取样。

① 采集组合样品的数量，应根据矿石的自然类型以及伴生有益组分、有害组分的变化大小而定。

② 样品的组合应按矿体、块段、矿石类型和品级，并从基本分析的副样中组合，由 3～5 个基本分析样组成。组合样品的重量应根据分析项目和分析方法所需重量而定，样品重量一般为 100～200g。

（3）全分析取样。

① 光谱全分析样品可采自同一矿体的不同空间部位和不同矿石类型，也可取自有代表性地段的基本分析副样或组合分析副样。

② 化学全分析样品，可利用组合分析副样或单独采集有代表性的样品。

（4）样品重量一般为 200～300g。

（5）地球化学指标分析取样。

① 岩（矿）石 Eh 值、pH 值、ΔEh 值测定样品应采取新鲜岩（矿）心，现场取样，现场测定。对于来不及现场测定的样品，要及时用石蜡密封，防止样品失水和氧化。样品重量一般为 500g。

② 岩（矿）石全硫、二价铁、三价铁、有机质、二氧化碳分析样品应按不同的岩石地球化学分带和矿体的不同部位及不同的矿石类型分别采取。样品重量为 300g。

③ 烃类取样应选择古土壤取样。取样深度应不小于 1.5m，取样层位应一致。湿样应及时阴干。样品用塑料纸包装，外套牛皮纸，并用麻绳捆扎。样品重量过 60 目样筛后应大于 150g。

（6）包裹体分析取样。

① 应采取晶质矿物，也可用不透明矿物。按成矿期和成矿阶段分别取样，选出单矿物，纯度应大于 98%。

② 用包体测温时，应取不含碳酸盐的岩石和矿物。一般应取透明矿物，当用均一法测温时，所取矿物的透明度要好，且应为块状样品。

③ 研究成岩、成矿压力时，应取含二氧化碳包体的矿物，样品为块状。

④ 样品重量一般为 20～50g。

3. 样品整理、保管和送样要求

1）样品整理与保管

（1）现场取样操作流程。

① 设计样品：根据岩性、矿化情况划分样品长度，岩性变化位置、回次相接位置必须重新分样，相同岩性，可根据矿化情况将样品分为 0.2～0.5cm 样段。

② 采集样品：将岩矿心根据样品设计长度断开，插入标记卡牌防止样品错乱，然后将岩矿心由中间劈开，采集其中一半用作样品分析（图 4-22）。

图 4-22　岩矿心取样工作图

③ 岩矿心处理：取样后，将岩矿心严格按照原始顺序整体移至提前准备好的塑料布中进行包裹，防止在岩矿心入库搬运途中散乱丢失。

（2）样品采集后应及时整理、编号按钻探工程分别登记（图 4-23），登记簿格式参见表 4-12。

表 4-12　钻孔岩心分析取样登记簿

序号	样品编号	取样位置			样品简述	分析项目			异常值 CPS	取样人	取样日期	备注
		自　m	至　m	长度　m		U/Ra	Th/K	…				

① 各种样品应分别使用规定的代号、代码统一编号，防止重号和漏号。

② 各类样品均应在地质编录本和有关图件上标明取样位置，必要时可编制专门性图件。

③ 测试样品在包装时，要将样品袋系紧，防止运送途中漏出或丢失。在装箱存放时，

用油漆注明箱号，箱内应放样品清单。

④ 样品整理登记后应妥善保管，防止丢失、损坏和混杂。

图 4-23　岩矿心样品登记工作图

2）送样要求

（1）应填写送样清单，送样清单格式参见附录 E、附录 F、附录 G 和附录 H。送样时，应交实验室一式两份送样单，并写明分析项目和要求。送样和收样单位的经手人必须加盖公章或签字，办理移交和验收。样品交接应填写样品交接三联单，格式参见附录 I。

（2）系统采集的岩矿鉴定样品、重要化石标本和具有特殊地质现象的标本，应附剖面图或素描图及取样位置图。

（3）样品都应用清洁结实的包装纸和样品袋包装，防止样品在运送中雨淋、曝晒、污染、丢失和震碎。

（4）水样在送样过程中，要注意防漏、防冻、防晒。

取样歌谣

编筐和挝篓，关键在收口，取样要连续，矿心须足够 ❶；
异常按级分，岩性莫滥凑 ❷，上下要封边，矿段不能漏；
登记要细心，重点非渗透 ❸，样长等心长，进尺在两头 ❹；
劈开一半取，碎屑要全收，口袋扎严紧，装箱快运走；
湿密很娇情，须在出筒后 ❺，铀镭同步测 ❻，无矿白难受！

注：❶ 岩心收获率不足 75% 不要取样；❷ 隔夹层厚度超过 10cm，不要合并取样；❸ 登记的非渗透岩心厚度务必要与原始编录登记的岩心厚度一致；❹ 登记的样品累计长度要与本回次岩心长度一致，样品起止位置要与本回次进尺的起止深度一致；❺ 湿密度样品必须在岩心出筒后的第一时间录取；❻ 为保证用于测试湿度、密度的岩心是矿心，样品必须同步进行铀镭分析。

三、水文试验

1. 现场水文地质试验

现场水文地质试验主要包括：抽水试验、注水试验和抽、注水试验、资料整理。

1）抽水试验

抽水试验顺序：静止水位测定、试验抽水、静止水位检查测定，抽水试验、恢复水位观测和资料整理，水样采集根据样品种类的要求可在抽水试验前、中或之后进行。

（1）抽水试验主要为获取含矿含水层的渗透系数、涌水量和单位涌水量等参数，对钻孔的抽液能力做出评价。

（2）成建井完成后应精确地测量含矿含水层的静止水位。

（3）在进行正式抽水试验之前，应进行试验抽水工作，以检验抽水设备运转情况，了解水位降深、涌水量等情况，并进一步检查静止水位。

（4）采用非稳定流抽水试验方式，以定流量、阶梯定流量或定降深抽水，降深应大于 30m，并尽可能采取接近地浸开采时的降深或最大降深。

（5）抽水过程中，水位和流量应同时观测，观测时间间隔按 1、2、2、5、5、5、5、5、10、10、10、10、10、20、20、30 分钟进行，以后每隔 30 分钟观测一次，同时应测量观测孔的水位。

（6）抽水延续时间应根据水位降深与时间半对数曲线确定，一般应在上述曲线出现固定斜率的渐近线后，延续一个对数周期。

（7）流量、水位观测误差：当钻孔单位涌水量大于 0.011/（s · m）时，流量误差不大于平均值的 3%。抽水孔水位变化不大于降深的 1% 时，观测孔水位变化不大于 2%。

（8）抽水试验停泵后，应连续测量抽水孔和观测孔的恢复水位，原则上应恢复至静止水位。

（9）抽水试验结束后应提交：抽水试验综合成果图、抽水试验各类观测数据表册。

2）注水试验

注水试验顺序：静水位测定、注水试验、恢复水位观测、资料整理。

（1）注水试验同抽水试验一样，可以获得含矿含水层的各项水文地质参数，但这里主要是为取得含矿含水层的吸水性能资料，为工艺钻孔的注液能力做出评价。

（2）注水试验是在完成了抽水试验、并测定了恢复水位后的试验孔中进行的。

（3）连续往孔内注水，形成稳定的水位（水头）和稳定的注入量，其稳定时间不少于 2～4 小时。

（4）观测时间间隔开始应加密，以后可以以每隔 30 分钟观测一次。

（5）抬高的水柱，一般由静止水位至孔口的距离确定，必要时可高出孔口。

（6）注水孔注水过程中，同时应测量观测孔的水位。

3）抽注水试验

抽注水试验又可叫连通试验，其工作顺序为：静止水位观测（包括试段内所有孔）、抽、注水试验、恢复水位观测、资料整理。

（1）模拟现场双孔地浸试验条件的抽、注水试验，以了解含矿含水层接近地浸试验实际的抽、注水量、平衡条件及连通情况等，为现场地浸试验提供相关参数。

（2）根据试验孔抽、注水试验的成果，在试段段均进行一抽一注的抽注水试验。

（3）定时观测并记录抽注水量和相应的水位和水头，并达到抽、注水量和水位、水头的稳定。

（4）应同时测量观测孔的水位。

（5）结束试验后应提交相关图件、观测表册及评价意见。

4）资料整理

按照项目设计要求及地浸砂岩型铀矿相关规范规定，对所取得的各项原始资料认真进行综合整理及分析研究，完成相应的成果报告和图件，为提交储量报告和开展地浸试验提供水文地质资料。

2. 室内测试

1）岩石水理性质

在含矿含水层中采集含矿岩石、非含矿岩石及其顶、底隔水层样品，测定其渗透系数、粒度成分等，一般应采集原状样。

2）水化学成分

在揭露含矿含水层的试验孔中采集一般的水化学分析样，测定其水的物理性质和常量水化学成分，一般包括：水的温度、透明度、矿化度、pH、HCO^{3-}、SO_4^{2-}、Cl^-、K^+、Na^+、Ca^{2+}、Mg^{2+}、硬度等。一般在试验孔中定深取样或抽水试验流量达到稳定后采集，取样后应及时分析。

3）水中铀

取样对象及取样方法同水化学成分。

4）水文地球化学环境

以研究含矿含水层的垂直与水平（抽水孔和观测孔间）方向的地球化学环境，通过测定地下水中的 H_2S、O_2 和 Eh 等指标，确定含矿含水层所处的地球化学环境，采用定深取样并应现场测定。

3. 成建井技术及要求

1）成建井顺序

（1）综合测井结束后，进行扩孔。

（2）测量井深，井底用黏土封闭，将钻井液换稀适度，安装井管。

（3）采用动水填砾法填入砾石，从井口四周填入，不得从单一方向填入，并定时探测砾料面位置，达设计深度。

（4）在砾料顶面投入黏土后，用导管输入 425# 以上型号普通水泥、灰土等进行非试验段封闭，井口处用水泥固井。

（5）封闭后进行封闭效果检查。

（6）使用钻井泵冲孔后，采用理化联合洗井，清除井底淤积物。

（7）安装抽水设备，进行水文地质试验工作。

2）井管材料、滤水管加工及井管安装

为了施工钻孔的综合利用，井管材料采用耐酸的聚氯乙烯硬塑管（PVC），依据井深、抽水试验、地浸试验等对井管规格和强度的要求，设计抽（注）水孔井管直径、壁厚，观测孔井管直径、壁厚，井管间管箍连接。

滤水管用 PVC 管加工而成，PVC 管上小孔呈梅花状排列，其加工规格及加工方法见表 4-13、图 4-24。滤水管外套 PVC 缝式过滤器按原核工业第六研究所方案加工。

表 4-13　滤水管加工规格数据表

井管类别	内径 D_1（mm）	外径 D_2（mm）	管壁厚度 δ（mm）	死头长度		小孔直径 d（mm）	孔心纵距 A（mm）	孔心横距 B（mm）	每周孔数	每米孔数	每米井管孔数	孔隙率（%）	适用钻孔（编号）
				H_1（mm）	H_2（mm）								
160×18 PVC 管	124	160	18	200	200	16	52.6	29.6	17	19	323	12.9	抽水孔、注水孔（SW-1A、1C、1D、）
110×15 PVC 管	80	110	12	200	200	14	45.5	47.1	6	22	132	7.2	观测孔 SW-1B

注：上述井管靠近公扣端预留 2～3m 实管作为沉砂管。

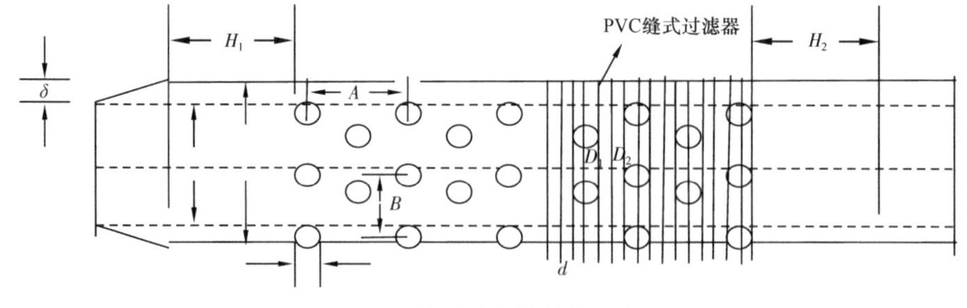

图 4-24　钻井滤水管结构示意图

井管安装：

（1）扩孔终止后，将钻井液稍换稀，井底投入优质黏土球，厚度 1.0m。

（2）测量井底实际深度。

（3）安装井管，滤水管投放位置将依据地质编录及物探测井工作确定，允许位置偏差为 1.0m。

（4）PVC 管壁外焊接扶正器。扶正器分布在井管中上部、滤水管上、下端等处。具体位置视钻孔揭露编录情况确定。扶正器加工规格数据见表 4–14，加工示意图见图 4–25。

表 4–14　扶正器加工规格数据表

类型	孔径 *D*（mm）	井管外径 *d*（mm）	*S*（mm）	L_1（mm）	L_2（mm）	L_3（mm）	L_4（mm）
抽水孔 注水孔	311	152	14	300	70	30	50
观测孔	215	104	14	300	55	30	50

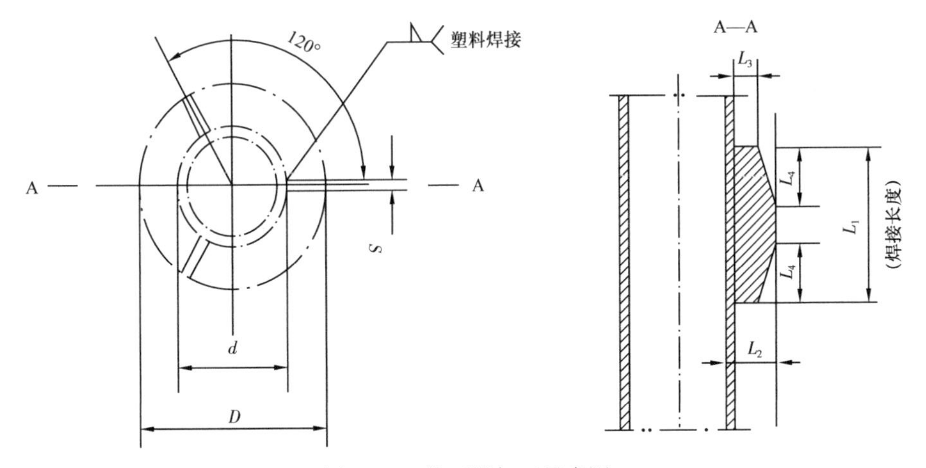

图 4–25　扶正器加工示意图

3）填砾及砾料

必须采用动水填砾方法，砾石规格 2～3mm，投放位置将依据井管安装后确定，填砾用量采用如下公式进行计算，填砾过程中要随时测量填砾深度，确保填砾位置（深度、厚度）正确可靠。

计算公式：

$$Q=0.785（D^2-d^2）LK$$

式中　Q——填砾数量，m^3；

D——孔径，mm；

d——PVC 管外径，mm；

L——填砾孔段长度，mm；

K——超径系数，取值范围 1.2～1.5。

4）止水、封井技术

封井止水在含矿含水层底板使用黏土，顶板以上全段使用 $425^{\#}$ 以上普通水泥，通过 1.5″ 导管压浆（导管灌注法），将铁质导管放置封闭位置，用加压泵将配制好的水泥（水泥浆配制要求见表 4-15）送入封闭段，水灰比 1∶2，配制水泥浆要严格控制，同时计算使用量，并进行封闭效果检查工作。

表 4-15　水泥浆性能表

标号	水灰比	比重	流动度	初凝时间	终凝时间
425#	1∶2	1.86	＞45cm	2.5h	8.7h

水泥用量计算公式：

$$Q=(50L/I)K$$

式中　L——需封孔段长，m；

I——每袋水泥灌注理论长度，m；

K——充盈系数（1.30～1.50）。

止水、封井后必须进行止水效果的检查，并应有记录。

5）洗井工作

使用钻井泵清水冲洗钻井，至返清水为止。然后使用空压机进行机械洗井，在洗井过程中同时观测井水流量大小变化，直至井内水清沙净，结束后应实测井深，如果发现沉沙管沉沙较厚，则要继续冲孔，允许井底沉淀物厚度小于井深的 5‰。

四、物探参数孔测试

1. 施工流程

物探参数孔的工作流程如下：

施工设计—布孔钻探（取心、地质编录、物探编录）—完井（成井）—冲孔—综合测井、伽马测井—下套管对顶板封井止水—检查止水质量—清水冲孔—孔底封井止水—伽马状态观测（连续观测约 38 天）。

2. 一般技术要求

钻孔施工应一次钻进成井，不能扩孔，保证状态观察测井条件同终孔后测井条件一致。要求全孔岩心采取率不小于 75%，含矿层矿心回次采取率不小于 85%，以满足取样分析与测井对比工作的需要。井斜每百米不超过 1m。

3. 下套管及止水

终孔测井结束后，8 小时内应完成套管封孔。套管连接部位做密封处理，不得漏水漏气。采用专门水文孔的止水方法在含矿含水层的顶底设计合适止水位置并进行止水。封孔套管不能直接顶死在顶板泥岩中，以便用“泵压检查止水法”检查顶板止水的质量。当顶板止水质量合乎要求后开始清水冲孔，冲洗干净后向套管中加入黄泥球对含矿含水层底板进行止水，用钻具捣实黄土，捣实厚度 0.5～1.0m，保证 γ 测井异常曲线完整。

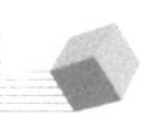

4. 清水冲孔

顶板止水工作完成后，将钻杆下到孔底用清水反复冲洗，冲去套管及井壁中的钻泥、岩粉和冲洗液，直到循环液清澈，而且冲洗循环液的伽马照射量率小于3nC/（kg·h）为止，保证测井数据质量。

5. 测井

1）终孔测井

钻进结束后，对钻孔进行伽马测井和综合测井。测井方法及技术要求按《γ测井规范》（EJ/T 611—2005）和《地浸砂岩型铀矿地球物理测井规范》（EJ/T 1162—2002）的规定执行。测井项目及要求（表4-16）。

表4-16　完井测井项目及要求

测井项目	测量井段（m）	比例尺
标准	井口—井底	1：500
0.45m 梯度	井口—井底	1：200
0.5m 电位	井口—井底	1：200
时差	井口—井底	1：200
双侧向	井口—井底	1：200
井径	井口—井底	1：200
井斜	井口—井底	连续测斜
自然伽马	井口—井底	1：200
自然电位	井口—井底	1：200
自然伽马能谱	井口—井底	1：200
备注	自然伽马和自然伽马能谱含矿段重复测量一次	

综合测井结束后开始按设计要求扩孔，扩孔结束后进行伽马测井和井径、井斜测量。

2）状态观测

物探参数孔封孔后，应在约38天内进行连续伽马测井状态观测。前4天，每8小时进行一次伽马测井，之后的4天，每24小时测一次，以后则每2～3天测一次，直到镭氡达到平衡，伽马测井照射量率稳定，测量结果填入物探参数孔状态观测记录表中（表4-29）。状态观测伽马检查测井次数应不少于状态观测次数的10%。应使用终孔测井时的伽马测井仪进行状态观测。累计测井次数应不少于32次。

6. 质量要求

经镭氡平衡系数修正后的γ测井解释铀矿层的含量和厚度应与取样分析确定的铀含量

和厚度进行对比。对比误差应在 0.9～1.1 之间。

7. 资料整理

1）现场资料要求

（1）绘制 γ 测井仪在状态观测期间的稳定性曲线。

（2）对终孔 γ 测井结果应进行冲洗液吸收系数修正。状态观测 γ 测并结果应进行套管和冲洗液吸收系数修正，冲洗液密度为 $1g/cm^3$。

（3）编制物探参数孔镭量平衡状态观测记录表。

（4）以纵坐标表示 γ 测井照射量率值［nC/（kg·h）]，横坐标表示测量时间（t），绘制物探参数孔镭氡平衡状态观测曲线图，研究镭氡平衡状态变化情况。

（5）应采用非线性拟合方法对物探参数孔状态观测曲线进行拟合。

2）提交资料要求

（1）γ 测井仪校准证书、仪器标定及检查记录曲线和图册。

（2）镭氡平衡破坏检查记录表。

（3）水文地质孔注水前、后 γ 测井资料。

（4）物探参数孔镭氡平衡状态观测原始测井曲线、状态观测记录表和曲线图。

（5）物探参数孔技术工作总结报告。

（6）镭样品分析结果表。

（7）单矿段、单工程渗透性矿石镭氡平衡系数计算表。

（8）镭氡平衡系数样品平面分布图。

（9）矿床 γ 测井解释与矿心取样分析测试结果对比表。

（10）水文地质孔有关情况说明，注水情况记录。

（11）物探参数孔综合成果图。

（12）物探参数孔质量评价报告。

五、数据库建设

基于铀矿勘探开发业务需要，突破传统管理理念，将信息技术充分应用到勘探开发管理中，通过对大数据存储技术的研究和安全部署策略的考虑，研究团队研发了《铀矿勘探动静态数据管理及勘探决策系统》，分别建设了生产运行管理子系统、静态数据管理子系统、地质综合研究子系统，分别实现了勘查钻孔数据的实施存储、调取、研究、应用，铀矿地质研究的地层划分与对比数据的实施更新，钻孔不同地层单元地层厚度、砂体、氧化砂体、隔水层等地质参数的自动化统计分析及图件编辑，大大提高了地质综合研究的精度和效率。

完成三套子系统共计开发 29 个功能模块 209 项功能菜单。第三阶段的历史数据迁移工作完成井信息加载、测井数据加载、分析化验数据加载、岩心照片数字化加载、井史

资料加载。

生产运行管理子系统用于科学的组织和管理探井项目开展全过程；静态数据管理子系统实现铀矿资料的数字化管理，并为地质研究分析提供数据支持；地质综合研究子系统是为研究人员打造面向于铀矿专业应用系统。三套子系统的建设基于规范化、标准统一的铀矿地质数据模型，实现了铀矿勘探开发领域的集成共享建设，是具有一体化管控能力的协同研究平台。

1. 建设思路

1）设计原则

（1）系统设计原则。

系统遵循 MVC 设计思想，面向对象的分析和设计方法；保证模块、程序之间实现松散耦合；使用成熟的开发框架或组件；抽象公用模块，减少重复代码编写量；保证业务代码的可重用性；保证系统的开放性，保证未来可对系统扩充与完善；用户界面友好，方便操作，易于为操作员、单位领导和业务人员掌握和使用，所有使用代码的地方，应以中文提示出现，用户不需查询和记忆代码含义。

（2）数据结构原则。

数据表结构设计应力求做到结构合理，索引适当，能够保证多用户操作时的数据存取速度；数据表之间关联关系清晰，避免数据混乱；数据结构的设计应具有前瞻性，能够适应后续扩展开发的需要；应尽量避免可能生成的冗余数据；兼顾数据备份的需要。

2）总体设计

（1）总体架构。

充分考虑已建与待建系统关系，经过统筹规划和统一设计，微观上，系统架构分为五层。宏观采集、应用、存储三层（图 4–26）。

应用层：开展地质综合研究，直接从平台数据库提取基础数据和研究成果数据，实现探井生命周期动态管理、综合地质研究、地质图件绘制输出。

存储层：建设独立数据库，规范铀矿数据模型、实现用户数据与应用数据分离存储、实现本系统与外部系统数据共享与推送。

采集层：建立统一的数据采集质检平台，实现铀矿勘探与生产运行业务数据一体化采集、数据质检入库。

（2）网络架构。

根据动静态数据安全级别与实时性要求，应用系统部署将分为两部分（图 4–27）。

① 铀矿勘探生产运行管理系统（动态部分）部署到油田公司办公网。

② 铀矿静态数据管理及地质研究系统（静态部分）部署到能源利用公司科研网。

优势：数据安全性保障：敏感度高、私密性强的数据存储于科研网数据库，访问安全有保障。单独组网部署应用，数据对外透明，无网络安全隐患。

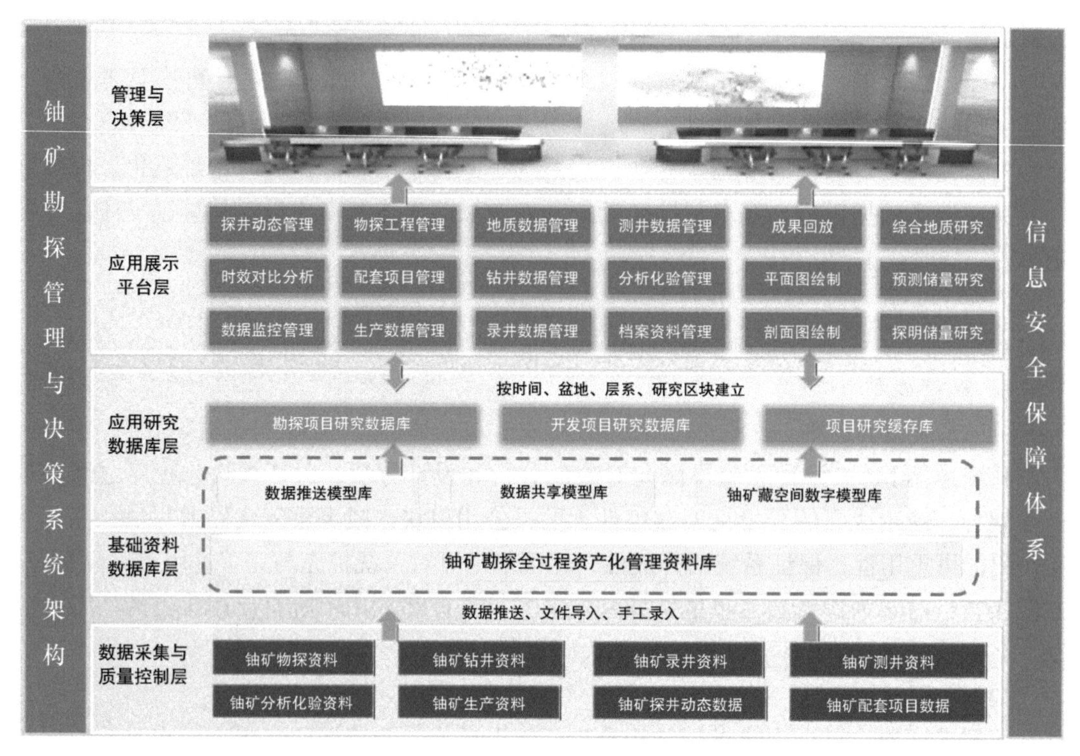

图 4-26　数据库总体架构图

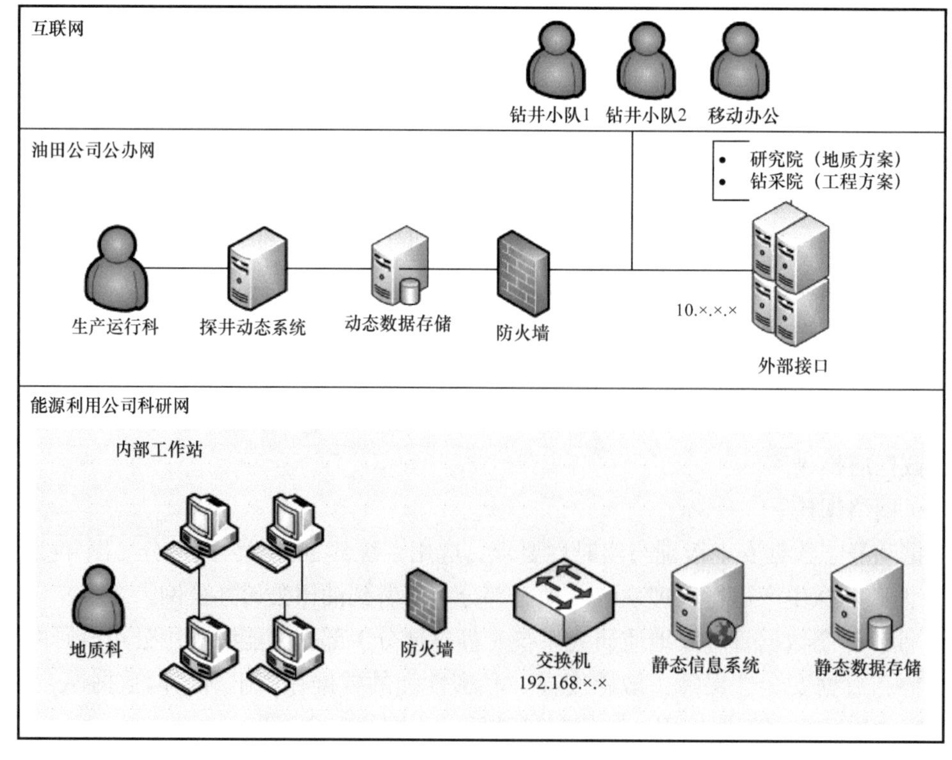

图 4-27　数据库网络架构示意图

（3）技术体系。

根据铀矿业务需求的特点，采用 B/S 与 C/S 相结合的开发模式。铀矿数据管理与应用采用成熟稳定 B/S 架构，铀矿地质研究及绘图系统采用 C/S 架构，两者共用一个平台数据库。充分发挥 JAVA、VC++ 程序语言优势及不同开发模式部署优点，扩展系统应用范围与提升用户体验。具体结构如图 4–28 所示。

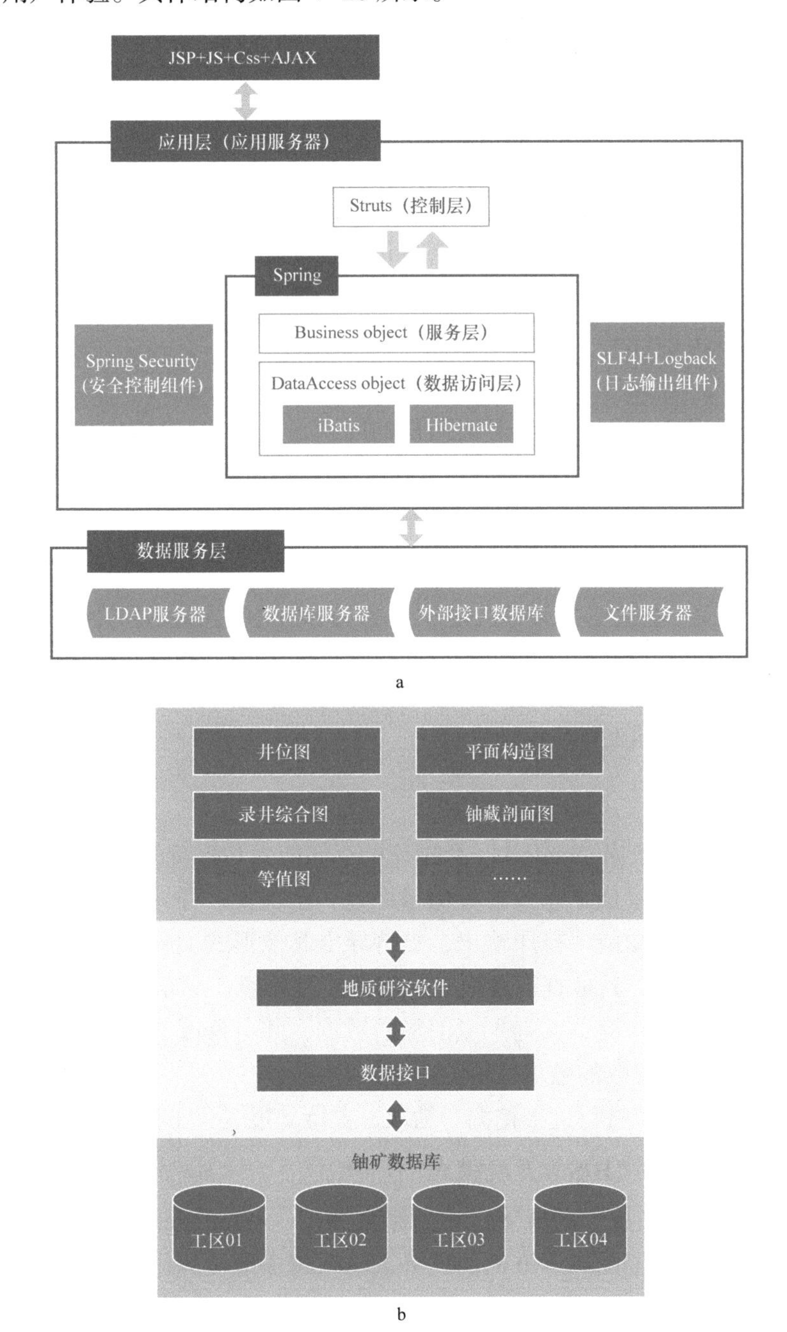

图 4–28　数据库技术体系图

建立 Oracle 扩展应用数据库，用于管理基础数据统计分析过程及应用系统的配置管理数据。利用 Oracle 数据库存储过程进行批量数据处理。

应用 Weblogic 建立 Web 应用服务器负载均衡，保证系统稳定运行。

使用 Struts+Spring+Ibatis 框架进行应用开发，完成业务逻辑实现、数据库存储过程调用、任务调度、文件导出、报表生成、页面生成、对外服务发布等。

使用 RIA（富互联网应用）技术，进行图形、图表开发，提供丰富的交互功能。

（4）安全设计。

从网络安全、系统安全、硬件安全、数据安全、操作安全等多个方面进行考虑，全面提高系统的安全性。

采用级别层次方式来管理系统的操作权限；对于各种敏感数据（用户名、密码、数据库密码等）系统采用专用加密算法加密后保存；建立完善的权限分配功能，控制系统访问和数据访问，保证关键数据安全性和完整性；数据库连接的用户名和密码要进行加密，并由系统管理员进行统一管理。

（5）质量体系。

为了使该系统正常运行，及时解决用户的问题，加快响应时间，工程实施小组将定期和用户一起召开会议，总结前一段工作进展情况，即系统运转情况，响应是否及时，有无遗留问题等。这样可以及时纠正工作中的失误，改善服务措施。

实施小组中，做到遇事有人可找，设专人负责，避免拖延、等待、推诿现象，保证高水准服务。

在系统启用一段时间后，特别是用户工程师经过培训、操作、运用系统后，对整个系统有了一定经验；将配合用户工程师测试系统性能，对系统进行必要调整，使系统保证在最佳运转状态，此项工作将定期进行。

2. 技术指标

系统的数据存储量依据 Oracle 11g 数据库的存储能力和磁盘的存储空间而定。系统各种数据表的记录存储数量依据系统总存储量而定。系统报表样式支持用户自定义，支持上下标，具备行列锁定功能。打印输出，支持导出其他形式文件便于转储。系统对历史数据的访问速度是秒级，其他查询及报表访问速度是秒级，满足行业 3–5–8 原则。用户可以与生成的图形进行交互，查询生成图形的数据，并可修改数据，在不影响数据库真实数据的情况下，根据修改的数据可重绘图形。

支持报表数据按单位进行逐级挖掘、钻取。支持父报表、子报表显示。

1）浏览器 / 服务器（B/S）开发模式

随着 Internet 和相关技术的成熟，它的派生应用——Intranet 技术因其在低成本，资源利用率高和信息交互范围广等方面的优势，越来越多地被应用者接受和采纳。在本系统中，选择 Intranet 作为基本构造平台，在 Internet 网络技术和数据库管理系统的支持下，完成数据应用扩展和数据管理功能的开发。

系统客户端采用浏览器（Browser）方式，把主要的应用放于服务器端。浏览器界面简单，操作容易，大大减少了对客户的培训和对客户端软件的维护时间及费用。

采用 Oracle 11g 数据库，运用 JAVA、JSP、HTML、JavaScript、CSS 语言作为浏览器 / 服务器程序的开发语言，实现了浏览器 / 服务器设计模式。

2）系统技术架构体系

系统融入目前主流的 JAVA 设计思想，使用了大量优秀的开源框架和专业的组件搭建，系统整体架构先进合理，并具备高度的灵活性、可扩展性、安全性、响应速度快、易用性等特点。通过使用 Struts+Spring+Hibernate+Ibatis 框架，降低程序架构的耦合度，降低软件维护的工作量和难度，保证了系统的可维护性、可扩展性和系统的安全性。系统使用技术体系结构见图 4-29。

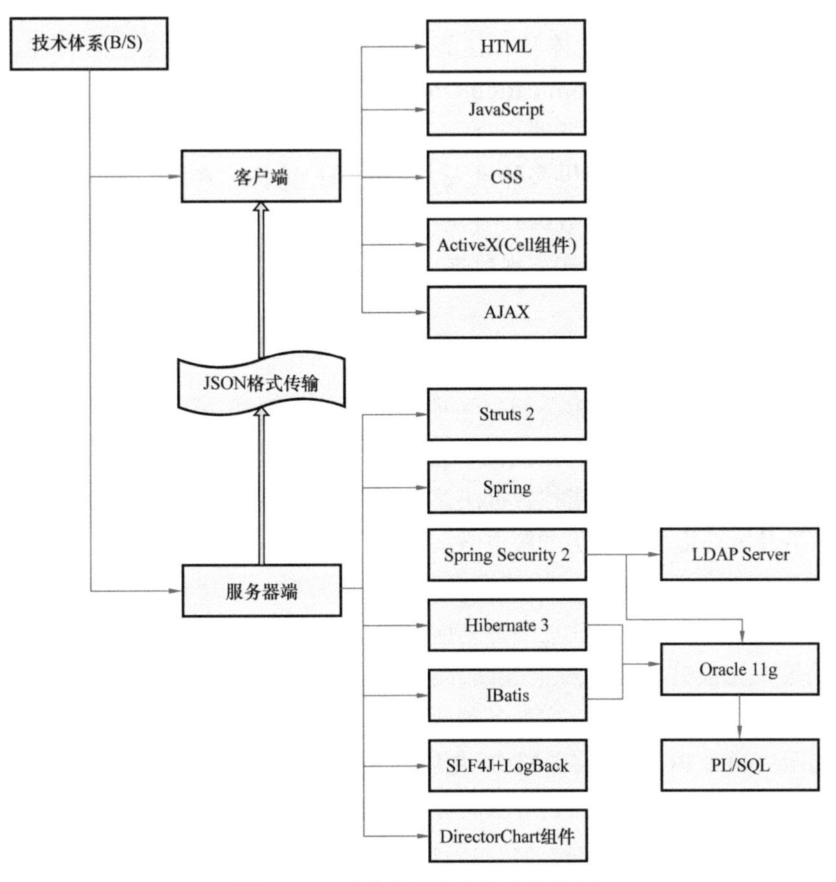

图 4-29 系统使用技术体系结构图

3）AJAX 数据异步交互技术

为解决传统的 Web 界面用户可交互性差的缺点，使用 AJAX 技术让用户与后台进行异步数据交互，实现 Web 界面的局部刷新功能，用户在 Web 系统中有 C/S 系统的交互体验和视觉效果，实现了当前流行的 RIA（Rich Internet Applications，富互联网应用）

系统。

遵循 OAOP（One Application One Page）设计思想，用户使用系统时，在一个页面上即可完成所有操作，不必在多个浏览容器上切换。

与后台数据交互，使用 JSON 数据格式封装。传统的页面处理技术是服务器端加载用户数据和用户界面文件，然后在服务器端把格式和数据组合，发送到客户端显示，这样的处理方式有两个大的缺陷：占用服务器大量的资源进行格式与数据的组合，另外格式与数据组合后的数据量庞大，占用大量的网络资源。使用 JSON 格式封装数据，服务器只负责查询数据，进行简单的处理把数据发送到客户端，客户端程序接收数据后再进行格式与数据的组合，分散了服务器的负担，降低了网络资源的占用。

RIA 技术，可以把简单的业务处理功能分散到每个客户机上处理，减轻服务器计算压力。

其优点在于，提高了用户体验、达到了软件应用中最大程度上的人性化。全新的 UI 设计，实现 OAOP（One Application One Page）应用。富客户端应用，充分利用了高配置的客户电脑资源，分散服务器压力。多工作空间共存，最高效的利用客户端的屏幕空间。数据录入操作简便，提供多种录入方式供用户选择。在同一页面可实现数据的增删查改功能，页面上实现多行数据列表显示，选择任意一条记录在同一页面显示数据详情，并可修改保存，以拖放方式实现数据录入。动态的功能树导航，控制用户的访问资源，保障系统安全。

4）FineReport V9.0

FineReport 是帆软软件有限公司自主研发的一款企业级 Web 报表软件产品，它“专业、简捷、灵活”，仅需简单的拖拽操作便可以设计出复杂的中国式报表、参数查询报表、填报表、驾驶舱等，轻松搭建数据决策分析系统。

它在以下几方面提供了完美的解决方案：

数据整合：多数据源关联，跨数据库跨数据表取数，简单应用多业务系统数据，集中相关业务数据于一张报表，让更多数据应用于经营分析和业务管控。

数据采集及建模分析：通过报表设计器，简单灵活设计所需报表。通过数据决策系统，进行报表统一访问和管理，实现各种业务主题分析、数据填报等。

数据展示：通过 PC 端或移动端访问报表，进行丰富多样的图表分析、钻取分析、多维度分析、自定义分析、即时分析等，更好的阅读报表数据，发现数据价值。

5）工作流引擎和表单定制

系统采用公司最新的第三代框架，工作流引擎配置更加灵活，可以根据角色、用户来分别配置审核工作流，实现审核、签名功能。

最新的第三代框架支持表单定制功能，根据不同表单的需求功能来实现录入，支持多种控件（包括文本框、多行文本框、日期、下拉框、数字等），页面展示效果更美观。

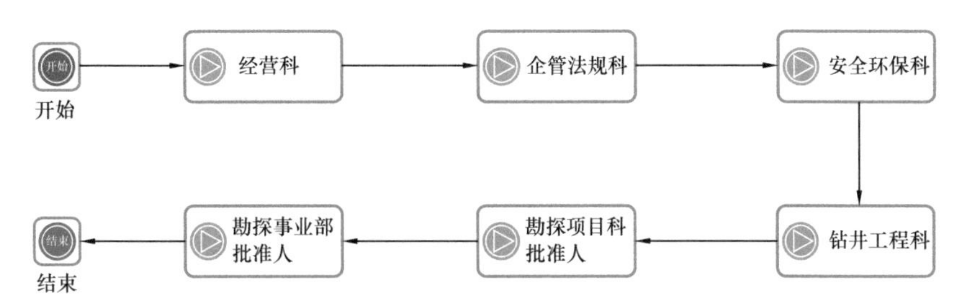

图 4-30 表单定制功能展示

6）EXT6.0

EXT 是专业的软件界面开发框架，其优点是：

（1）界面更美观、更友好。

（2）强大的客户体验（类似于 C/S 效果）。

（3）减少网络数据传输。

（4）减轻服务器负担。

3. 系统亮点和总结

（1）通过科学工作分析法对探井项目全生命周期管理流程进行分析，实现生产过程实时监控与跟踪管理。通过数据分析与论证形成不同过程或阶段的测量数据，为勘探实施过程标准化管理奠定基础，为科学管理与决策提供数据与图表分析依据。

（2）实现了基于大数据的动态分析，针对勘探开发海量数据，平台利用关联分析、聚类分析等数据分析技术，针对不同的勘探开发管理人员的行为方法进行分析，实现了钻井进度跟踪、时效分析、收获率对比等动态分析。

（3）地质研究分析中实现了多方案协同分析，支持不同地质观点协同研究，通过对不同地层模式与断层模式的合理组织，允许在同一个项目中存在多套地质研究方案，支持不同地质观点的协同研究与分析。

（4）利用图件与基础资料动态关联方法，实现空间数据与图形数据同步更新，通过分析图件要素与基础地质资料的内在联系，进而建立动态关联关系，实现数据变，则图件动态刷新，图件变则自动回写数据。

（5）平面不同地质图件可按需叠加、平面与剖面可联动操作互为校验，保证地质要素空间一致。

本项目革新了传统地质研究工作模型，其创新技术及研究成果在行业内推广应用，将使铀矿藏的地质研究手段及工作组织方式发生质的飞跃，为各油田提高铀矿资源分布及潜力的认识水平提供坚实的技术支撑。

通过建立铀矿勘探动静态数据管理及勘探决策系统，在地质研究业务中，解决了海量铀矿资料信息化的问题，完成历年纸质资料和零散文件的数字化整理工作，通过规范、专业的数据平台，提升数据的应用价值和安全性。同时基于铀矿业务打造适用于铀矿勘探开发领域的专业研究软件，提升了铀矿地质研究的效率和精度，为勘探管理决策提供技术支持。生产运行管理业务中，基于对探井项目组织过程的科学分析研究，通过建立过程管理标准知识库，细化各部门组织过程中管理职能，实现了完整保存勘探开发项目的组织过程，同时增强了数据共享和业务协同能力，为今后的勘探开发项目组织提供指导建议。

第五章　资源储量估算

第一节　矿床勘查期开展的工作

一、确定矿床勘查类型

研究矿床的勘查类型，主要目的是确定在不同的勘查阶段采用何种勘查间距控制矿体。在我国，铀矿床一般分为三种勘查类型（表 5-1）。

表 5-1　地浸砂岩型铀矿勘查类型划分表

类型	含矿含水层及矿体规模	矿体（带）规模			厚度变化	矿体形态	矿体连续性	备注
		长（km）	宽（m）	面积（km^2）				
Ⅰ类	规模巨大	＞5	＞500	＞2.5	稳定	层（板）状、卷状	好	
Ⅱ类	规模大	2～5	200～500	0.6～2.5	较稳定	层（板）状、卷状	较好	
Ⅲ类	规模中小型	＜2	＜200	＜0.6	不稳定	似层、透镜、复杂卷状	差	

非地浸型铀矿床勘查类型分类如下：

简单型（Ⅰ类型）：主矿体规模大（长大于 500m，宽大于 250m），形态简单，产状稳定，矿体连续，厚度变化小（厚度变化系数 50%），矿化均匀（品位变化系数小于 60%），构造简单，对矿体影响很小。

中等型（Ⅱ类型）：主矿体规模中等（长 200～500m，宽 100～250m），形态较简单，产状较稳定，局部有变化（厚度变化系数 50%～180%），主矿体基本连续，矿化较均匀（品位变化系数 60%～120%），矿体有错动，但错距小。

复杂型（Ⅲ类型）：矿体规模较小（小于 200m，宽小于 100m）、形态复杂，产状变化较大（厚度变化系数大于 180%），矿化不均匀（品位变化系数大于 120%），矿体连续性差或被构造破坏严重。

一般情况下，在铀矿预查结束后，大致可研判勘查类型。

二、勘查阶段

铀矿勘查一般分为区调（带钻区调）、预普查、详查、勘探四个阶段，同一勘查类勘查间距要求不同，圈定的资源 / 储量类型不同（表 5-2）。

表 5-2　钻探工程间距

勘查类型	推断的		控制的		探明的	
	走向	倾向	走向	倾向	走向	倾向
Ⅰ	800～1600	200～400	400～800	100～200	200～400	25～50～100
Ⅱ	400～800	100～200	200	50～100	100～200	25～50～100
Ⅲ	200～400	50～100	200	25～50	—	—

三、勘查间距

确定了铀矿床的勘查类型及勘查阶段，就可以知道圈定的资源量类型，采用何种工程间距控制矿体才能满足规范要求。

四、物探参数孔施工

中型以上矿床到勘探阶段的累计物探参数孔 6～8 个，小型矿床酌减，大型及以上矿床、多层位矿床酌增。

五、水文地质孔施工

预查阶段，布置一条水文地质剖面，施工 1～3 组水文地质孔。普查阶段的水文地质剖面线数应占普查区钻探剖面数的 1/5，每条剖面线施工 1～3 组水文地质孔。详查阶段的水文地质剖面线数应占详查区钻探剖面数的 1/4，每条剖面线施工 1～3 组水文地质孔。勘探阶段的水文地质剖面线数应占勘查区钻探剖面数的 1/4～1/3，水文地质孔 3 组或 3 组以上。

六、样品采集

1. 矿石有效原子序数

在矿床范围内取样具代表性，数量不少于 10 个。

2. 钍、钾含量

中型以上矿床一般不少于 200 个单样，小型矿床至少采集 100 个单样，每个矿层不少于 30 个单样。一个矿床一般采集 30 个组合样品。

3. 密度、湿度

主要含矿层密度、湿度样数量不少于 30 个。

4. 铀镭样品

中型以上规模的矿床一般采集不少于 200 个样品。小型矿床至少采集 100 个样。对

于地浸砂岩型铀矿床，中型以上规模的铀矿床一般不少于500个样，小型矿床至少采集200个样。

5. 其他样品

主要包括粒度样、孔渗样、二氧化碳样、有机碳、全硫样、三价铁样、二价铁样、硅酸盐全分析样、工程岩样、价态铀样、水质全分析样、ΔE、水质简、伴生元素样、酸解烃、矿物物相、铀的存在形式、放射性薄片照相、铸体薄片鉴定、成矿年龄等，可根据需要进行采取，每类样品应达到数理统计要求的下限。

七、控制测量

预查结束后应开展控制测量工作。

八、其他工作

如普查阶段以后还需做预可研或可研、环境评价等工作。

第二节 可地浸砂岩型铀矿资源/储量估算

一、可地浸开采砂岩型铀矿床的某些特点

（1）可地浸开采的砂岩型铀矿床一般为后生水成成因，铀矿化受层间氧化—还原过渡带或潜水氧化—还原过渡带控制，矿体产状平缓，一般规模较大，矿体走向长几百米至几千米或十几千米，宽几十米至几百米或上千米，矿体形态有层状、透镜状、卷状、似卷状等。其中，卷状属独特形态类型，分简单矿卷和复杂矿卷。简单卷形矿体从氧化带朝还原界面方向缓慢尖灭，前锋部位会发育富、厚的囊状矿体。其相反方向则逐渐分离成两层板状矿体，称为卷状矿的上下两翼，较少出现多层分支。复杂矿卷往往是形成双重的、多层的或反向的不规则矿卷，翼部不稳定，时有形态复杂的分叉现象。

（2）含矿岩性主要有砂岩、砂砾岩、砾岩，胶结疏软，孔隙度大，透水性能好。矿物易溶于酸或碳酸盐溶液。层位结构上，以上下为不透水的隔水层（顶底板）、中间为含矿含水层构成一个垂向的层位组合单元，上覆多砂泥互层屏蔽。地浸开采所面对的对象不只是矿体，而是含矿含水层，低品位矿石中的铀易被浸出利用，矿体与围岩（一般是氧化了的）的区分并不像在常规开采中那么重要。

（3）勘探手段一般只用钻探一种方式完成。

（4）地浸开采方式：根据地下水动力学原理，通过注液钻孔对地下含矿含水层注入溶浸剂，原地浸出矿石中某些元素，并从相近抽液钻孔中抽出浸出液，从而回收其中有用的金属。在整个过程中矿石未发生任何位移。

根据以上特点，可地浸开采砂岩型铀矿床资源/储量估算的工业指标、计算方法、矿体圈定、块段划分及有关参数的确定都与常规要求有所不同。

二、工业指标和参数

1. 现行铀矿工业指标评述

现行铀矿地质勘查规范中资源/储量估算的工业指标是指“评价铀矿床的工业价值、圈定矿体和估算储量的标准和依据”，一般包括：边界品位、最低工业品位、最小可采厚度、边界米百分值和夹石剔除厚度等。从一般异议上讲，工业指标应是对矿石质量、数量和矿床矿山地质条件要求的总和，只要对矿床开采的经济意义有影响的因素都应有标准加以衡量，即有“指标”予以限制，而且它们应是动态的组合。

在常规情况下，根据在开采中的影响作用，现行工业指标大致分为三类。

（1）直接取决于矿石综合可变成本（包括采、运、选、冶）和铀水冶产品金属销售价格的指标（如边界品位）。

（2）结合开采方式及其技术工艺所确定的指标（如矿体最小可采厚度和夹石剔除厚度）。

（3）结合矿石处理加工工艺所确定的指标（如有害成分的含量和伴生有用组分的边界品位等）。

2. 可地浸开采砂岩型铀矿床的工业指标和参数

可地浸开采砂岩型铀矿床的工业指标和参数主要有：平方米铀量、最小可采厚度和允许夹石厚度、渗透性、密度和湿度、铀镭平衡系数、有害物质允许含量、伴生有用组分的边界品位等。

1）平方米铀量

每平方米矿体块段所含的铀金属量，简称平方米铀量，一般用 kg/m^2 表示。可地浸开采的铀矿床估算资源/储量采用该指标，体现了以下几方面的优点。

（1）较确切地反映了矿床的质量。平方米铀量实质上是一个立体参数。按计算原理，单位块体金属量由厚度、面积、密度、品位计算求得。因此，平方米铀量越高，该单位块体内储量越大，避免了彼此孤立的单指标评价的片面性，如有的品位很高，但厚度很小，单位块体不见有多少储量，实际上不能真正反映矿床的质量。

（2）能与开采效益的评估更紧密地结合。对于可地浸开采的铀矿床，边界品位和矿床平均品位都不能确定矿床的经济概貌。地浸开采任何一个矿体（块段）都要建立一个新的排列很密的抽注孔网。钻孔工程几乎是唯一形式的采矿工程，并在综合可变成本中占有重要比例。因此，通过计算单位面积开采工程成本，并与单位面积铀量比较，可以初见矿床（体）的可能开采效益。

（3）平方米铀量指标与地浸开采对象相符。地浸采出时，溶浸剂浸滤范围大大超出

所圈定的矿体，对某一含矿含水层而言（其中含有少量非渗透性的除外），其所含铀金属都是浸采的对象。所谓“边界”不成为其采出时的边界，矿体几何形态的精确性的测定和是否在该范围内分多层展布都无关紧要。因此，可以根据伽马测井仪器的灵敏度及测井资料的解释精度，较大限度地降低边界品位，也就较大可能地把含矿含水层中的铀资源算为现有技术经济条件下的可采资源 / 储量，体现充分利用铀资源的要求。

（4）平方米铀量指标计方便，并较易在矿体平面图上直观反映矿体（块段）质量，利于矿山的规划和设计。平方米铀量计算公式分单工程与块段两种情况。

单工程平方米铀量计算公式：

$$U=cmd \tag{5-1}$$

式中　U——单工程平方米铀量，kg/m^2；

c——单工程平均品位，%；

m——单工程矿体厚度，m；

d——矿石密度，t/m^3。

块段平方米铀量计算公式：

$$U'=c'm'd \tag{5-2}$$

式中　U'——块段平方米铀量，kg/m^2；

c'——块段平均品位，%；

m'——块段矿体厚度，m。

2）边界品位

根据地浸采矿机理，边界品位值实际上不影响开采范围，即边界值内外的铀金属以“一锅煮”的形式采出。但这并不意味着可以取消边界品位指标。地浸开采铀矿床设置边界品位指标，其作用不同于常规情况。主要包括以下两点。

（1）边界品位是对平方米铀量设置前提，即只有对边界品位以上的见矿样段才进行平方米铀量计算。

（2）边界品位使铀资源确定为铀储量有了定量的经济意义的界定，因为只有通过这样的界定，估算出来的资源 / 储量才是矿山规划设计和服务年限的依据。

当然，如上所述，这种边界可以最大限度地降低。因此，对可地浸开采的铀矿床的边界品位的确定，不是对矿床（体）可采或不可采的空间范围的限制，而仅仅是对铀矿床资源 / 储量规模的一种量的限额。

3）最小可采厚度和允许夹石厚度

这与边界品位指标类似，从开采机理角度看，没有必要使用有关矿体厚度的指标，因为溶浸剂不可能在同一含矿含水层中选择某个厚度的矿体进行浸滤。据经验，矿体之间有 3～5m 的垂向间距也都是同时采出的。但是对于“量”的计算，厚度仍然是不可回避的。比如，确定 $1kg/m^2$ 的铀量指标，边界品位为 0.01%，这就意味着当品位为 0.01%、矿石密度为 2.0t/m³ 时，厚度小于 5m 的见矿样段不能划入可采矿体，也即该部分矿体内的铀金属虽然可能同时采出，但按圈矿方法则该段影响的空间范围内的铀资源量不能确定为储量。

因此，规定允许夹石厚度指标还是必要的。不过目前国内外采用的大多还是经验指标，一般允许最大夹石厚度不超过 7m。在实际工作中应根据卷状矿体两翼发育的连续性及其所夹渗透性砂层厚度稳定性来确定，在一定幅度内的变化应是允许的，只是需要考虑对资源 / 储量可靠性的要求。

有关厚度的指标，另外需要考虑的还有透水层中含矿层厚度与非含矿层厚度之比，当然是比值较大的矿床有较好的效益。

4）*渗透性*

这是可地浸开采铀矿床不同于常规情况的一项重要指标，它在地浸开采过程中直接反映溶浸液在矿层中的渗滤速度，而渗滤速度直接影响铀的浸出速度，实质上关系到抽注孔网的排列密度和矿床中铀的提取程度及效益。因此，矿层的渗透性指标首先是确定矿床是否可地浸开采的标准，只有具备足以维持溶浸液经济流量的渗透性矿层（体），才能确定为矿床的可采储量。否则只相当于边际经济基础储量或次边际经济资源量。

矿层的渗透性与黏土粉砂粒级的含量有直接关系，其最大允许含量和渗透系数都是划分储量类型和不同开采工艺要求块段的依据。一般要求渗透系数为 0.3～10m/d。

渗透性属矿床水文地质条件的综合性特征，应从多方面衡量。含矿层有足够大的渗透系数是前提。同时，矿体应位于潜水面以下，同一矿体（块段）在横剖面上的渗透性表现较均匀，要考虑到同一含矿含水层中矿石渗透系数应高于或等于无矿岩石的渗透系数，顶底板岩层分布稳定而不透水。此外，地下水位埋深、承压水头值、矿层与其他水体水力联系状况、水化学成分及矿化度等也是需要综合考虑的重要因素。

5）*矿石的密度*

可地浸开采砂岩型铀矿床的矿石密度是指在天然状态下单位体积的重量，包括湿密度和干密度两种。矿石密度是可地浸开采砂岩型铀矿床资源 / 储量估算中的一项主要参数。密度的测定有石蜡法和综合测井法两种方法。

（1）石蜡法：测定湿密度和干密度如下。

湿密度的测定：将钻进现场取到的天然状态样品，刮掉泥浆、称重、蜡封，用下列公式计算湿密度值。

$$d=[W_1/V-(W_2-W_1)/d'] \tag{5-3}$$

式中 d——矿石密度，g/cm³；

d'——石蜡密度，值取 0.92g/cm³；

W_1——封蜡前样品重量，g；

W_1——封蜡后样品重量，g；

V——封蜡后样品的体积，cm³。

干密度的测定：取到天然状态样品后，刮掉泥浆、称重、自然风干，25 天、30 天、35 天分别称重，当样品重量相对误差小于 1% 时，蜡封，用上述公式计算干密度值。

（2）综合测井法：双源距（长、短）补偿密度测井时，利用长、短源距的定向伽马射线与物质相互作用原理，通过密度补偿方程，测定岩矿石在天然状态下的密度值。

6）*矿石的湿度*

矿石湿度是指矿石在天然状态下所含水的重量，它和矿石的密度有一定关系。矿石湿度有烘干法和自然干燥法两种测定方法。

（1）烘干法：取到天然湿度样品后，刮掉泥浆，立即称重（$P_{湿}$），之后将样品打碎成散沙状或小碎块，放入烘箱，在 80～100℃温度下烘干，烘烤时间为 48～96h，当两次称重相对误差小于 1% 时，称其稳定重量（$P_{干}$），用下列公式计算样品湿度值：

$$B=(P_{湿}-P_{干})/P_{湿} \quad (5-4)$$

（2）自然干燥法：取到天然湿度样品后，刮掉泥浆，立即称重（$P_{湿}$），之后将样品打碎成散沙状或小碎块状，自然风干，时间为 25～35 天，分两次称重相对误差小于 1% 时，称其稳定重量（$P_{干}$），代入公式算出样品湿度值。

7）铀镭平衡系数与镭氡平衡系数

铀镭平衡系数与镭氡平衡系数是可地浸砂岩型铀矿床最基本的指标，对可地浸砂岩型铀矿床资源 / 储量估算有很大的影响。

铀镭平衡系数的测定：铀镭平衡系数计算所需样品数量依据中国核行业标准（EJ/T 1094），对样品采取的要求是：（1）矿段样品选择要求有代表性；（2）矿段样品位置应与测井解释矿段位置相互对应；（3）矿段矿心采取率不小于 75%，矿体内矿段边缘样品的铀含量不小于 0.01%。

单样段铀镭平衡系数计算公式为：

$$K_{\mathrm{p}}^{\mathrm{i}}=\frac{C_{\mathrm{Ra}}^{\mathrm{i}}}{C_{\mathrm{U}}^{\mathrm{i}}} \quad (5-5)$$

式中 $K_{\mathrm{p}}^{\mathrm{i}}$——单样段铀镭平衡系数的数值；

$C_{\mathrm{Ra}}^{\mathrm{i}}$——单样段分析镭的平衡铀单位的数值，用百分数表示；

$C_{\mathrm{U}}^{\mathrm{i}}$——单样段分析的铀含量的数值，用百分数表示。

单样段、单工程及矿床铀镭平衡系数计算方法与公式参阅中国核行业标准（EJ/T 1214—2006）。对不同类型矿石、矿体或同一矿体不同部位（如卷头和翼部）铀镭平衡系数需进行修正时，其修正原则和方法参阅核行业标准（EJ/T 611）。

镭氡平衡系数的测定：镭氡平衡系数的测定按中国核行业标准《地浸砂岩型铀矿资源 / 储量估算指南》（EJ/T 1214—2006）有（1）钻孔实测方法确定镭氡平衡系数；（2）矿心分析与伽马测井解释结果计算的方法确定镭氡平衡系数；（3）伽马照射量率的镭氡平衡系数修正法三种镭氡平衡系数的测定方法。

8）有伤害物质允许含量

与地浸开采有关的有伤害物质主要有碳酸盐、有机质、磷酸盐、硫化物等。如其中碳酸盐含量太高，在用酸法浸出时会加大耗酸量，而且生成石膏沉淀，堵塞铀的浸出；如果硫化物含量太高，在用碱法浸出时会加大氧化剂和碱的消耗，而且生成氢氧化铁沉淀，同样堵塞铀的浸出。因此，有伤害物质成分含量关系到溶浸剂成本在整个综合可变成本中的比重（据国外经验，该项成本占总成本的30%～40%），对于地浸开采铀矿床是一个十分敏感的指标。显然，该指标不是用于具体矿体中的金属量计算，而是用于矿床的评价，结合有伤害物质成分含量划分块段，划分出经济的、边际经济的、次边际经济的和内蕴经济的铀矿资源/储量。

9）伴生有用组分的边界品位

后生水成成因铀矿床赋存伴生有用组分是比较普遍的，如Se、Mo、Re、V、Sc等。这与常规情况一样，根据实际需要制定综合边界品位指标。其依据主要有三方面：（1）浸出富液的加工工艺条件以及分离提取出来的伴生组分的价值能否补偿由于提取其而增加的成本费用；（2）国家综合利用资源的有关法规和政策；（3）环境保护的要求。

综上所述，地浸开采砂岩型铀矿床的工业指标是一个复杂的指标体系，各因素往往互相影响，比如埋深条件悬殊的两个矿床，对其渗透性、平方米铀量等的要求就可以有所不同。根据国外的经验和中国的实践，有以下指标值可作参照。

（1）边界平方米铀量1kg/m^2，边界品位0.01%（实例：新疆512矿床）。

（2）赋矿透水层单层厚度不大于20m，允许夹石厚度5～7m，透水层中矿层（体）厚度与非含矿层厚度之比大于0.2。

（3）矿层渗透系数0.5～20m/d（以1～10m/d最为适宜），矿层中0.05mm粒级含量小于20%，透水层中水矿化度不大于5g/L，地下水位埋深小于50m，承压水头值大于50m。

（4）酸法浸出时碳酸盐含量不大于3%，碱法浸出时硫化物含量不大于2%。

（5）地层倾斜产状小于5°，矿层埋深小于700m（以小于400～500m最为适宜）。

三、地浸砂岩型铀矿床资源/储量估算方法

现行铀矿地质勘查规范规定的资源/储量估算常用方法有地质块段法和断面法，并要求在使用一种基本方法计算时，还应选择部分代表性的矿体或块段，采用其他方法检查计算。规范还要求积极采用计算机技术，推广地质统计学方法。这些都是成熟的经验，可用于地浸砂岩型铀矿床资源/储量估算，特别是地质块段法（以水平投影确定块段面积）有使用意义。

本书根据可地浸开采铀矿床的特点，结合许多地质工作者对可地浸开采砂岩型铀矿床资源/储量估算的研究成果，推荐张金带（2000）的“单工程影响面积法”。

1. 单工程影响面积法的概念

单工程影响面积法（也称单元矿块法），是将各探矿钻孔工程在某一含矿层内各自控

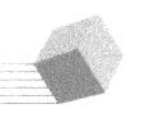

制的范围作为单元矿块，并以单工程揭穿含矿层内矿体的累计厚度、加权平均品位、平方米铀量及该单工程样段影响的面积为资源 / 储量估算的基本参数来估算各单元矿块资源 / 储量。矿体（床）的资源 / 储量即为各单元矿块资源 / 储量的总和。单工程样段所影响的面积，通常按探求不同级别资源 / 储量所使用的勘探网度，以矩形面积表示。矩形边长：以工程所在勘探线相邻两侧勘探线间距的 1/2 为一边，以工程所在横剖面上相邻两侧探矿钻孔工程间距的 1/2 为另一边。

单工程影响面积法与地质块段法比较，对无论是高值（品位、厚度）样段还是低值样段的影响范围做了有效的限制，一定程度上避免了由于某个参数的特高值或特低值对整个矿体（块段）的影响所带来的资源 / 储量的夸大或缩小；同时计算简便，并便于用计算机计算，尤其在同一含矿含水层出现多层矿体时，无论夹石厚度如何，均可“挤压”到一层计算，无矿夹石厚度指标失去意义。但是，由于它把在同一勘探网条件下的各工程的影响范围视为“等效”，与矿体在钻孔工程切穿部位的样段参数值本身无关。对于品位、厚度变化较大的矿床，相当于在单元接合线上正是它们的突变部位，无疑与客观实际会有一定偏离。这是方法本身在理论上存在的不足，只能依靠充分研究矿体发育的地质特征和规律，在不同矿体部位选用合适的勘探网度，以最大限度消除这种影响。

2. 块段划分原则

根据可地浸开采铀矿床的特点，块段划分一般应遵循以下原则。

（1）空间上远离主矿层（体）孤立存在，或含矿性（平方米铀量）差别较大的矿层（体）应划分为不同的资源 / 储量估算块段。

（2）渗透性差异较大的矿层（体）应划分为不同的资源 / 储量估算块段。

（3）含矿含水层中会消耗溶浸剂的成分性质不同，或含量差异较大的矿层（体）应划分为不同的资源 / 储量估算块段。

（4）用不同勘探网度控制的具有不同富集形态特征的矿层（体）应划分为不同的资源 / 储量估算块段，如卷形矿体的卷头与两翼。

值得注意的是，潜水面以上的矿层（体）和非渗透矿层（体）应单独划出。

3. 矿体圈定的一般原则

（1）只圈定计算含矿含水层中可供地浸开采的砂岩型铀矿体资源 / 储量。矿体中及其顶底板的泥岩、粉砂岩型等非渗透铀矿体不参与资源 / 储量估算，但在剖面上可用含矿岩性符号和不同着色方法区别于可地浸砂岩型铀矿体。

（2）用地质块段法圈矿时，矿体外推，在达到相应资源 / 储量级别勘探网度时，矿体边缘工程与低于边界平方米铀量的矿化工程之间以其 1/2 距离平推，与无矿工程之间以其 1/4 距离平推；大于基本勘探网度时，按基本网度间距外推；小于基本勘探网度时，视与矿体边缘工程相邻的工程是否无矿，按实际工程间距的 1/4 或 1/2 平推。矿体无限外推，矿体边界线以基本勘探工程间距的 1/4 平推。

（3）卷状矿体两翼矿层之间夹石（可渗透的砂岩层）厚度在允许范围内时，两翼矿层可用压缩法累计厚度和计算平方米铀量，但夹石中低于边界品位的样段不能带入计算。

（4）单个矿层内出现低于边界品位的小夹石时，应视矿床矿体平均厚度情况做出处理。一般当单工程矿体平均厚度等于或大于 5m 时，可把等于或小于 1m 的夹石合并解释计算；当单工程矿体平均厚度小于 5m 时，可把等于或小于 0.5m 的夹石合并解释计算。并且夹石与相邻一侧大于边界品位的矿层（指平均品位较低的一侧）合并后，其平均品位应等于或大于边界品位。否则，夹石不宜带入计算。通常情况下，厚度大于 1m 的非渗透层其上、下矿层应分开圈定。

4. 特高值的处理

在常规情况下对矿床中出现的特高值（特高品位）的处理，一般规定是以矿床（块段）平均品位的某个倍数作为特高品位的下限，并以包含有特高品位样段的工程平均品位或块段平均品位代替。而可地浸开采的铀矿床一般是低品位大矿量的矿床，出现特高平方米铀量值而引起储量夸大的主要因素往往是矿体中急剧膨胀的厚度，并且往往在矿卷的卷头部位，因此应“警惕”厚度的特大值。处理途径主要有两条：（1）对特大厚度部位给予较充分的勘探，规定在类似矿卷卷头这种膨大部位适当加密勘探网度。（2）用单工程影响面积法计算资源 / 储量。上述处理法的目的都是有效限制特高值影响面积范围，一般不宜采用传统的平均值代替的办法。

5. 可地浸开采的铀矿床资源 / 储量估算

对可地浸开采的铀矿床资源 / 储量估算，传统的地质块段法，即以水平投影确定块段面积的方法仍有使用意义。可地浸开采的铀矿床资源 / 储量估算中，以单工程揭穿含矿层内矿体的累计厚度、加权平均品位、平方米铀量及该单工程样段影响的面积为资源 / 储量估算的基本参数，用下面的公式来估算各单元矿块铀资源 / 储量及矿体（床）的铀资源 / 储量。

1）单元矿块铀资源 / 储量估算

$$P_1=M_1C_1U_1S_1 \tag{5-6}$$

式中 P_1——单元块段铀金属量，t；

M_1——单工程矿体累计厚度，m；

C_1——单工程铀平均品位，μg/g；

U_1——平方米铀量，kg/m^2；

S_1——单工程矿段影响的面积范围，m^2。

2）矿体（床）的资源 / 储量估算

矿体（床）的资源 / 储量为各单元矿块资源 / 储量的总和：

$$P=P_1+P_2+\cdots+P_n \tag{5-7}$$

式中 P——矿床总铀金属量，t；

P_1，P_2，…，P_n——各单元块段铀金属量，t。

第三节　编写报告及提交的资料

一、报告编写提纲

勘查地质报告提纲见表 5-3。

表 5-3　铀资源综合报告提纲

章节	主要内容
第一章 绪论	项目目的任务及执行情况、工作区位置、交通、工作区自然地理、经济概况、矿床勘查简史区内矿权设置情况、取得的成果认识
第二章 区域地质	盆地地质构造特征、地层发育特征、矿产资源、区域水文地质特征、区域放射性异常特征
第三章 矿床地质	矿床地质特征、地层特征、目的层岩石地球化学特征
第四章 矿体（层）地质	矿体（层）特征、矿石质量、矿体（层）围岩和夹石、矿床共生、伴生矿产综合评述、铀成矿规律及矿床成因
第五章 矿床开采技术条件	水文地质、工程地质、环境地质
第六章 物探、化探工作	概述、矿体（层）物探参数的确定与修正、岩石物性特征
第七章 矿石加工技术性能	采样种类、方法及其代表性、试验种类、方法及结果、补充试验、矿石工业利用性能评价
第八章 勘查工作及质量评述	勘查工作及其质量、地质工作及其质量、物探工作及质量、水文地质工作及其质量、测绘工作及其质量评述、采样、分析测试工作及其质量
第九章 资源量估算	工业指标的确定、资源量估算方法及依据、资源量估算主要参数的确定、矿体特高品位的处理、矿体圈定的原则和方法、资源量分类与块段划分、资源量估算结果、资源量估算的可靠性评述、普查报告资源量与本次资源量对比情况、资源量估算中需要说明的其他问题；概算伴生矿体
第十章 矿床开发可行性概略研究	铀资源状况及市场供求、矿床开发技术条件评价、矿山开采初步方案与外部环境、矿山经济技术指标与效益、矿床开发可行性概略评价结论
第十一章 结论	矿床控制程度及项目完成质量、铀成矿控制因素及远景评价、下一步工作建议与存在的问题
结束语	
参考文献	

二、需提交附图、附表及附件

1. 附图

需提交附图见表 5-4。

表 5-4　铀资源综合报告附图一览表

序号	图名
1	勘查工作区交通位置图
2	矿区勘查工作程度图
3	区域地质图
4	矿区地形地质图，图中内容应包括图切地质剖面图、地层综合柱状图、探矿工程分布图
5	矿区测量控制网布设和控制点分布图
6	钻探工程及取样平面分布图
7	勘探线剖面图
8	纵剖面图
9	矿体（层）顶（底）板等高线和含矿含水层等厚线图
10	矿体水平投影图
11	典型综合钻孔柱状图
12	物探和化探实际材料图、成果图
13	物探参数样品平面分布图
14	铀镭平衡系数及镭氡平衡系数平面分布图和典型剖面图
15	区域水文地质图
16	矿床水文地质图
17	水文地质剖面图
18	水文地质孔抽水试验综合成果图
19	地下水、地表水动态与降水量关系曲线图
20	矿床地下水等水位线图
21	含矿含水层隔水顶（底）板等厚线图

2. 附表

需提交附表见表5-5。

表5-5　铀资源综合报告附表一览表

序号	表名
1	测量成果表（附表D-1），该表包括控制测量、各工程勘查测量和勘探线端点测量成果等内容
2	见矿孔矿层揭穿点坐标表（附表D-2）
3	采样及样品分析结果表，该表应包括全部的基本分析、组合分析、内部检查分析、光谱分析、全分析、物相分析、单矿物分析等结果（附表D-3）
4	矿床（地段）单工程参数计算表（附表D-4）
5	矿体（块段）资源储量估算参数表（附表D-5）
6	矿体（块段）资源储量估算总表。该表应按不同地段、不同含矿层以及不同资源储量类型分列统计（附表D-6）
7	矿体（块段）拐点坐标、面积计算结果表（附表D-7）
8	矿床伽马测井解释与矿心取样分析测试结果对比表（附表D-8）
9	钍、钾样品分析结果表（附表D-9）
10	渗透性矿石密度、湿度样品测定结果表（附表D-10）
11	铀、镭样品分析结果表（附表D-11）
12	矿石有效原子序计算表（附表D-12）
13	地球物理测井结果表（附表D-13）
14	伽马测井解释结果表（附表D-14）
15	物探参数修正后伽马测井解释表（附表D-15）
16	伽马检查测井、重复测井工作量表（附表D-16）
17	伽马检查测井、重复测井误差计算结果表（附表D-17）
18	主要含水层钻孔静止水位一览表（附表D-18）
19	水文地质孔抽水试验成果汇总表（附表D-19）
20	地下水、地表水动态观测成果表（附表D-20）
21	含矿含层厚度统计表（附表D-21）
22	钻孔质量一览表（附表D-22）
23	矿产资源储量评审申报表（附表D-23）

附表 D-1 测量成果表样式

××××测量成果表

序号	钻孔编号	X坐标（m）	Y坐标（m）	高程（m）	施工年度	备注

附表 D-2 见矿孔矿层揭穿点坐标表样式

××××见矿孔矿层揭穿点坐标表

序号	钻孔编号	深度（m）	纵坐标X（m）	横坐标Y（m）	高程H（m）	矿层编号	备注

附表 D-3 采样及样品分析结果表样式

序号	样品编号	取样位置		厚度	收获率	岩性	颜色	检测结果																		备注
		顶深	底深					ω（U）	ω（Ra）	平衡铀单位	ω（Th）	ω（K）	ω（FeO）	ω（Fe_2O_3）	ω（CO_2）	ω（$C_{有}$）	ω（$S_{全}$）	ω（SiO_2）	ω（Re）	ω（Sc）	ω（V）	ω（Mo）	ω（Se）	湿度（%）	密度（g/cm^3）	

附表 D-4 矿床（地段）单工程参数计算表样式

矿床（地段）单工程参数计算表

序号	剖面号	钻孔编号	γ测井解释结果					单工程				矿体（块段）编号	资源量类型	备注
			见矿位置（m）		厚度（m）	品位（%）	岩性简述	矿段序号	厚度（m）	品位（%）	平方米铀量（kg/m^2）			
			起	止										

附表 D-5 矿体（块段）资源储量估算参数表样式

×××矿体（块段）资源储量估算参数表

序号	勘探线编号	钻孔编号	单工程参数			块段平均品位（%）	块段平均厚度（m）	矿石密度（$10^3kg/m^3$）	块段平均平方米铀量（kg/m^2）	块段面积（m^2）	金属量（t）	矿体及块段编号	资源量类型	备注
			厚度（m）	品位（%）	平方米铀量（kg/m^2）									

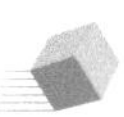

附表 D−6 矿体（块段）资源储量估算总表样式

×××矿体（块段）资源储量估算总表

矿床名称	资源量类型	块段数（个）	平均品位（%）	面积（m^2）	平均厚度（m）	矿石密度（t/m^3）	平方米铀含量（kg/m^2）	金属量（t）

附表 D−7 矿体（块段）拐点坐标、面积计算结果表样式

序号	拐点号	纵坐标 X（m）	横坐标 Y（m）	备注

附表 D−8 矿床伽马测井解释与矿心取样分析测试结果对比表样式

矿床伽马测井解释与矿心取样分析测试结果对比表

钻孔编号	分析测试结果							测井解释结果						f_d
	取样位置（m）		h_i（m）	h^f（m）	C_{iRa}（%）	C^f_{Ra}（%）	$h^f \cdot C^f_{Ra}$（m·%）	位置（m）		h^γ（m）	C^γ_{Ra}（%）	$C^{\gamma'}_{Ra}$（%）	$h^\gamma \cdot C^{\gamma'}_{Ra}$（m·%）	
	自	至						自	至					
	A	B	C	D=Bi−A_1	E	F=SUMPRODUCT（E1：Ei，C1：Ci）/D	G=DF	H	I	J=Ii−H_1	K	L	M=JL	N=M/G

附表 D−9 钍、钾样品分析结果表样式

钍、钾样品分析结果表

序号	钻孔编号	样品编号	取样位置（m）		样长（m）	岩性简述	分析结果			备注
			自	至			U（%）	Th（10^{-6}）	K（%）	

附表 D−10 渗透性矿石密度、湿度样品测定结果表样式

渗透性矿石密度、湿度样品测定结果表

序号	钻孔编号	样品编号	取样位置（m）		取样长度（m）	岩性简述	分析测试结果				备注
			自	至			铀含量（%）	干密度（g/cm^3）	湿密度（g/cm^3）	湿度（%）	

附表 D-11 铀、镭样品分析结果表样式

铀、镭样品分析结果表

序号	钻孔编号	样品编号	样品位置（m）			样品描述	样品分析结果（%）		备注
			自	至	样长		Q_U	Q_R	

附表 D-12 矿石有效原子序计算表样式

矿石有效原子序计算表

钻孔编号	样品编号	取样位置（m）		样长（m）	岩性简述	烧失量（%）	U（%）	Th（μg/g）	SiO_2（%）	FeO（%）	TFe_2O_3（%）	Al_2O_3（%）	TiO_2（%）	MnO（%）	CaO（%）	MgO（%）	P_2O_5（%）	K_2O（%）	Na_2O（%）	$Z_{有效}$（%）
		自	至																	

附表 D-13 地球物理测井结果表样式

×××地球物理测井工作量表

序号	钻孔编号	钻孔深度（m）	测井工作量（m）					施工年度	备注
			伽马测井	电测井	声波测井	井径	井斜		

附表 D-14 伽马测井解释结果表样式

××××伽马测井解释结果表

序号	钻孔编号	矿段位置（m）		厚度（m）	品位（%）	米百分值（m·%）	平方米铀量（kg/m^2）	岩性简述	备注
		自	至						

附表 D-15 物探参数修正后伽马测井解释表样式

×××物探参数修正后伽马测井解释表

序号	钻孔编号	矿段位置（m）		厚度（m）	品位（%）	米百分值（m·%）	平方米铀量（kg/m^2）	岩性简述	备注
		自	至						

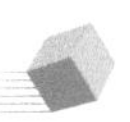

附表 D-16 伽马检查测井、重复测井工作量表样式

伽马检查测井、重复测井工作量表

序号	钻孔编号	测井深度（m）	钻孔类别	施工年度	工作类别	备注

附表 D-17 伽马检查测井、重复测井误差计算结果表样式

××××伽马检查测井、重复测井工作量表

序号	钻孔编号	基本测井					重复测井					米百分值相对误差（%）	测井深度位移误差（m）	钻孔类型	测井年度
		矿化位置（m）		厚度（m）	品位（%）	米百分值（m·%）	矿化位置（m）		厚度（m）	品位（%）	米百分值（m·%）				
		自	至				自	至							

附表 D-18 主要含水层钻孔静止水位一览表样式

序号	试验段	抽水孔				注水孔				$Q_{抽}/Q_{注}$
		孔号	静止水位（m）	降深（m）	抽水量 $Q_{抽}$（m^3/h）	孔号	静止水位（m）	降深（m）	注水量 $Q_{注}$（m^3/h）	

附表 D-19 水文地质孔抽水试验成果汇总表样式

序号	试段	水位抬升（m）	吸水量（m^3/h）	平均吸水量（m^3/h）	单位吸水量[$m^3/(h·m)$]	平均单位吸水量[$m^3/(h·m)$]

附表 D-20 地下水、地表水动态观测成果表样式

水位（m）/时间	第四系			姚上段	姚下段		
	民井 1	民井 2	民井 3	SW—1D	SW—1A	SW—1B	SW—1C

附表 D-21 含矿含水层厚度统计表样式

序号	试段	含矿含水层		矿层厚度（m）	含矿含水层与矿层厚度比值
		埋深（m）	厚度（m）		

附表 D-22 钻孔质量一览表样式

××××钻探工程质量一览表

序号	钻孔号	终孔孔深（m）	校正孔深（m）	测井深度（m）	采取率（%）			偏斜距（m）	孔深误差（m）		封孔情况	原始报表	质量等级	施工年度	备注
					非设计段	设计段	实际矿心		终孔	测井					

附表 D-23 矿产资源储量评审申报表样式

矿产资源储量评审申报表

<table>
<tr><td rowspan="3">报告申报单位</td><td>名称</td><td colspan="7"></td></tr>
<tr><td>通信地址</td><td colspan="3"></td><td colspan="2">邮政编码</td><td colspan="2"></td></tr>
<tr><td>联系人</td><td></td><td>联系电话</td><td></td><td colspan="2">传真</td><td colspan="2"></td></tr>
<tr><td rowspan="3">报告编写单位</td><td>名称</td><td colspan="7"></td></tr>
<tr><td>通信地址</td><td colspan="3"></td><td colspan="2">邮政编码</td><td colspan="2"></td></tr>
<tr><td>联系人</td><td></td><td>联系电话</td><td></td><td colspan="2">传真</td><td colspan="2"></td></tr>
<tr><td colspan="2">矿产资源储量报告名称</td><td colspan="7"></td></tr>
<tr><td colspan="2">评审矿种</td><td></td><td colspan="2">评审目的</td><td></td><td colspan="2">利用情况</td><td></td></tr>
<tr><td colspan="2">报告类型</td><td></td><td colspan="2">资源储量规模</td><td></td><td colspan="2">生产规模</td><td></td></tr>
<tr><td colspan="2">勘查资金来源</td><td></td><td colspan="2">勘查工作程度</td><td></td><td colspan="2">申报单位所属系统</td><td></td></tr>
<tr><td colspan="2" rowspan="2">勘查或采矿许可证及证号</td><td></td><td colspan="2"></td><td rowspan="2">探矿权或采矿权有效期限</td><td colspan="2">起始日期</td><td></td></tr>
<tr><td></td><td colspan="2"></td><td colspan="2">终止日期</td><td></td></tr>
<tr><td colspan="2">初审机关</td><td></td><td colspan="2"></td><td>审批文号</td><td colspan="3"></td></tr>
<tr><td colspan="9">矿产资源储量申报情况</td></tr>
<tr><td colspan="2">主要矿产名称</td><td colspan="7"></td></tr>
<tr><td>矿产资源储量</td><td colspan="8">主矿产：
共生矿产：
伴生矿产：</td></tr>
</table>

申报单位法定代表人：　　　　　　　　申报单位印章：

3. 附件

报告附件包括：

（1）工作单位承诺书。

（2）工作单位资质证书。

（3）相关仪器校准证书。

（4）矿权叠合图。

（5）初审意见书。

第四节　报告验收与资源储量备案

一、矿体参系数审核

在矿体参数（铀镭、镭氡平衡系数、密度、湿度）确定后，引入参数修正进行伽马测井解释。经过系统对比合格后，上报放射性矿产资源储量评审中心审核，批准后可送审报告。

二、矿产资源储量评审申报

勘查单位或矿权人应填写“矿产资源储量评审申报表”，完成申报告工作。

三、需提交的资料

（1）铀矿资源储量评审综合报告正文。

（2）承诺书。

（3）申请表。

参考文献

夏毓亮，郑纪伟，李子颖，等，2010. 松辽盆地钱家店铀矿床成矿特征和成矿模式［J］. 矿床地质，29（S1）：154-155.

余达淦，吴仁贵，陈培荣，2005. 铀资源地质学［M］. 哈尔滨：哈尔滨工程大学出版社 .

Donald，Langmuir.Uranium：mineralogy，geochemistry and the environment［J］.American Mineralogist，2001，86（4）：585-587.

附录 A　区块地质设计主要内容示例

______________地区

区块钻孔地质设计

辽河石油勘探局有限公司

年　　月　　日

地质设计责任表

<table>
<tr><td>设计单位：辽河油田公司勘探开发研究院</td></tr>
<tr><td>设计人：

年　月　日</td></tr>
<tr><td>设计单位技术负责人审查：

年　月　日</td></tr>
<tr><td>设计单位主管领导审查：

年　月　日</td></tr>
<tr><td>主管部门主管领导审查：

年　月　日</td></tr>
<tr><td>油田公司主管领导审核：

年　月　日</td></tr>
</table>

1　区块自然状况

1.1　地理简况

矿区地处松辽平原西南部，内蒙古高原的东南部，属西辽河、新开河冲积平原，为部分沙化的草甸草原。区内地形平坦，由西南向东北逐渐倾斜，地面坡度小于5°，海拔高度158～166m；地貌组合以平川地为主体，相对高度不超过10m的固定、半固定沙丘相次之，坨、沼、甸相间，形成通辽地区的组合地貌。

1.2　交通、通讯

矿区交通十分方便，通辽市至白城市及齐齐哈尔市的铁路从矿区旁侧经过，距高林屯火车站直线距仅3.0km，距通辽市直线距离38.0km。区内还有东西向和南北向铁路贯通，通辽市为铁路交会的枢纽，东可通长春市，南可通沈阳市，西可通赤峰市，北可通霍林郭勒市。公路更是四通八达，自通辽市有公路可直通矿区。通讯畅通。

1.3　气象、水文

气候属内蒙古东部的温带季风区，处于半湿润向半干旱的过渡地带，为温带大陆性半干旱气候。年平均气温5～6℃。通辽市年降水量变化在305～485mm之间，年降水的70%集中在6～8月份，往往因涝成灾造成河流泛滥。矿区所在地干旱发生频率较高，干旱范围广，持续时间长，干旱发生频率为每10年发生5～6次。

区域地表水系属辽河水系，矿区以北有新开河，于矿区之东南汇入西辽河，该河总长363.5km，河道有很强槽蓄能力，流域产水量很少。矿区生产生活用水来自浅层地下水，其埋深1～4m，地下水资源丰富，浅部含水层为第四系全新统冲积层，含水层厚度25～180m，矿化度0.5～1.0g/L，主要靠大气降水及河川径流补给。

1.4　灾害性地理地质现象

矿区春秋两季有沙尘暴出现，钻探施工期间需做好防范。

2　区域地质简介

2.1　构造概况

钱家店凹陷位于开鲁坳陷的北东部，呈北东—南西向带状展布，长约100km，宽约9～20km，面积1280km^2，为中生代断拗型凹陷，下白垩统为断陷，是石油勘探的目的层位，上白垩统为拗陷，是铀矿勘探的目的层。上白垩统钱家店凹陷整体为北高南低的构造形态，可划分为北部斜坡带和南部洼陷带两个二级构造单元。北部斜坡带发育较多的沟槽和隆起，断裂较发育，总体为近南北向及北东向展布，其中，西部发育一条贯穿上下白垩地层的断裂，断距大，延伸距离长，早期为正断层，晚期北部发生构造反转变为逆断层，北部地区由于构造抬升强烈，遭受剥蚀形成一大型构造天窗，对钱家店铀矿床的形成起到了重要的控制作用；南部洼陷带呈北东向条带状展布，构造形态相对简单，断裂发育较少，仅发育几条延伸距离较短的正断层。

2.2 地层概况

钱家店凹陷坳陷期发育地层自下而上为上白垩统青山口组（K_2qn）、姚家组（K_2y）、嫩江组（K_2n）和第四系（Q），缺失四方台—古近系。姚家组是本区的主要含矿层位，青山口组次之。

青山口组：紫红色泥岩、灰色泥质粉砂岩、紫红色粉砂质泥岩，与上覆姚家组呈平行不整合接触。

姚家组：姚下段以浅灰色细砂岩、浅红色细砂岩为主，夹灰色泥岩、紫红色泥岩；姚上段以浅灰色细砂岩、浅灰色含泥砾细砂岩为主，夹紫红色泥岩、浅灰色泥质粉砂岩。厚度为210m，与上覆嫩江组呈整合接触。

嫩江组：上部以灰色泥岩为主，夹浅灰色泥质粉砂岩；下部以浅灰色细砂岩为主，夹紫红色泥岩、浅红色泥质细砂岩。厚度为110m，与上覆新生界呈角度不整合接触。

新生界：灰黄色表土层、灰黄色砂砾层。厚度为110 m。

3 区块勘查现状及矿床特征

3.1 勘查现状

区块属半沙漠化草原地貌，地势较平坦，具南西高、北东低的特征，地形高差小于10m，海拔高程在158～166m之间。气候干旱少雨，地表无常流水，只有雨季时才有时令河及水泡子。区块主要包括××～××勘探线。截止到××××年底，已完钻各类钻孔×××口，钻探进尺××××m，获工业孔×××口，矿化孔×××口，发现三个矿层共××个矿体，初步估算资源量××××吨。

3.2 构造特征

区块北部位于钱家店凹陷北部斜坡带中部，面积约11km^2，由一条近南北向及一条近北西向断裂挟持所形成的断块，整体呈东高西低的斜坡。西部为正断层，东部为逆断层，逆断层沟通下白垩统。区内断裂发育较少，仅发育一条近南北向的小型正断裂，断裂对沉积没有控制作用。

3.3　沉积特征

区块北部姚家组为辫状河相沉积，发育河漫和河道亚相，砂体连通性好；岩性以浅灰色细砂岩、浅灰色含泥砾细砂岩为主，夹紫红色、浅灰色泥质粉砂岩，呈砂泥互层，具有交错层理及块状层理；大多具有中细粒结构，少量细粉砂结构，砂体分选性总体中等－好，磨圆为次棱角－次圆状，物性条件较好。

3.4　矿层分布特征

主要发育 YⅠ、YⅡ、YⅢ三个矿层。剖面上，矿体（层）呈板状、似层状产出。矿体产于氧化—还原过渡带中，总体呈北东—南西向“带状”展布，与层间氧化带前锋线展布方向基本一致；由上至下，矿层有逐渐向北东方向延伸的特征。

YⅢ矿层的平面分布形态呈不规则状，矿体埋深 ×××～×××m，矿体平均厚度 ××m，平均品位 ××××%，平均平米铀含量 ×××kg/m^2。

YⅡ矿层的平面分布形态呈不规则状，矿体埋深 ×××～×××m，矿体平均厚度 ××m，平均品位 ××××%，平均平米铀含量 ×××kg/m^2。

YⅠ矿层的平面分布形态呈镰刀状，矿体埋深 ×××～×××m，矿体平均厚度 ××m，平均品位 ××××%，平均平米铀含量 ×××kg/m^2。

4　设计依据、钻探目的、终孔原则

4.1　设计依据

依据《×××× 勘探部署审定纪要 × 年第 × 期》及邻近钻孔显示情况。

4.2　钻探目的

查明该区矿层发育情况，为区块资源 / 储量计算提供依据。

4.3　终孔原则

钻达姚下段底板泥岩并确保测井不漏测矿化段即可终孔。

4.4　地质风险分析及提示

构造运动对地层中砂体的破坏是钻探中存在的主要地质风险。钻井过程中应根据实际情况随时调整钻井液性能，防漏、防塌、防卡、防溢、防涌、防浅层气、防喷等一切事故的发生，保证钻探工作的顺利进行。

5 钻孔设计

钻孔主要设计数据见附表1。

5.1 设计变更

在钻井施工过程中必须严格执行钻井地质设计要求，因地下地质原因发生重大变化时，以变更后的设计为准。

5.2 孔位变更

现场钻探按设计孔位施工。因地面不可抗拒因素需要移动孔位，应尽量控制在15m范围半径内，超过15m或由于工程原因无法实现原设计地质目标，应及时向技术主管部门提出申请，说明目标孔位移动的原因，以便采取相应的处理措施。

6 资料录取要求

6.1 钻探及取心要求

（1）严格按地质设计要求、按工程设计施工。

（2）自井口至孔底，每2小时测量一次钻井液密度、黏度；每4小时测量一次全套性能。

（3）岩心直径不小于60mm。地质设计取心岩层，相邻两回次平均采取率不得低于65%；矿层采取率不低于75%。

（4）取心工具长度不大于6m，原则上设计矿段单回次取心进尺不超过3m。

（5）岩心出筒时，编录人员必须在现场立即进行深度归位、丈量、整理和观察描述。

（6）钻孔孔身质量要满足测井仪器工作要求。

（7）终孔后全孔封固，复原地貌，处理泥浆，确保环境不受污染。

6.2 地质、物探、水文编录

严格执行地质设计，按照《地浸砂岩铀矿钻探工程地质物探原始编录规范》EJ/T 1159—2002、《地浸砂岩型铀矿含矿含水层编录规范》EJ/T 1215—2006做好地质、物探、水文编录工作。

6.3 测井项目

测井前，应将钻具下到井底，用新鲜泥浆冲孔；测井期间，钻机应留有值班人员，井场所需的照明、防雨、避雷等设施应完好。测井项目见表1。

表 1　铀矿测井项目

测量项目		井段，m	比例尺	备注
自然电位		井口～井底	1：200	
标准（2.5 米梯度）		井口～井底	1：500	
微电极（选测）		井口～井底	1：200	
0.45m 梯度		井口～井底	1：200	
0.5m 电位		井口～井底	1：200	
时差		井口～井底	1：200	
双侧向		井口～井底	1：200	
井径		井口～井底	1：200	
井斜		井口～井底	连斜	
伽马系列	自然伽马	井口～井底	1：200	
	自然伽马能谱	井口～井底	1：200	
	定量伽马	井口～井底	1：200	含矿段重复测量

6.4　取样及岩心管理

终孔后，按资源 / 储量估算有关要求，首先进行基本分析样（铀镭样、组合分析样、全分析样和环境指标样）取样后，才能进行其他类别的取样。取样后，依据新能源开发分公司有关管理规定，进行缩心、包装、运输、入库。

6.5　完井资料要求

完井地质资料（包括全部完井图件、基础数据、放射性地质编录、放射性岩心物探等资料）终孔后 20 天完成。

7　地质设计附表、附图

附表 1

区块钻孔地质设计总表（示例）

序号	设计孔号	井别	设计坐标		目的层	预计矿段（m）	终孔深度（m）	设计参考钻孔		
			横坐标（Y）	纵坐标（X）				孔号	矿化位置（m）	厚度 / 层数
1										

续表

<table>
<tr><th rowspan="2">序号</th><th rowspan="2">设计
孔号</th><th rowspan="2">井别</th><th colspan="2">设计坐标</th><th rowspan="2">目的层</th><th rowspan="2">预计
矿段
（m）</th><th rowspan="2">终孔
深度
（m）</th><th colspan="3">设计参考钻孔</th></tr>
<tr><th>横坐标
（Y）</th><th>纵坐标
（X）</th><th>孔号</th><th>矿化位置
（m）</th><th>厚度 /
层数</th></tr>
<tr><td rowspan="2">2</td><td rowspan="2"></td><td rowspan="2"></td><td rowspan="2"></td><td rowspan="2"></td><td rowspan="2"></td><td rowspan="2"></td><td rowspan="2"></td><td></td><td></td><td></td></tr>
<tr><td></td><td></td><td></td></tr>
<tr><td rowspan="2">3</td><td rowspan="2"></td><td rowspan="2"></td><td rowspan="2"></td><td rowspan="2"></td><td rowspan="2"></td><td rowspan="2"></td><td rowspan="2"></td><td></td><td></td><td></td></tr>
<tr><td></td><td></td><td></td></tr>
<tr><td rowspan="2">4</td><td rowspan="2"></td><td rowspan="2"></td><td rowspan="2"></td><td rowspan="2"></td><td rowspan="2"></td><td rowspan="2"></td><td rowspan="2"></td><td></td><td></td><td></td></tr>
<tr><td></td><td></td><td></td></tr>
<tr><td rowspan="2">…</td><td rowspan="2"></td><td rowspan="2"></td><td rowspan="2"></td><td rowspan="2"></td><td rowspan="2"></td><td rowspan="2"></td><td rowspan="2"></td><td></td><td></td><td></td></tr>
<tr><td></td><td></td><td></td></tr>
</table>

注：工作中可结合具体实际情况加附剖面图、地形地质图、孔位部署图等图件；单孔地质设计可参考区块地质设计增减内容。

附录B 区块工程设计主要内容示例

________地区_______区块

铀—油兼探钻孔工程方案

辽河石油勘探局有限公司

年 月 日

1 地质概况

1.1 构造概况

钱家店凹陷位于开鲁坳陷的北东部，呈北东—南西向带状展布，长约 100km，宽约 9～20km，面积 1280km^2，为中生代断坳型凹陷，下白垩统为断陷，是石油勘探的主要目的层位，上白垩统为坳陷，是铀矿勘探的主要目的层。钱家店凹陷上白垩统整体为北高南低的构造形态，可划分为北部斜坡带和南部洼陷带两个二级构造单元。北部斜坡带发育较多的沟槽和隆起，断裂较发育，总体为近南北向及北东向展布，其中，西部发育一条贯穿上下白垩地层的断裂，断距大，延伸距离长，早期为正断层，晚期北部发生构造反转变为逆断层，北部地区由于构造抬升强烈，遭受剥蚀形成一大型构造天窗，对钱家店铀矿床的形成起到了重要的控制作用；南部洼陷带呈北东向条带状展布，构造形态相对简单，断裂发育较少，仅发育几条延伸距离较短的正断层。

1.2 地层概况

钱家店凹陷坳陷期发育地层自下而上为白垩统青山口组（K2qn）、姚家组（K2y）、嫩江组（K2n）、四方台组（K2s）和新生界（N+Q），缺失明水组。青山口组、姚家组和四方台组是本区的主要含矿层位，姚家组是主要含矿层位。

青山口组：以紫红色泥岩和浅红色细砂岩为主，底部砂岩部分含泥砾。厚 50～160m，与上覆姚家组呈平行不整合接触关系。

姚家组：姚下段以浅灰色细砂岩、浅红色细砂岩为主，夹灰色泥岩、紫红色泥岩，厚 60～150m；姚上段以浅灰色细砂岩、浅灰色含泥砾细砂岩为主，夹紫红色、浅灰色泥质粉砂岩。厚 60～100m，与上覆嫩江组地层呈整合接触关系。

嫩江组：上部以灰色泥岩为主，夹浅灰色泥质粉砂岩；下部以浅灰色细砂岩为主，夹浅红色泥岩、浅红色泥质粉砂岩。厚度为 0～240m，与上覆四方台组呈平行不整合接触关系。

四方台组：上部为大套灰色泥岩夹薄层粉砂岩；下部为浅灰色细砂岩夹灰色粉砂岩。厚度为 0～50m，与上覆第四系呈角度不整合接触关系。

新生界：灰黄色表土层、灰黄色砂砾层。厚度为 100～140 m。

2 完钻井情况

钱Ⅲ块属半沙漠化草原地貌，地势较平坦，南西高、北东低，地形高差小于 10m，海拔高程在 158～166m 之间。气候干旱少雨，雨季时发育季节性的时令河流。钱Ⅲ块主要包括 15～57 排勘探线。截止到 2019 年底，已完钻各类钻孔 151 口，钻探进尺约 54534.5m，获工业铀矿孔 ×× 口，矿化铀矿孔 ×× 口，发现 3 套矿层共 17 个矿体 / 块

段，初步估算资源量 XXXX 吨。多口井见油气显示。

3　钻井工程设计

3.1　井身结构设计

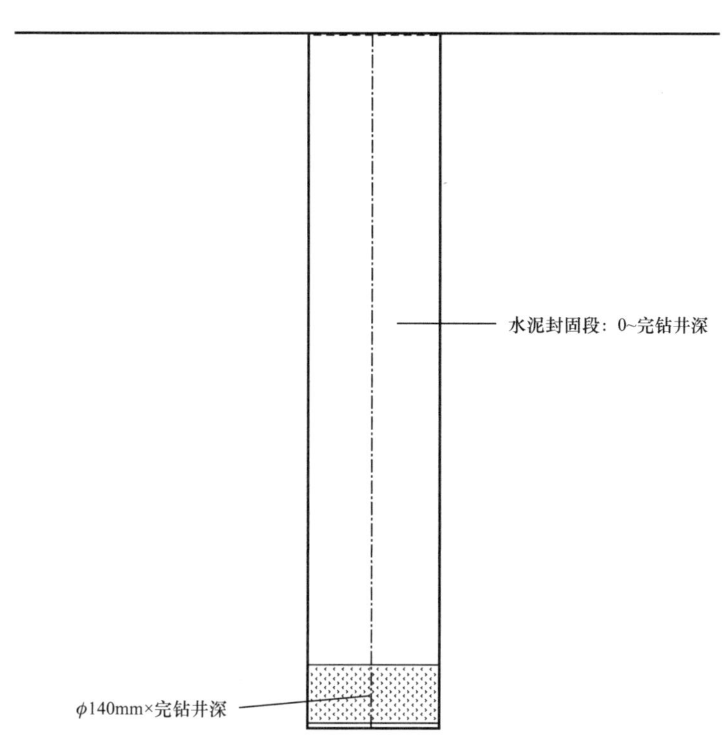

图 1　井身结构示意图

注：具体施工参数依据测井及编录结果现场确定

3.2　井身质量要求

井底最大水平位移≤1.0m/100m，且最大井斜≤1° /100m。

3.3　钻具组合设计

表 1　钻具组合设计表

井段	钻具组合
0～完钻井深	140.0mm3A+83mm 钻铤 1～9 根 +50mm 钻杆
取心井段	140.0mm 取心钻头 +83mm 钻铤 6～9 根 +50mm 钻杆

注：钻具组合仅供参考，现场可根据实际情况进行调整。

3.4 钻进参数设计

表 2 钻进参数设计表

井段 /m	钻头直径 /mm	钻压 /kN	转速 /rpm	排量 /（L/min）	泵压 /MPa
0～完钻井深	140.0	20～30	110−200	600～850	3～5

表 3 取心参数设计表

井段 /m	钻头直径 /mm	钻压 /kN	转速 /rpm	排量 /（L/min）	泵压 /MPa
取心井段	140.0	10～20	110−200	300～400	2～3

3.5 钻井液设计

（1）钻井液体系：普通水基钻井液

（2）钻井液配方：10.0%～15.0% 土粉 +0.5%～1.0% 纯碱（若钻井液黏度不能满足携屑要求，需适当添加 CMC。）

（3）性能要求：钻井液密度控制在 1.2～1.5g/cm^3（0～110m），黏度＞30S；钻井液密度控制在 1.2～1.25g/cm^3（110m～完钻井深），黏度 25～30S。

3.6 完井设计

表 4 环空填充设计表

填充物名称	填充井段 /m	填充物要求
水泥浆	0～完钻井深	水泥型号：425 号；水灰比：1∶2，密度 1.60～1.65g/cm^3

注：实际注入量根据井径测井情况决定。

3.7 钻进技术要求

（1）本次施工的所钻井为直井，井底最大水平位移≤1.0m/100m，且最大井斜≤1°/100m。施工中要注意控制井斜；

（2）井径不得小于 140.0mm；

（3）及时丈量钻具，每钻进 100m 或取心前、完钻以及处理重大事故后，必须进行井深校正，每次误差不超过 0.5m，同时应消除误差并记录清楚。

（4）保持井径一致，平缓起下钻具，防止井内液柱压力激动过大，同时防止井口落物。

（5）仔细判断易塌、易漏地层，调整好泥浆密度，做好防塌、防漏措施。

3.8　工程质量保证措施

（1）开钻前必须严格对安装质量进行检查。天车、游车、井口三点必须在同一垂线上，钻机安装必须水平牢固，钻进过程中随时检查校正。

（2）钻进过程中，必须严格控制钻压，根据不同地层随时调整，确保井身质量合格；取心井段根据地层适当调整钻进参数，确保取心质量。

（3）调整好泥浆性能，上部流砂层不低于 30S，泥岩段和硬地层应控制在 25～30S 左右，含砂量控制在 0.6% 以下。正常情况每两小时测一次，异常情况加密测量。

3.9　取心要求

（1）岩心直径不小于 60mm。地质设计取心岩层，相邻两回次平均采取率不得低于 65%；矿层采取率不低于 75%。取心工具长度不大于 6m，原则上设计矿段单回次取心进尺不超过 3m；

（2）调整好泥浆性能，黏度不高于 30S，泥浆密度 1.25g/cm^3。

（3）取心钻进开始时应轻压、慢钻，正常后再加压钻进；钻压、泵压保持稳定，正常取心钻进时不允许提升钻具。

（4）起钻前提高机械转速，根据地层情况确定干钻时间，起钻时要平稳，严禁一切冲击、振动。

（5）从取心筒取心时，注意保持岩心完整性。

（6）及时更换钻头，保持钻头合金切削力，防止岩心破碎。

（7）与编录人员加强沟通，特别注意铀异常层段。

（8）如果收获率达不到设计要求，必须停产整改，通过试取心达到取心要求后再恢复正常取心。试取心时取心进尺控制在 0.5m 左右。

3.10　钻井设备

表 5　钻井设备表

名称	型号	数量	名称	型号	数量
钻机	HXB-1600	1	取心筒	ϕ140/108	1
泥浆泵	BW250/60	1	油罐	3t	1
柴油机	6135/NA（120 马力）	1	牙轮钻头	140mm	1
汽车	客货	1	拖吊车	160 马力	1

3.11　HSE 要求

3.11.1　健康要求

（1）严格贯彻执行中华人民共和国核行业标准《铀矿冶辐射防护规定》（EJ993-

2008)、《铀矿冶工作人员辐射防护监测规定》(EJ 614-91)。

(2)劳动保护用品按GB/T11651-89有关规定发放及钻井队所在区域特点需特殊劳保用品。

(3)员工的身体健康检查要求：经常进行宣传、教育与培训，不断提高员工的健康、安全与环境意识和水平；不断提高员工自救互救水平和专业技能，保护人员健康和安全；组织对员工定期体检，并建立健康档案，建立员工健康合格证制度；经常性的卫生保健知识教育制度和个人卫生管理规定；注意膳食营养卫生和每日三餐进餐习惯，不暴饮暴食，作业期间不得饮酒，不食用不洁食品、饮料；不得滥用药物(成瘾或依赖性麻醉药物)，禁止不洁行为；注意劳逸结合，保证充足睡眠。

(4)有毒药品及化学处理剂的管理要求：有毒物品与化学处理剂首先要区分开来，单库存放；要有明显标识，以防止误用；要专人负责保管，有毒药品保管时，药柜、库房均要上锁；有毒物品要密封好，防止泄露或散落；使用有毒药品时，要办理有关手续，经单位主管领导或负责人审批签字后，方可使用；岗位工人在使用有毒药品时要穿戴劳保用品(防毒面具、手套等)。

3.11.2 安全要求

(1)严格贯彻执行《铀矿地质勘查安全生产规程》(EJ 275-2008)、《放射性矿产资源钻探规程》(EJ/T 1052-1997)、《地浸砂岩型铀矿钻探规范》(EJ/T 1140-2002)、《铀矿地质勘查辐射防护和环境保护规定》(GB 15848-2009)等安全管理规程。

(2)落实防火制度，严格执行中油辽字[2018]第208号文件《辽河油田公司动火作业安全管理办法》。

(3)严格执行HSE程序要求。

3.11.3 环保要求

(1)严格贯彻执行中华人民共和国核行业标准《铀矿堆浸、地浸环境保护技术规定》(EJ 1007-96)、《铀矿地质辐射环境影响评价要求》(EJ/T 977-95)。

(2)必须按标准在井场内挖好排水沟和排污池。井场周边应高于中间，严禁污水流出井场。

(3)严禁柴油、机油、黄油落地，事故井泡油要有防污染措施。

(4)有毒处理剂一律进库房专人保管，严禁流失或丢失。

(5)污水罐、钻井液罐、碱罐、油罐需要清罐时，要按指定地点进行，严禁随意乱放。

(6)钻井液处理剂要密闭保管，不得散露在外边。

(7)搞好环保教育，制定防污染岗位责任制，要求具体落实到人头。

(8)严格执行ISO14001环境管理体系要求。

3.11.4 铀矿钻井井场恢复要求

为确保铀矿钻井施工质量，确保施工现场不受污染和破坏，保护环境，实现清洁生

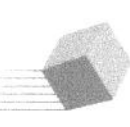

产，对铀矿钻井井场恢复作如下要求：

（1）井场平整。

（2）井场及周边无工业垃圾和生活垃圾。

（3）井场及周边无油污、化学药品、水泥及泥浆等污染。

（4）泥浆坑填埋平整，要求能够承受住人、牲畜、农业机械的压强。

4　生产信息及完井提交资料

为了适应铀矿工作需要，建立并完善铀矿钻井工程档案资料归档管理工作，特对铀矿钻井工程各项资料要求如下：

4.1　工程技术资料内容要求

（1）钻井工程设计；

（2）原始班报表；

（3）日报表（含简易水文观察内容）；

（4）钻井取心统计表；

（5）井斜、井径数据表；

（6）试验井套管（PVC管、钢管等）记录；

（7）单井施工总结，附井身结构示意图。

4.2　单井完井总结内容要求

（1）施工概况。

包括：施工区的自然、经济、地理概况；施工区岩层情况及物理机械性质情况，实际岩石可钻性等级；地层复杂程度，主要岩石矿物组分及破碎程度；钻孔涌水、漏失情况等。

（2）设备、设施配套情况及人员构成情况。

包括：设备型号、配套情况（包括泵、电机、车辆等）；设备运转情况等；钻井队人员构成情况。

（3）工作量完成情况。

包括：井身结构；开钻、完钻、完井日期；钻进情况（时间，井段，层位，岩性特征）及施工参数（钻头型号、钻压、泵压、转数、钻井液性能）；取芯情况（时间，井段，进尺，心长，平均收获率，层位，岩性，放射性异常值范围）及施工参数（取心工具情况、钻压、泵压、转数、钻井液性能）；矿心情况（矿心段、进尺、心长、平均收获率、层位、岩性、放射性异常值范围）；电测情况（测井时间、测井单位、测井项目、井斜情况、井径情况）；试验井PVC管安装、填砾、固井等详细技术参数；封固井情况（设计要求，施工情况）；井口标记情况（水泥型号、水泥量、灰浆密度、井段、3时钢管情况、井号点焊情况、施工时间）；事故处理情况（事故原因、处理过程、处理结果）；井下情况（井下遗留物等）；环保情况（井场尺寸、环境，井场复原情况）。

4.3 其他要求

A4纸张，正规装订，封面印刷统一格式，一式三份，内容齐全，资料真实，数据准确。并提供单井完井总结电子文档，完井后20天以内上交。

附录 C　开工报告书

编号：

辽河石油勘探局有限公司通辽铀业分公司
工程项目

开工报告书

工程名称：

工程类别：

填报单位：

填报日期：　　年　　月　　日

工程名称			
建设地点		建设工期	
施工单位			
施工资质			
项目经理		证书编号	
技术负责人		职称	
质量负责人		职称	
主要工程量及质量控制点：			
施工设计情况：			
主要设备、材料到货情况：			
现场管理制度审查情况：			
业务主管部门意见： 年　　月　　日			
主管单位意见： （公章） 年　　月　　日